景观设计视觉表现

[美] 娜迪娅·阿莫罗索（Nadia Amoroso）主编
潘亮 译

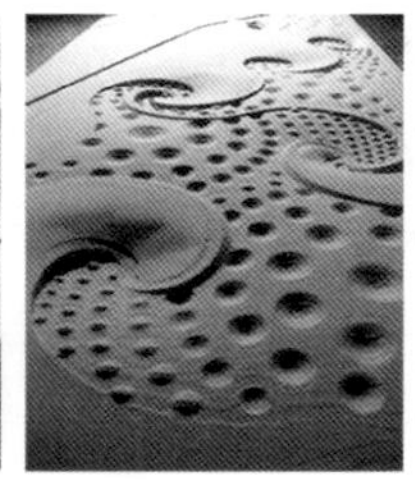

机械工业出版社
CHINA MACHINE PRESS

娜迪娅·阿莫罗索（Nadia Amoroso）将一系列采用了不同绘图风格和手法技巧、信息量丰富且引人注目的草图编辑成书供学习景观设计、建筑设计和城市设计的学生学习。

本书所选实例来自全球著名的景观设计、建筑设计和城市设计学府和机构，有着较强的视觉化表现理念和具有震撼力的表达效果，同时也给出了专家对这些表现实例的详细且独到的点评，解释了在运用不同手法表现相同景观时所产生的影响力和冲击力，从而更好地激发出学生的灵感。

本书可供从事景观设计、建筑设计和城市设计的技术人员参考使用，也可供相关专业的师生阅读。

Representing Landscapes：A visual collection of landscape architectural drawings 1st Edition / by Nadia Amoroso / ISBN：978-0-415-58957-4

北京市版权局著作权合同登记　图字：01-2016-5924

图书在版编目（CIP）数据

景观设计视觉表现/（美）娜迪娅·阿莫罗索（Nadia Amoroso）主编；潘亮译．—北京：机械工业出版社，2020.4

书名原文：Representing Landscapes：A visual collection of landscape architectural drawings

ISBN 978-7-111-65332-5

Ⅰ.①景…　Ⅱ.①娜…　②潘…　Ⅲ.①景观设计　Ⅳ.①TU986.2

中国版本图书馆 CIP 数据核字（2020）第 060694 号

机械工业出版社（北京市百万庄大街 22 号　邮政编码 100037）

策划编辑：关正美　责任编辑：关正美

责任校对：刘时光　封面设计：张　静

责任印制：张　博

北京市雅迪彩色印刷有限公司印刷

2020 年 7 月第 1 版第 1 次印刷

189mm×246mm·16 印张·370 千字

标准书号：ISBN 978-7-111-65332-5

定价：159.00 元

电话服务	网络服务
客服电话：010-88361066	机　工　官　网：www.cmpbook.com
010-88379833	机　工　官　博：weibo.com/cmp1952
010-68326294	金　　书　　网：www.golden-book.com
封底无防伪标均为盗版	机工教育服务网：www.cmpedu.com

景观表现

当你用笔勾勒景观的时候，想要表达的是什么？使用超现实的 Photoshop 拼贴法会怎么样？什么又是正确的做法呢？当涉及要用一种特别的手法表现一个特别的环境时，会存在正确或错误的选择吗？

在把一个想法或概念视觉化的时候，如何选择合适的表现手法通常是所有学习景观设计、建筑设计和城市设计的学生都要面对的问题。所选择的每一种表现手法都将影响到概念和想法如何被看见和被理解。

应其学生的要求，娜迪娅·阿莫罗索（Nadia Amoroso）将一系列采用了不同绘图风格和手法技巧、信息量丰富且引人注目的草图编辑成书供学习景观设计、建筑设计和城市设计的学生学习。更重要的是，她希望本书可以更好地激发出学生的灵感。这些图片有着较强的视觉化表现理念和具有震撼力的表达效果，可以说都是非常成功的佳作。在收集这些作品时，有超过 20 个著名的专业机构提供了帮助。这些机构的专家也给出了他们对这些作品详细、独到的点评，并解释了在运用不同手法表现相同景观时所产生的影响力和冲击力。

本书推荐给学习景观设计、建筑设计和城市设计的学生，对视觉表达、制图课程和专项课题设计研究工作室都将会非常地有帮助。

娜迪娅·阿莫罗索（Nadia Amoroso）是一家设计视觉化表现公司的创始人兼创意指导。她还在多伦多大学专项课题设计研究工作室工作并教授视觉表达。她担任着很多国际化学术管理职位，包括康奈尔大学劳伦斯·哈普林研究员、加文研究所的客座教授和副主任。她专注于研究视觉表现、模拟和数字绘图，以及建筑和景观设计。她拥有巴特莱建筑学院的博士学位以及多伦多大学景观设计学设计专业和城市设计专业的博士学位。她还是劳特里奇出版社于 2010 年出版的《暴露的城市：绘制隐形的城市》（《The Exposed City：Mapping the Urban Invisibles》）一书的作者。

前　言

沃尔特·胡德（Walter Hood）

我们如何形象地表现环境动态，以及不断变化着的有关社会、文化和政治的景观？在二维图像逻辑中，我们如何描述景观的感官品质和美感品质？这些都是在做景观表现作品时会出现的问题。

多年来，在学术和实践层面，设计表达的方式从未偏离于传统。平立剖面图、透视图和线稿草图一直都是主流。透视图从“最佳画面”的视角，对我们的设计意图进行了描述。皮耶罗·德拉·弗朗西斯卡（Piero della Francesca）的《理想城市》（《Ideal City》）传达了文艺复兴时期的完美对称和秩序；汉弗莱·雷普顿（Humphrey Repton）的《红书》（《Red Book》）运用了前后透视视角歌颂了当时社会、文化和环境的价值；现代主义的单线透视图像以机器时代的装备为特色，显露出对未来纯粹的乐观主义；20世纪70年代的绘画渲染（马克笔和彩铅）和80年代将景观表现元素融入到充满欢乐和趣味的画面中；当代科技背景下制作出的图像让我们得以实现想要创作的任何场景。总而言之，基于二维图像和图形的逻辑性画面反映了时代、价值观和作者以及同行的态度。

当今景观表现沿袭着以上所述的传统，同时也指明了新的方向。书中所含表现实例充满社会意义，着力表达空间的公共属性。多数实例主张以不同的方式来表现景观。概念术语不再是为了使景观体验与分类更具吸引力，而是转而着重阐明景观的真实效能。作为我们时代的标志——绿色理念成为设计者表现设计的“标签”，生态可持续性也逐渐变成了必须遵守的准则，景观设计表现成为了集科技与自然表现力于一体的舞台。风力发电机、湿地、树林、牧场等和公共空间混合在一起，以纯景观作为表现手法，预示了对未来的乐观态度。

在所选的景观表现方式中最突出并给人以乐观感受的就是绘画，也就是徒手表现。十年前，景观学者还在担心计算机会精准地制作出我们环境的表现图，真正的“绘画”传统会因此被丢弃。有那么一段时间，平面设计海报也曾出现在表现方式中。本书诠释了绘画技术在不同文化间的互相渗透，有许多实例将其内在逻辑和外在表现整合得天衣无缝。本书描述了不同类型、品质和形式的景观，广泛使用了各类表现手法和技巧。利用材质的覆盖、扫描技术，以及图层分层，创作者的意图通过线条和符号浮现出来。当介绍某项设计作品中，或者介绍某个以景观为主导的项目时，图面表现多是尝试描述时间、地点的具体性以及其自然与文化过程，并为之找到新的叙事语言。

编者简介

米歇尔·阿拉伯 是华盛顿大学（美国）建设环境学院景观设计学系的讲师，也是米歇尔·阿拉伯专项课题设计研究工作室课程（Studio）的负责人。她既是注册景观师，也是艺术家。

马修·比尔 是加拿大英属哥伦比亚大学建筑学在读硕士研究生。对绘画和新媒体有极强的兴趣，因为这两者都和设计过程以及建筑实践密切相关。

雷切尔·伯尼 是美国南加州大学建筑学院的助理教授。她拥有加州大学伯克利分校景观设计学和环境规划的博士学位。

英奇·鲍宾 是荷兰代尔夫特理工大学建筑学院景观设计学副教授。她是景观硕士教育项目的课程协调员和荷兰低地研究项目的带头人。她的博士学位研究课题是“荷兰围垦地水体的语言”，调查新荷兰水系景观建筑设计的可能性是其中的一部分。

杰奎琳·鲍林 是新西兰林肯大学景观设计学学院的副教授。

布拉德利·坎特雷尔 是美国路易斯安纳州立大学罗伯特·赖克景观设计研究院以及艺术+设计学院副教授和研究生导师。他教授专项课题设计研究工作室课程（Studio）、视觉化表现课程和数字化表现课程。

杰夫·卡尼 是美国路易斯安纳州立大学罗伯特·赖克景观设计研究院以及艺术+设计学院的研究教授。

伊娃·卡斯特罗 是英国伦敦建筑联盟学院景观城市学专业的主任。她是位于伦敦的普拉斯马工作室的联合创始人。

尼尔·查林杰 是新西兰林肯大学景观设计学学院的院长兼高级讲师。

霍利·A. 盖奇 是美国哈佛设计学院景观设计系的助理教授。

保罗·丘尔顿 是英国曼彻斯特城市大学景观设计学在读博士研究生。

马赛拉·伊顿 是加拿大曼尼托巴大学景观设计学系的副主任（学术），环境设计项目主席和副教授。

安德里亚·汉森 是美国哈佛大学设计研究院的讲师。她早前在美国宾夕法尼亚大学设计学院就开始了视觉化表现和高级数字化制图以及建模技巧的教学。

沃尔特·胡德 是胡德设计事务所的主席兼创始人。胡德设计事务所是美国加州奥克兰的一家景观设计企业。他本人也是美国加州大学伯克利分校环境设计学院景观设计学、环境规划和城市设计专业的教授。

侯志仁 是美国西雅图华盛顿大学景观设计学系的教授兼系主任。

丹尼尔·尧斯林 是荷兰代尔夫特理工大学建筑学院景观设计学的研究员和讲师，也是德勒克斯勒·吉南·尧斯林建筑事务所的负责人（项目地点：法兰克福、鹿特丹、苏黎世）。他的博士学位研究课题为“以景观的方法建筑”，是建筑和景观项目的一部分。

席恩·凯莉 是加拿大圭尔夫大学环境设计与边远地区规划学院景观设计学系的助理教授。

金美京（米克杨·金） 是美国罗德岛设计学院景观设计学系的系主任兼教授。她也是著名的国际景观设计师与艺术家。

斯蒂芬·卢奥尼 是美国阿肯色大学社区设计中心的主任和建筑与城市研究协会的主席。他教授专项课题设计研究工作室课程（Studio）和视觉化表达课程。他的设计和研究曾赢得无数大奖并出版。

丽莎·麦肯齐 是英国爱丁堡艺术学院景观设计学专业的讲师。

大卫·希恩·支·马 是美国哈佛大学设计研究生院的讲师。他早前在康奈尔大学的建筑、艺术和规划学院和伦敦建筑协会的景观城市主义项目中任教。他也是阿森西奥—马设计事务所（与莱尔·阿森西奥·维罗瑞拉共同创办）的联合创始人，有非常多的已完成和在进行的景观设计项目。

安东尼·马萨奥 是美国丹佛科罗拉多大学建筑规划学院景观设计项目的高级导师。他也是注册景观师和丹佛地表工程设计事务所的负责人，也是译者的研究生设计专业课导师。

凯伦·麦克洛斯基 是美国宾夕法尼亚大学设计学院景观设计学系的副教授，教授专项课题设计研究工作室课程（Studio）和视觉化表现课程。

马克·米勒 是美国康奈尔大学景观设计学系的讲师。他的研究兴趣是运用数字化和模拟媒介的形式探索设计过程中表现、视觉化和建模的角色。

斯蒂芬·耐何 是荷兰代尔夫特理工大学建筑学院景观设计学专业的助理教授。他的博士学位研究课题为“景观设计学与地理信息系统”，关于把地理信息系统应用到景观设计研究和设计。他也是建筑与景观研究项目的带头人，景观设计学和城市设计中 MSc 理论和方法论课程的导师。

理查德·佩龙 是加拿大曼尼托巴大学景观设计学系的代理主任和助理教授。他拥有景观设计学博士学位。

阿尔弗雷德·拉米雷兹 在伦敦建筑联盟学院景观城市学专业任教，也是大地实验室的联合创始人。

克里斯·里德 是美国哈佛设计研究生院景观设计学的兼任副教授，施托斯景观都市主义事务所的创始人兼负责人。施托斯景观都市主义事务所在波士顿，致力于策略设计、景观设计和规划实践。他也在加拿大多伦多大学的H. 约翰·丹尼尔斯建筑景观设计学院和美国宾夕法尼亚大学设计学院任教。

爱德华多·里科 在伦敦建筑联盟学院景观城市学专业任教，也是大地实验室的联合创始人。

丹尼尔·罗尔 是加拿大英属哥伦比亚大学建筑与景观设计学院的助理教授。他组织了国外写生游学，最近两次的目的地分别为意大利和伊朗。此外，他还教授高级媒介手法导论、专项课题设计研究工作室课程（Studio）和园林工程课程。

罗伯特 ·罗维拉 是美国迈阿密佛罗里达国际大学景观设计学系的副教授和主任，也是阿兹穆斯设计公司事务所的负责人。他于1998年获得罗德岛设计学院MLA学位，1990年获得康奈尔大学BS学位。他在其所从事的领域内获奖无数，探索了城市、景观和生态之间不断变化的关系。

马克斯·胡珀·施奈德 获得了美国哈佛大学设计研究生院的景观设计学硕士学位。

贝基·索贝尔 是英国曼彻斯特城市大学景观设计学高级讲师。

杰森·索厄尔 是美国奥斯汀德克萨斯大学建筑学院景观设计学系的助理教授。

克里斯·斯皮德 是英国爱丁堡艺术学院建筑与景观设计爱丁堡分校数字空间方面的高级讲师。他的研究兴趣是通过多种已有的国际数字化艺术背景，将用数字技术介入建筑和人文地理领域之中。他拥有英国普利茅斯大学博士学位。

奇普·沙利文 是美国加州大学伯克利分校环境设计学院的教授，是著名的《景观绘画》（《Drawing the Landscape》）一书的作者。

吉米·瓦那奇 是美国康奈尔大学景观设计学学院的讲师。他的研究兴趣是生态学、设计和表现。

理查德·维勒 是澳大利亚西澳大学建筑、景观与视觉艺术学院的温斯洛普教授与景观建筑系前主任，现任宾夕法尼亚大学设计学院景观系主任、城市设计部迈耶森主席与伊恩·麦克·哈格中心联合主任。维勒在景观设计实践、视觉表达和学术方面有着超过30年的经验。

俞孔坚 持有美国哈佛大学设计研究生院设计专业的博士学位。他是我国北京大学景观设计研究院教授，也是哈佛大学设计研究院的客座教授。同时也是土人景观的主席兼负责人。土人景观是一家涉足景观与城市设计的中国设计企业。

目　录

1 介绍：视觉表现

娜迪娅·阿莫罗索（Nadia Amoroso）

景观设计学中的视觉表现模式在过去的几十年里历经无数次转变，而这个领域的导师，有责任帮助学生充分挖掘他们自身的潜力，这样未来景观设计学才能在无论是美学的层面还是在实践的层面都能得到良好的发展。当年带着景观设计和城市设计的学位从多伦多大学毕业的时候，我开始在学院教学。这一时期正值数字化表现成为这一领域最前沿的表达标准，并对传统表现手法产生重要影响。这个时期面对诸多挑战，不仅要创造数字化和传统表现手法之间的和谐共生，也要在学生因一系列的绘画风格和技巧而感到兴奋之时给予他们鼓励，从而呈现出最佳的绘画效果，将观众吸引到作品中。作为一名执教专项课题设计研究工作室课程（Studio）和视觉表现的青年教授，我能够体会到学生们在描绘景观时的挣扎与纠结。本科生和研究生找到手绘景观的方式，再将不同视觉风格应用到作品中的最新、最有效的方法就是多浏览像《国际景观建筑和城市设计》（《TOPOS》）和《莲花》（《LOTUS》）这样的杂志，这是最主要的方式。然而，当我的学生具备了更新的技术和工具优势时，在表现模式方面缺乏能提供给他们最有帮助、最有效的指引。在学生与当前最新的城市和景观表现手法之间架起一座联系之桥就成了我的一个目标。《国际景观建筑和城市设计》《景观设计期刊》（《Journal of Landscape Architecture JoLA》）、《景观设计画报》（《Landscape Architecture Magazine》）和德国的《园艺景观》（《Garten + Landschaft》）之类的期刊和杂志都是构成最新且最有竞争力方式的宝贵资源。

在大学和研究所的景观设计学任教经验让我感受到，对某种易于获取的、涵盖不同景观特征和类型的视觉表现风格案例的图集是当前迫切需要的。学生们的反馈更突显了对这种图集资源的需求，即通过使用恰当的绘图风格和媒介的具体案例来演示景观设计项目的各种可能性。这激发了我编写这本简洁的视觉化表现图集，其中的作品都来自于景观设计学学生们创作的一系列成功又引人注目的图片。这些图片也得到了视觉表达、图表（包括数字化和手绘）、工作室课程的专业教授们在文本解读方面提供的支持。获选的作品都是由导师亲自挑选，并阐释了这些作品的独到之处。

超过20个国际景观设计项目案例收录于本书。在这个领域教授设计、视觉表现和数字视觉化课程，当然还有类似课程的教授们就这些图片也提供了批判性和描述性的评论，明确说明什么风格和媒介对表达特定的景观类型有用。这里仅举一例，用木炭笔捕捉工业景观的视觉效应特点，与超现实Photoshop拼贴的审美效果形成鲜明的对比，从而展示了各种景观类型（大型公园、后工业场地、生态场地、棕色景观、城市广场、林地、滨水、景观城市主义和城市设计等）和特点（场地的图像和特点）；以及一系列的表现媒介（木炭、石墨、数字渲染等）和技术（用数字拼贴、蒙太奇的手绘草图，多重分层处理，Illustrator软件图解等）来渲染这些景观品质。

下面介绍在本书中呈现的图片类型和品质。这些图片是从以前在各个大学的学生作品中甄选出来的。

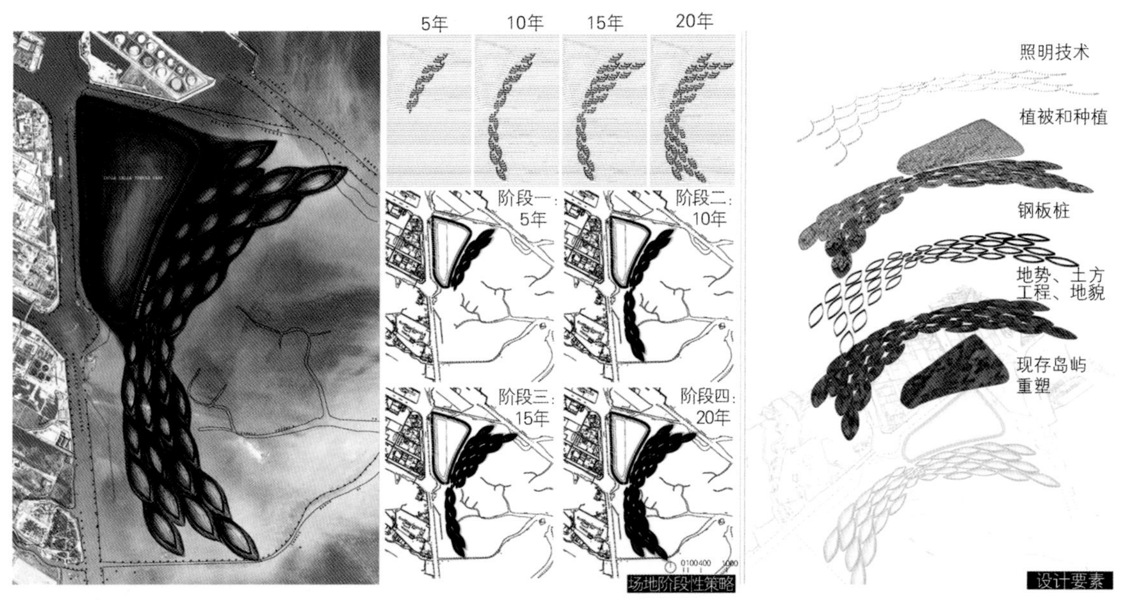

图1.1 某工业基地大比例平面图，设计采用木炭笔渲染勾勒出光影线条的表达形式。木炭笔渲染的平面图拼贴成黑白航拍场地照片。分小块阶段平面图，使用AutoCAD制作，使用Illustrator中的色彩及多样笔宽进行风格化。概念描述体系和设计要素分解轴测图，使用AutoCAD渲染，使用Illustrator和Photoshop进行编辑。由多伦多大学娜迪娅·达戈内（Nadia D'Agnone）制作。

图 1.2 某混凝土工厂的工业基地透视图，用木炭笔渲染出的色调和阴影完美地捕捉了空间的精髓。由阿肯色大学罗伯特·杰克森（Robert Jackson）制作。

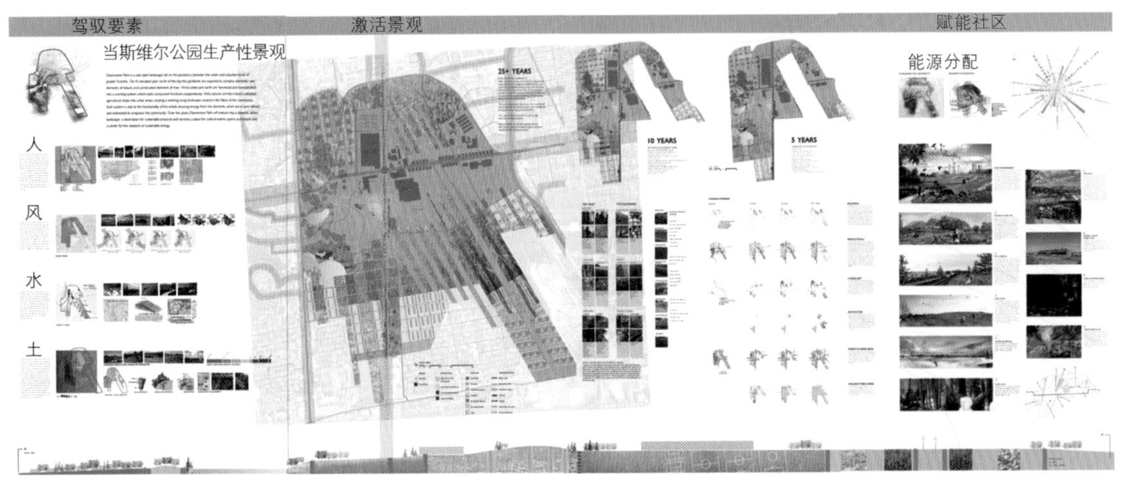

图 1.3 大型公园（加拿大当斯维尔公园）的总体设计方案。四张超过 24 英寸 ×36 英寸（1 英寸 =2.54cm，下同）的大型板连接成一个整体，形成流畅的绘图画面。其中包括场地分析、大尺寸总体概念规划、阶段规划、位于连接纸板底部边缘的剖面图，使用 Photoshop 拼贴法做成醒目的透视图。使用 Illustrator 制图，并用 Photoshop 编辑图表。由康奈尔大学史黛西·戴（Stacy Day）制作。

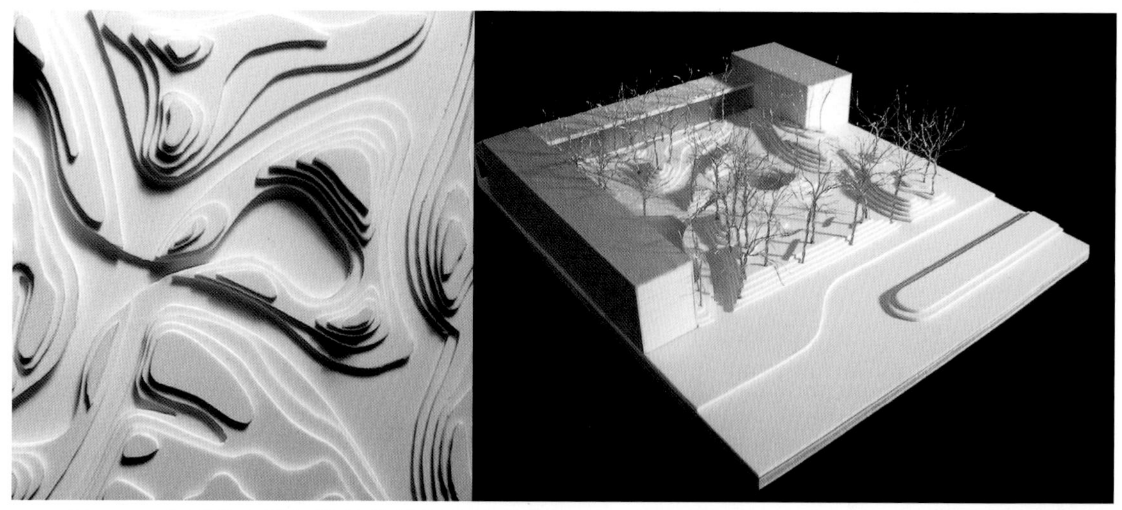

图 1.4 先用具有柔韧性的薄板制成等高线模型，之后等比例重新创作，最后辅以钢质树模和碎料板制成最终模型。由阿肯色大学朱莉·拉塞尔（Julie Russell）制作。

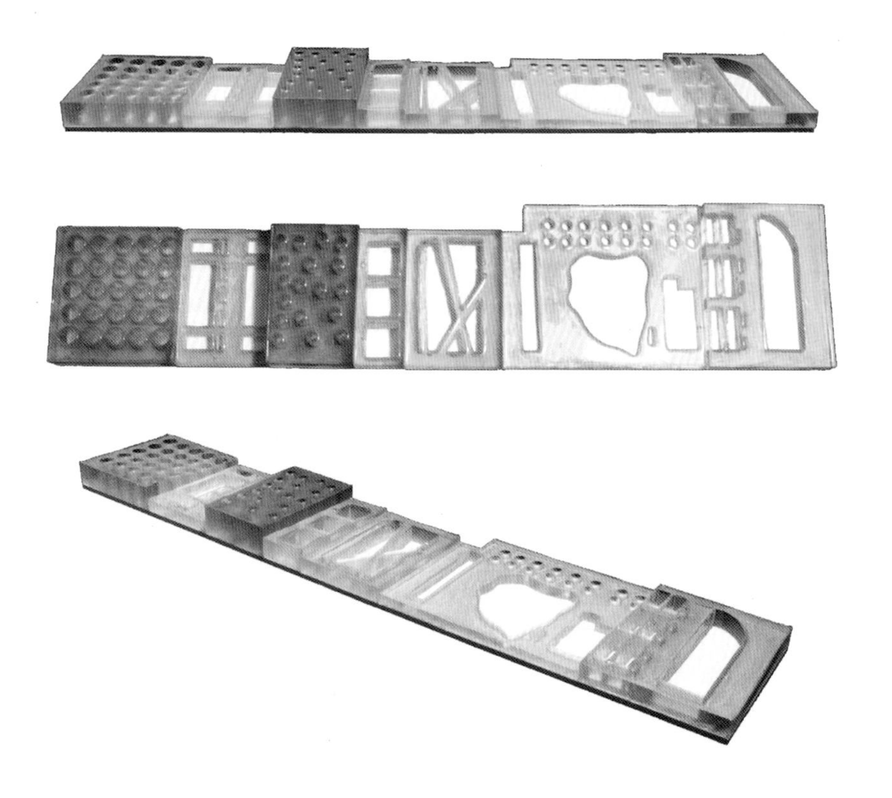

图 1.5 使用着色树脂铸模、硬纸板和木质座墩制成的某城市公园空间模型。呈现出某城市公园现状的尺度与空间关系。由多伦多大学道格拉斯·托德（Douglas Todd）制作。

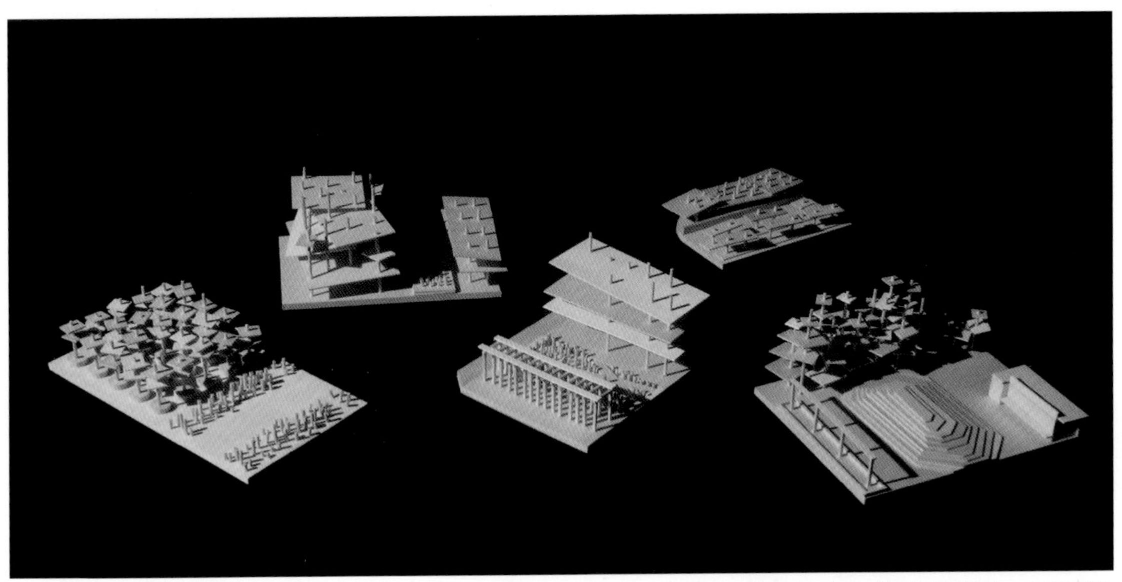

图 1.6 使用椴木精心制成的某城市公园空间模型。将公园分成几个部件进行制作，又可将其合成为整体公园空间体系。每个部件由局部到整体地刻画出公园的体量和形式。由多伦多大学杰西卡·瓦格纳（Jessica Wagner）制作。

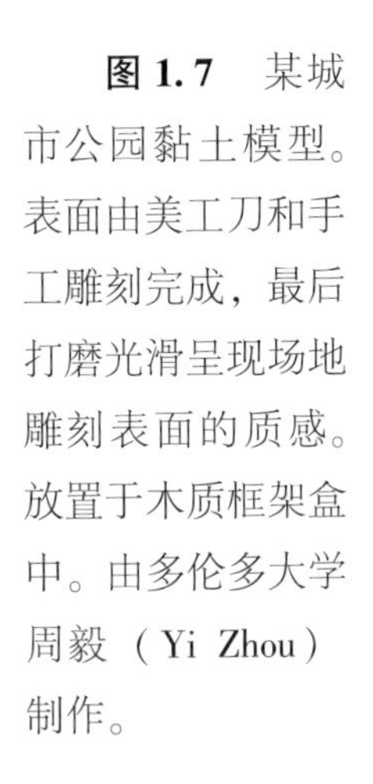

图 1.7 某城市公园黏土模型。表面由美工刀和手工雕刻完成，最后打磨光滑呈现场地雕刻表面的质感。放置于木质框架盒中。由多伦多大学周毅（Yi Zhou）制作。

图 1.8 使用 Rhinoceros 制作的数字化表层形式模型，遵循了纹理及材质的应用。数字化模型采用计算机数控设备制作。图片描绘了从数字化制作到 3D 实体模型制作的不同阶段。由多伦多大学约翰·吴（John Vuu）制作。

图 1.9 带有纱纹图案的数字化景观形式，呈现出一个峡谷自然景观。采用3ds Max 和VRay亮化技术合成。由多伦多大学埃尔纳兹·拉什萨那提（Elnaz Rashidsanati）制作。

图 1.10 彩铅平面图与场地现状的黑白航拍照片拼贴而成的拟建总体规划图。由俄克拉荷马大学娜玛瑞塔·博卡拉（Namrata Pokhral）制作。

图 1.11 透视图。某市场美丽的蒙太奇合成图片。穿过整张图片的光线体现了浸透在阳光中的市场空间和置身其中的感受。采用 Photoshop 将果蔬、人和纹理细致巧妙地融合拼贴在一起。由多伦多大学亚斯明·阿卜杜勒·海（Yasmine Abdel Hay）制作。

2 空间表现

克里斯·斯皮德 和 丽莎·麦肯齐（Chris Speed and Lisa Mackenzie）

爱丁堡艺术学院建筑与景观系的学生受到鼓励在作品中表现空气感和季节性。设计方案通过一系列的图纸来呈现，景观设计的特殊性在于在场地文脉性限制不够清晰的情况下，如何推敲比例是个挑战。在外部环境中，对水平和垂直空间，特别是在人的视角和动线组织方面，以及对设计阈限相关而独到的建筑学转译，是人与空间关系的必然要求。可视化中的“演员”定位是非常重要的，代表着学生依据使用者最终如何融入与体验他们想要呈现的空间的渴望。

鼓励学生除了思考“图纸”作为空间表现本身该如何运作——也要考虑该如何让读图者洞悉这种空间表现。前者为读图者提供了环境质素的相关知识，包括生态、社会和经济条件。后者则为其提供了更深层次的文化洞察力，用以更好地理解设计师对于场地的渴望，也许缺少些真实，多了些想象，但是在理解其未来远景上非常具有价值。

图 2.1a 叠加于黑白航拍照片上的渲染平面图。采用了 AutoCAD、Photoshop 和手绘进行渲染。由亨利·安德森（Henry Anderson）制作。

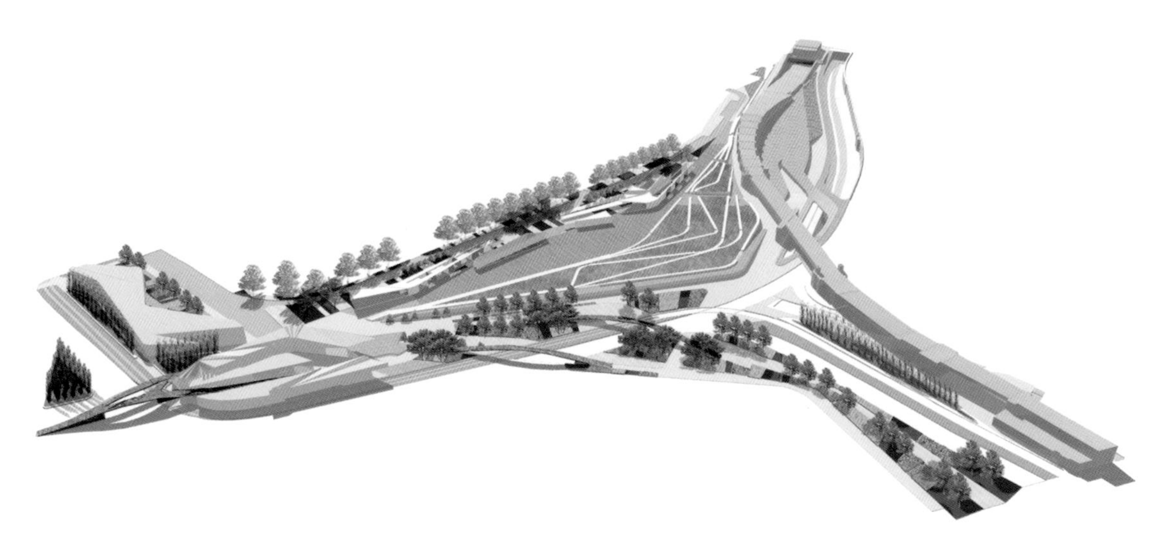

图 2.1b 轴测投影，采用 AutoCAD、Photoshop 和手绘进行渲染。由亨利·安德森（Henry Anderson）制作。

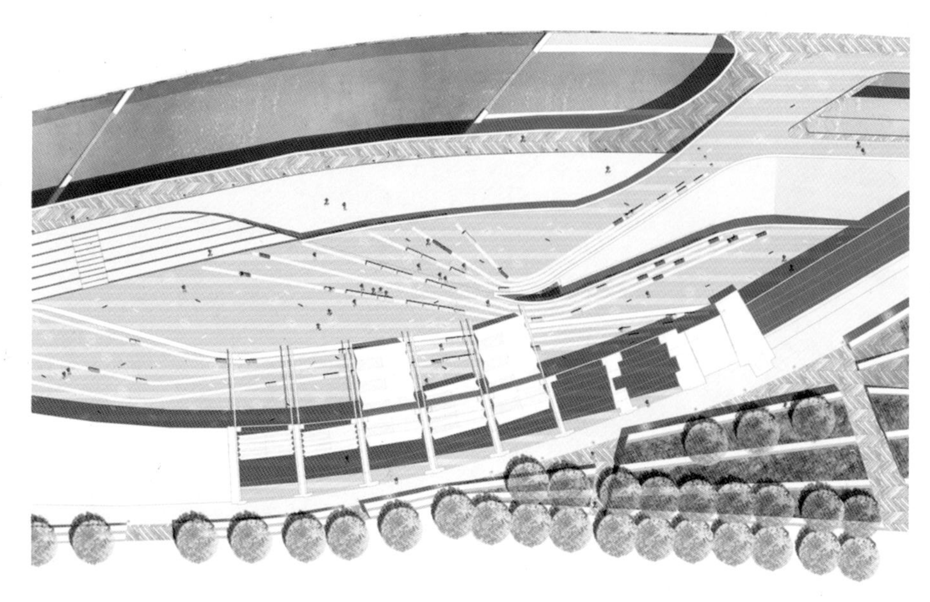

图 2.2a 穆拉诺岛公园设计。采用了 AutoCAD、Photoshop 和手绘进行渲染。由休·巴恩(Hugh Barne)制作。

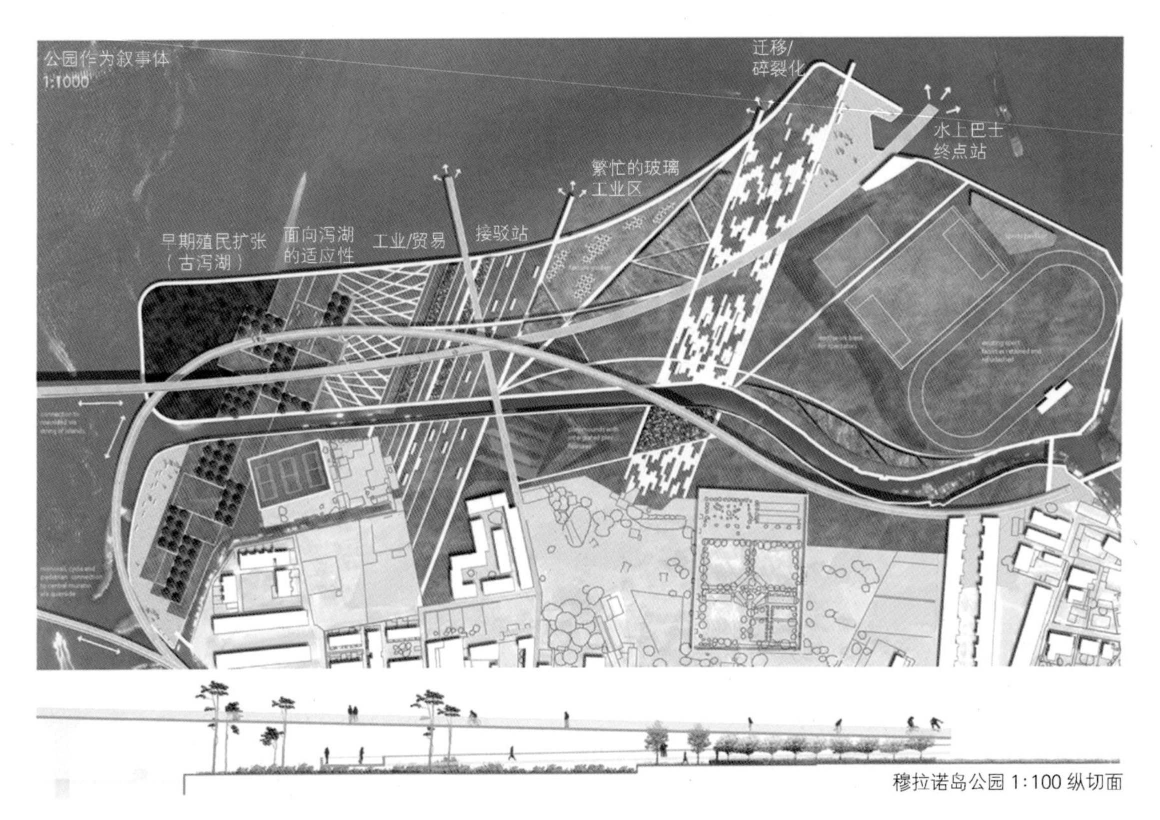

图 2.2b 穆拉诺岛公园设计。采用了 AutoCAD、Photoshop 和手绘进行渲染。由休·巴恩(Hugh Barne) 制作。

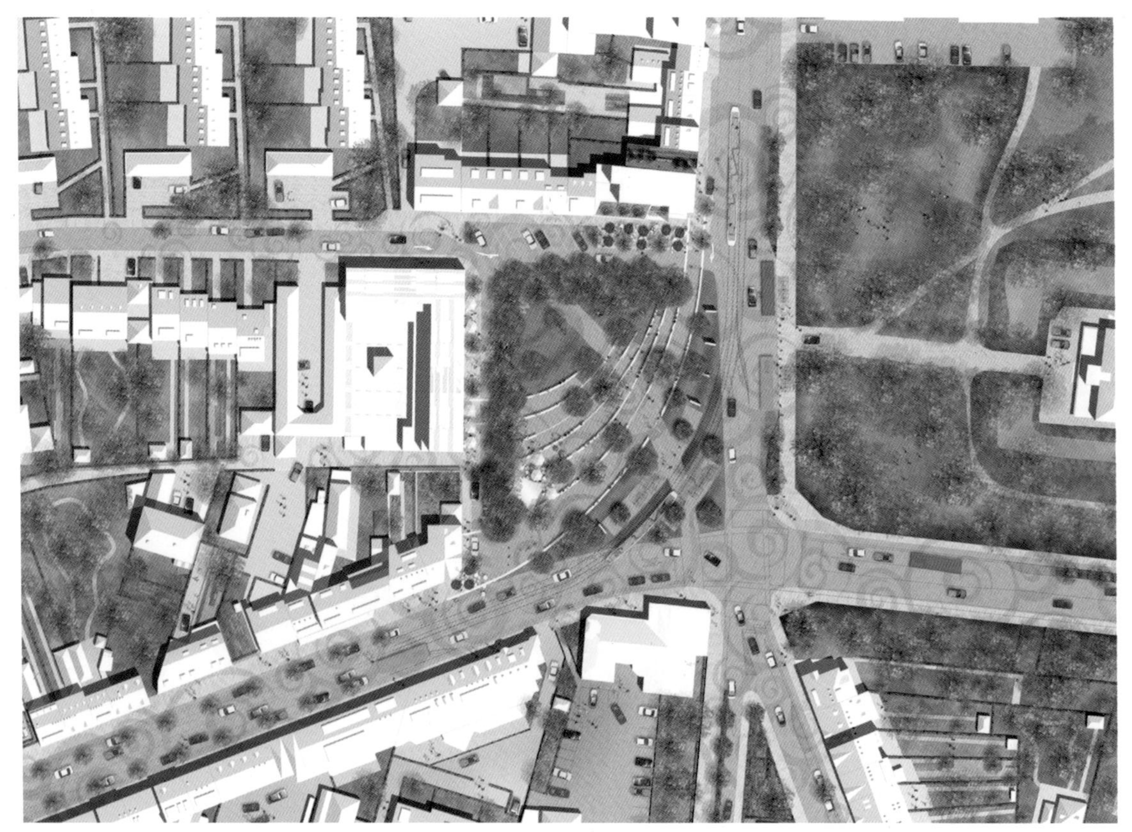

图 2.3 德国博库梅尔（Bockumer）广场总规划图。Photoshop 渲染之前采用 CAD 绘制。由雷内·兰斯（Rene Rhiems）完成。

图 2.4a 透视、蒙太奇影像。带有发光层，采用 Photoshop 制作。由菲奥娜·基德（Fiona Kydd）完成。

图 2.4b 某环礁湖透视、蒙太奇影像，采用 Photoshop 制作。由菲奥娜·基德（Fiona Kydd）完成。

图 2.4c 城市草地透视、蒙太奇影像。结合采用 Google SketchUp 和 Photoshop 处理现有图片。由菲奥娜·基德（Fiona Kydd）完成。

图 2.5a 新运河透视、蒙太奇影像。采用 Photoshop 制作。由托布约恩·本松特（Torbjorn Bengtsson）完成。

图 2.5b 某小岛透视、蒙太奇影像，采用 Photoshop 制作。由托布约恩·本松特（Torbjorn Bengtsson）完成。

图 2.6 南街海港透视、蒙太奇影像，采用 Photoshop 制作。由保拉·吉利安（Paula Gillian）完成。

3 思考绘画：景观感知过程中的图像类型研究

贝基·索贝尔和保罗·丘尔顿（Becky Sobell and Paul Cureton）

在曼彻斯特大学，绘画课程采用的教学法就是在景观设计学中，鼓励实验性和开放性地使用绘画。重新评价哪些因素构成了一幅“好”的绘画作品常常是必要的，这样可以让学生们把绘画当作一种处理方法：一个可以发掘景观意识、对使用者产生影响，并预留在未来发生改变可能性的工具。

学生作品中呈现的也是对教师所教的成果的写照：“教学就是要对学生能学到什么和如何学进行假设，教得好则意味着了解学生所学。”

我们已经精选了一些具有分析性和启发性的学生绘画作品来呈现这种教学法。将绘画看成是一次旅行——一次学生的景观之旅，涉及方方面面，触觉品质、运动和感官环境，都简化并融入绘画过程。绘画反映的是一个人对所处之地的空间理解方面的最原始处理。因此一幅“好”的绘画可能会推动学生想象力，并使其找到成熟的空间解决方法。

有人也许会认为这些绘画是重新评价的结果，是一次重新评价后的加工品。绘画的过程常常会使我们潜意识中的概念变得清晰，就像约翰·伯格（John Berger）描述的一样，“黑暗中挖掘到的，一个表面之下的洞穴”。学生们可以通过绘画展现的不再是一种旁观行为后的结果，而是他们已经真正地感知到了景观本身。在绘画中，成就的是真正的人性化体验。

这些过程和手法在重新评价的过程中得以具体化，比如轮廓描绘——一种所见即所得的手法，在开始绘制的那一刻，最后的绘画成品相对于绘画行为本身来说，已经变得次要了。然后，绘画的重新评价就会使学生们注意到他们自己选择和编辑处理的整个过程。我们鼓励学生观察景观；同样地，在景观绘画中也是一样。对线条更直接的探索为描述景观中复杂的多层次内涵提供了更多的可能性。绘画帮助学生们用另一种声音表达他们的体验。就像写作一样，它有助于体现场地的特点，并且正如蒂姆·英格尔德（Tim Ingold）说的，“作为一种书写的方式，它可以从最初的层面上被理解。其实在写作和绘画之间不存在什么硬性的区别”。它就是一种等待被完善、界定和表达的词汇表和语言。

绘画教学法必须是将绘画的概念延伸为一种具有通感性和交互性的媒介，这种媒介能更好地在建成环境中实现更丰富的理念。抽象绘画也许是将个人曾经在某地的整段经历进行合成的最有效手段之一。同样地，当概念转化为设计时，绘画所蕴含的改造力和直接性把无形的想法变成了有形的表现。绘画过程中的每一步都体现了亨利·列斐伏尔（Henri Lefebvre）的说法，他称之为“介于想像（抽象）与感知（可读或可见）之间的光影。介于真实与虚幻之间”。

实地观察时，使用“步数”作为单位对空间进行测量和记录，凭借抽象的数学概念和绘画，学生们立刻就可以估算出空间。一个人的肢体动作与身体比例会在他所做的标记中备注。这些标记表示一个“由某些感官和特定条件下的感知形成的视觉形态”。它反映的是一个人对所在的地点、空间、运动、标记和景观类型的理解。通过做标记，“我们的视觉具有连贯的活跃性和移动性，并将事物环绕其周围，构成了一切展现在我们眼前的画面”。

如何选择一个合适的媒介和绘画类型取决于绘画想要实现的预期功能。反之，功能是由学生们在项目中所处于的阶段来界定的。任何景观类型都可以用任何手段成功地表现出来。然而，一位熟练的景观设计师能够在广泛的视觉词汇中做出选择，用生成的表现来传递出他们作品下一阶段的信息。正如马克·特雷布（Mark Treib）总结的那样，“图形告诉我们的不只是我们投入其中的；全新的或未开发的关系或想法都会浮现出来以刺激创造力的产生。也许正因为如此，绘画在建筑和景观设计的概念化过程中一直是最主要的工具之一。”

图3.1　铅笔和钢笔勾勒出的乡村环境草图。由黑兹儿·坎利夫（Hazel Cunliffe）完成。

图3.2　马克笔与钢笔表现的空间解析。严谨地使用渲染的色调明确表达了这个街道景观中相关的线性运动。马克笔为更好地诠释增添了新一层信息。由雅各布·赫尔姆（Jacob Helm）完成。

图 3.3 混合手法绘画的拼贴设计发展、视觉化。层次化和色彩化修改后的照片用来评估和交流未被充分利用的城市现场设计提案。图中所选的绘画法将所有提出的设计建议呈现在面前，让人们对现场有了整体概念。由汤姆·达哥斯（Tom Daggers）完成。

图 3.4 铅笔和水粉画表现的概念直观化 。透视图中表现的是集水设施将一处荒废板岩矿场的垃圾堆填区改造为湿地与橡树林的开发愿景。绘画充分利用了矿工们在景观中所做的标记，并以这些前人挖好的地表路径为弥久经年的演变赋形。由保拉 · 丘尔顿（Paul Cureton）完成。

图 3.5 铅笔，想像画。铅墨的灰调子有助于传达出景观与建筑之间“边界上的模糊感”，显著增进了景观和天气在感觉和触觉上的品质。由保拉 · 丘尔顿（Paul Cureton）完成。

图 3.6 铅笔，想像画。铅墨的灰调子有助于表达出景观的形态、地形和构成。由保拉·丘尔顿（Paul Cureton）完成。

4 具体化解读：景观都市主义中的图面标注和图释

爱德华多·里科、阿尔弗雷德 ·拉米雷兹和伊娃·卡斯特罗
(Eduardo Rico, Alfredo Ramirez and Eva Castro)

景观都市主义

作为景观作品自然主体中的一部分，景观都市主义认为景观是读懂城市的镜头，建筑联盟学院的景观都市主义课程（AALU）为了表现都市环境的过程化和系统化特点，列出了扩展现有技巧的日程，把这些技巧转化成投影工具，最终揭露了城市设计意义的新概念

建筑联盟学院的景观都市主义课程从一些项目资源中归纳出它们的本质原理。诸如“蓝宝石项链”这样的项目，那里的全市范围性雨洪管理系统是整个城市中公园配位网络运作的中心；还有布朗克斯河公园大道，那里的道路设施与相邻的城市纹理精细地搭配起来，以此迎合驾驶员和居民的需要。然而，由于当代大都市的增长率，这些具有历史意义例子中所蕴含的潜力需要被批判性地进行修正，因为传统的更注重渲染如画风景的景观策略也许已不能应对那些夸张的基础设施项目的尺度、几何结构以及功能性约束，这些恰是需要由规划者和交通工程师来推行的解决问题的态度。

研究生课程中的都市景观主义将地域元素的表现置于学生设计论文的核心地位，无论是大尺度的基础设施体系、农业或是其他生产性景观都是如此。与其他学科方法根本的区别在于建筑联盟学院在为居住于极远地区的人们实现提供物资和满足他们需要这样的单一目标时，会尝试不去过多使用这些表述性元素，但要将它们作为进行空间配置探索的资料来捕捉与大城市主要纹理的新的契合度。

与新城市资料研究结果的融合在表现力和功能性上界定了建筑联盟学

院的方法，抛开了那些复杂元素的主流，诸如最佳化利用，能源节省以及作为发展可持续性或保护性自我参照等已经得到很好证明的环境科技。

因此，建筑联盟学院景观都市主义课程使用图面标注和图表——一方面是因为他们组成了一种媒介，它可以将抽象思维和设计意图转化为具体作品和提案；另一方面，它们在处理城市肌理匀称化的问题和当代激进都市主义中响应力缺失的问题时，确实是很有效的工具。

基于此，研究生课程中的景观都市主义在大尺度项目上的关注为学生们使用这些工具提供了多标量手段和完美的试验平台。在这里，传统意义上的地域性解读在限制有关尺度运动的同时，也被用来解读和分类地域上的其他不同方面。

图面标注

将丰富的地域性活力元素注入城市是当务之急，景观都市主义通过生成图面标注基础，将环境和社会经济参数转化成基底，为图形材料的使用提供更为命题化的方法。

从这个意义上来说，景观都市主义借用了在麦克哈格实践中已经建立起来的逻辑 。这些实践中景观生态学和地域不同部分之间关系的绘画原则被用于构建整个提案。其主要的区别在于图形资料的运用和地图绘制步骤的选择，因为这些项目试图把在根本上受约束的带有界限或禁区的绘画转入一个与周围环境更加相融合的命题式状态。这可能是源于对生态的超越，或更严格地说，是超越了对环境的多重变量的关注。

解读范围的扩展促进了建筑联盟学院的处理手法的更新，系统解读进入了从技巧的界定（绘画条款、几何关系）向寻求相关结构和工具层面的模式转变的过程，从而为规划的过程和最后决定的过程服务。

由此，图面标注技巧提升传统的地域性解读，超越了单一的分析或说明工具的特性。通过使用图面标注，使环境、地形以及地理上的参数在诠释时更具命题性和探索机制。

图面标注：通过一种真实的连接或关系（无关的解释）与事物建立联系。比如，在特定的地点和时间，通过一种反应来激发关注力。一个简单的例子就是“出口”图面标注，上面带有箭头指向出口。房屋中翻滚出来的烟是一个表示屋内有火的图面标注。

查尔斯·桑德斯·皮尔斯（Charles Sanders Peirce），1901

图面标注被看成是地域构成部分中的一个要素、点睛之笔或混合物，优先于其他部分，促进相互之间的作用，并且深入掌握各部分紧密相连的体系，使各部分最终能作为一个整体运行。它引导策略的形成，这些策略对相互之间的关系又产生着核心影响，而不是对分散的部分进行补救的手段。

从图面标注向超图面标注的转变的行为保持着连续性或区段性，既可以是场所成为空间组织的构建方式，又可以作为反馈和调整的手段。因此，自然系统（河流、绿廊、水道体系）、城市流（行人、车辆）、商品交易、局部交互网络和现有的城市模式被用来建立新的框架，在这个框架中加强或削弱节点、轴线、路线或道路。而其他则对现有的新发展进行连接、分离或区别化。这种方法论让我们认识到不要完全地在空白画布上试验，而是要运用足够的信息来解决、商讨和试验。目的就是确认地域内现存的物质，并提出与之相关的模式。

多级阶性

谈及使用图面标注技巧处理有关地域内复杂问题的想法时，其实是要去解决在不同尺度下处理方式间的关系。图面标注工具在此时变成了一种媒介。在这里，其他逻辑元素涌现、增长或固定下来，为提案提供概念化构架，用多样性实体形成自下而上的影响力。

这就必须要考虑到将“尺度”作为研究和探索的轨迹。如果人为去操作处理方式之间的相互作用，来解读环境的界定，那么就可以开始推断出在这些相互作用下，会产生什么。沿着这些思路，尺度就成了框架，与人工处理相关领域在其中相互影响作用——这就是它的突出之处。它与项目委任之初已经界定好的图形比例或者局限性空间组合是截然相反的。

景观都市主义者的技能在于去识别图面标注工作中这种潜在的内在联系，并将其性质转换成确认尺度范围内的命题。此时，绘画背后图解的潜力占据了卓越位置，将图形产品从存在性解读引导向过程定义化提案中的透视领域。

多阶段存在于图面标注与图表之间，项目在此空间中，从对环境有步骤、有系统地解读开始，逐步迈入对整个尺度的空间命题上的全面理解。这项调查研究的焦点在于发现这个方式是如何运作，如何嵌入于景观都市主义的规范之中，并作为现代实践模式的催化剂来起到服务作用的，也揭示出任何城市处理的专业手法可能都会以这种方式进行重组和配置。

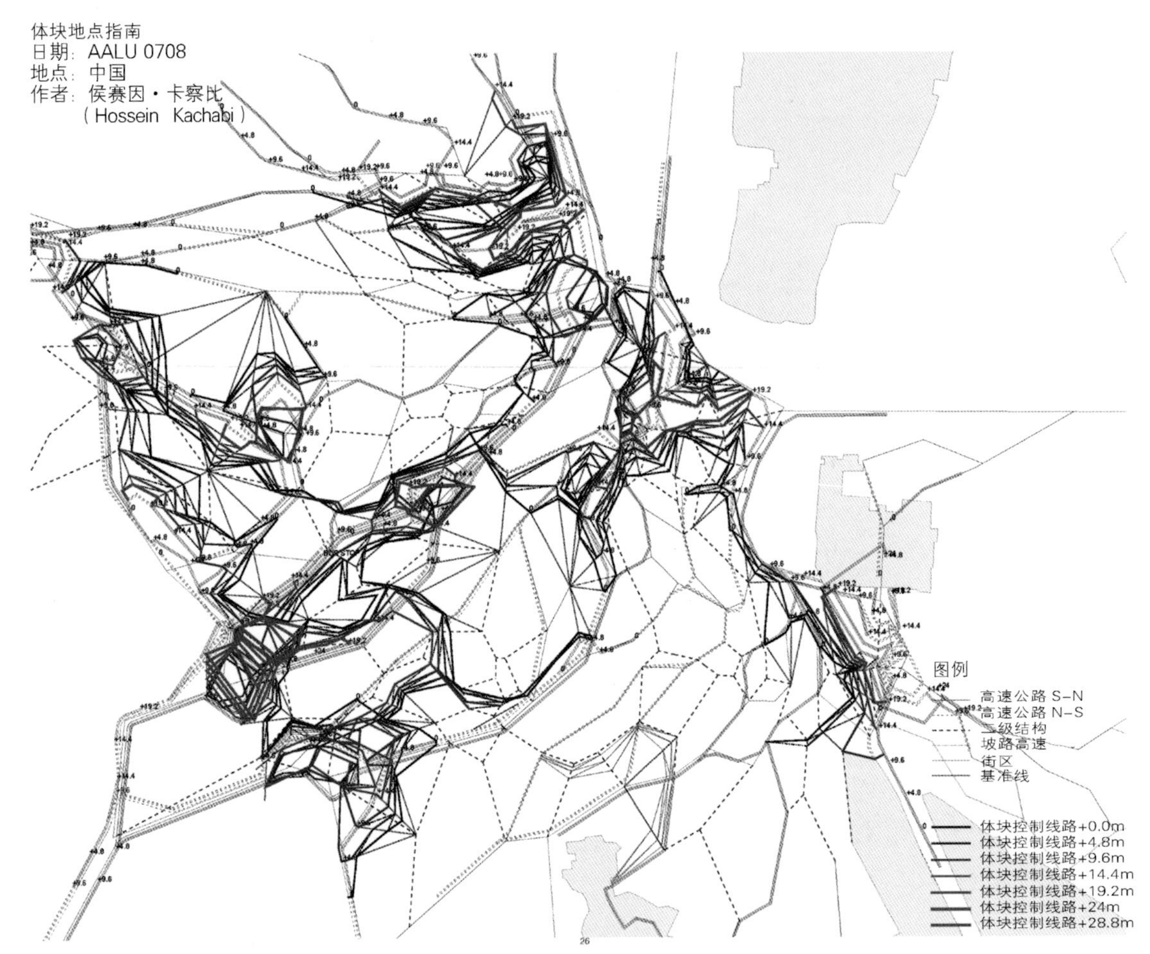

图 4.1 我国长江三角洲体块定位策略。使用 Rhinoceros 生成数字图片，Illustrator 编辑。由王文文（Wenwen Wang）完成。

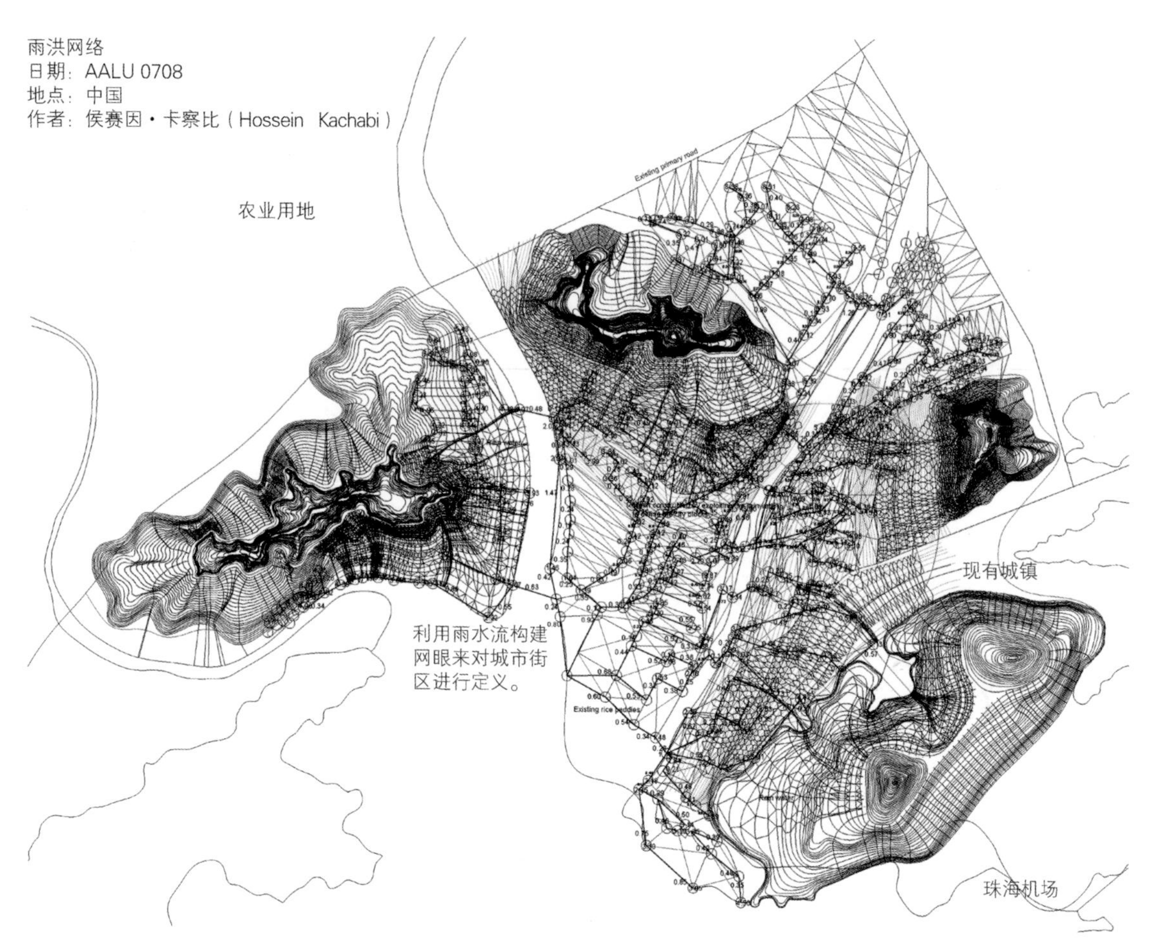

图 4.2　我国珠江三角洲整体策略。使用 Rhinoceros 制作数字图片。由侯赛因・卡察比（Hossein Kachabi）完成。

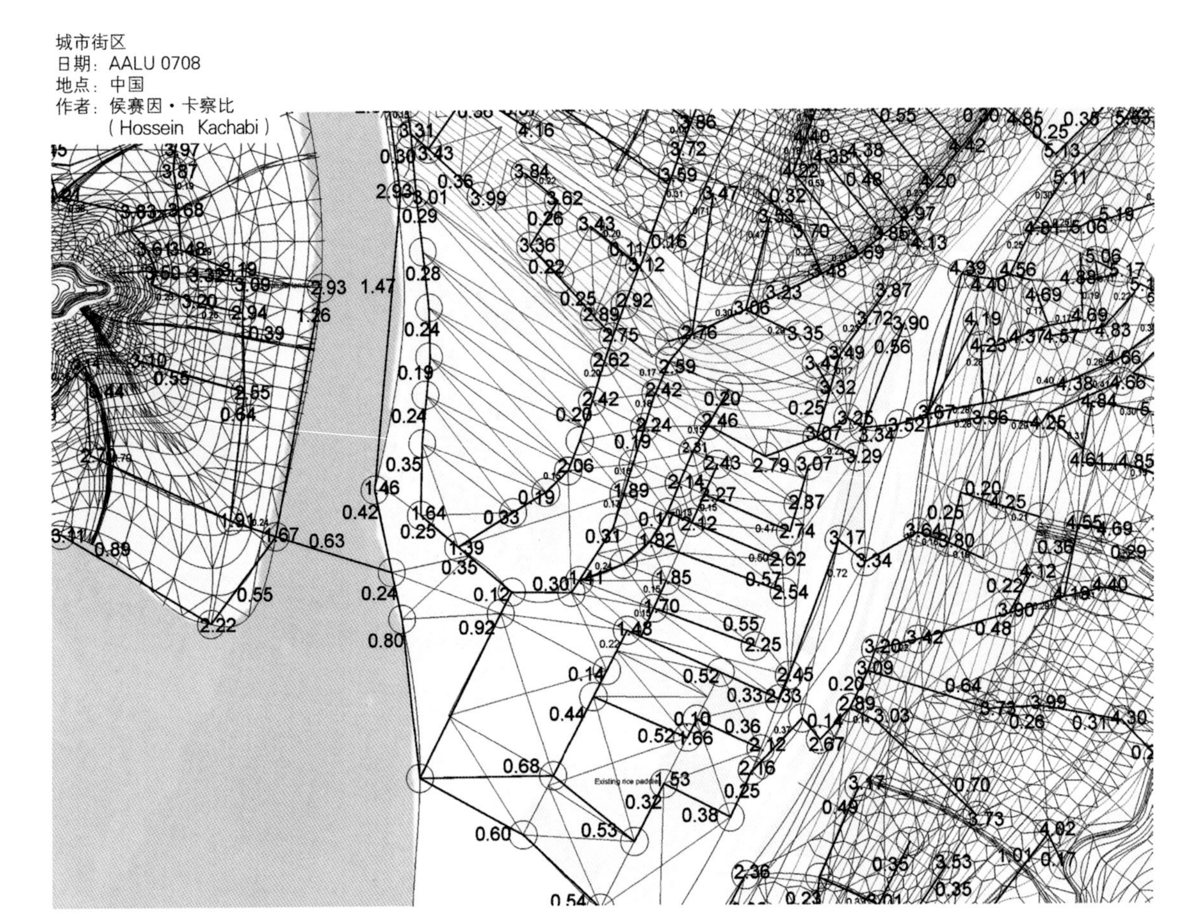

图 4.3 以我国珠江三角洲水域结构为基础的网眼。使用 Rhinoceros 制作数字图片。由侯赛因・卡察比（Hossein Kachabi）完成。

水流标引
日期：AALU 0807
地点：迪拜
作者：雅丽珍达·博世
（Alejandra Bosch）

图 4.4 现有运动和速度图面标注，迪拜。使用 Maya Autodesk 模仿生成，Illustrator 进行编辑。由雅丽珍达·博世（Alejandra Bosch）完成。

山洪和水污染 流交叠
日期：AALU 0910
地点：中国
作者：卓丽

区域一：居民面临风暴后洪水的高风险。
区域二：居民可能会经历潮汐涨潮和风暴洪水。

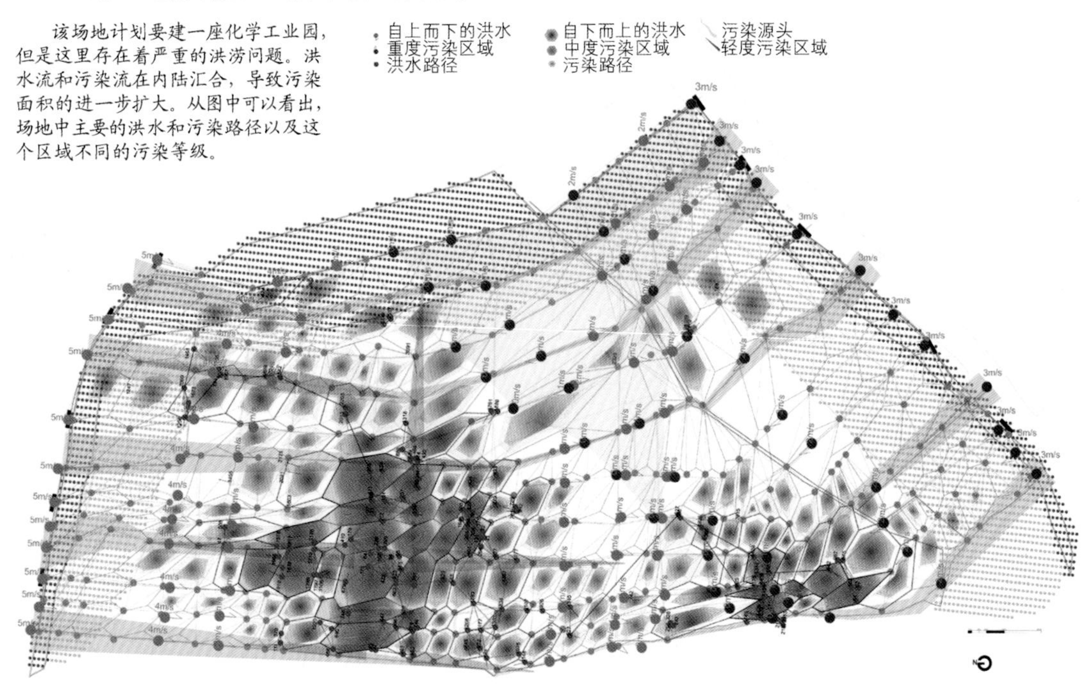

图 4.5 我国长江三角洲水污染图面标注。使用 Rhinoceros 生成数字图片，Illustrator 编辑。由卓丽（Li Zhuo）完成。

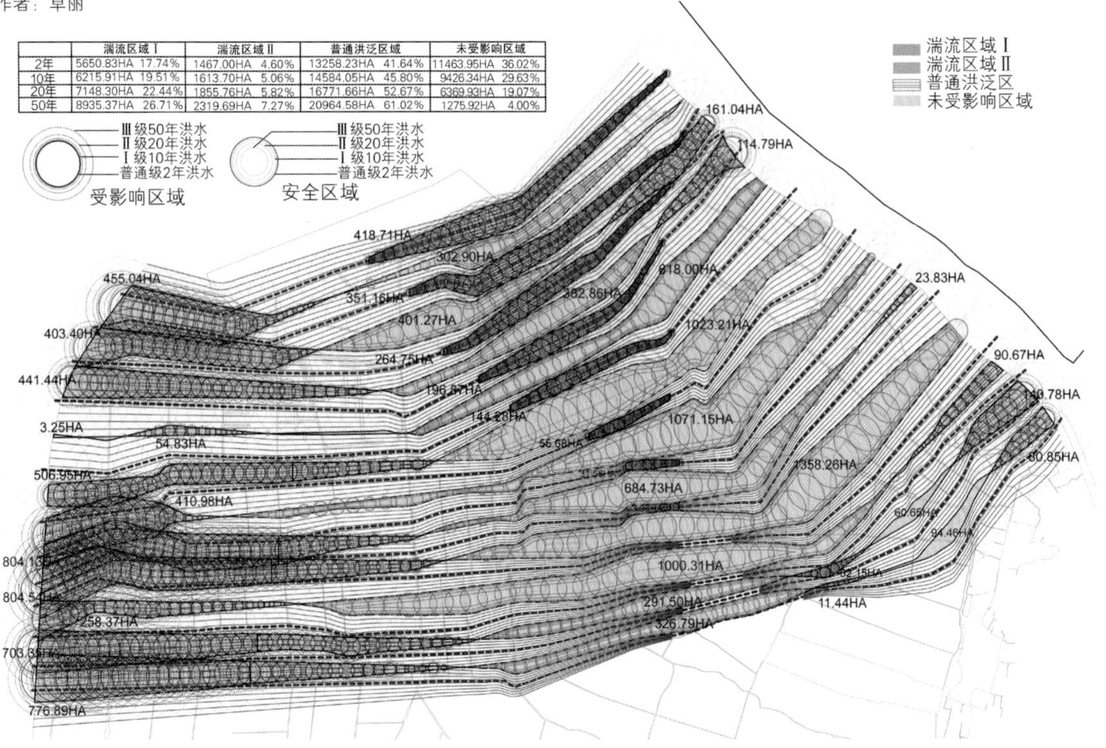

	湍流区域 I	湍流区域 II	普通洪泛区域	未受影响区域
2年	5650.83HA 17.74%	1467.00HA 4.60%	13258.23HA 41.64%	11463.95HA 36.02%
10年	6215.91HA 19.51%	1613.70HA 5.06%	14584.05HA 45.80%	9426.34HA 29.63%
20年	7148.30HA 22.44%	1855.76HA 5.82%	16771.66HA 52.67%	6369.93HA 19.07%
50年	8935.37HA 26.71%	2319.69HA 7.27%	20964.58HA 61.02%	1275.92HA 4.00%

图 4.6　我国长江三角洲运河的洪水和水流速度图面标注。使用 Rhinoceros 和 Grasshopper 插件生成数字图片，Illustrator 编辑。由卓丽（Li Zhuo）完成。

分支系统　水网和路网
日期：AALU 0910
地点：中国
作者：尼古拉·萨拉迪诺（Nicola Saladino）

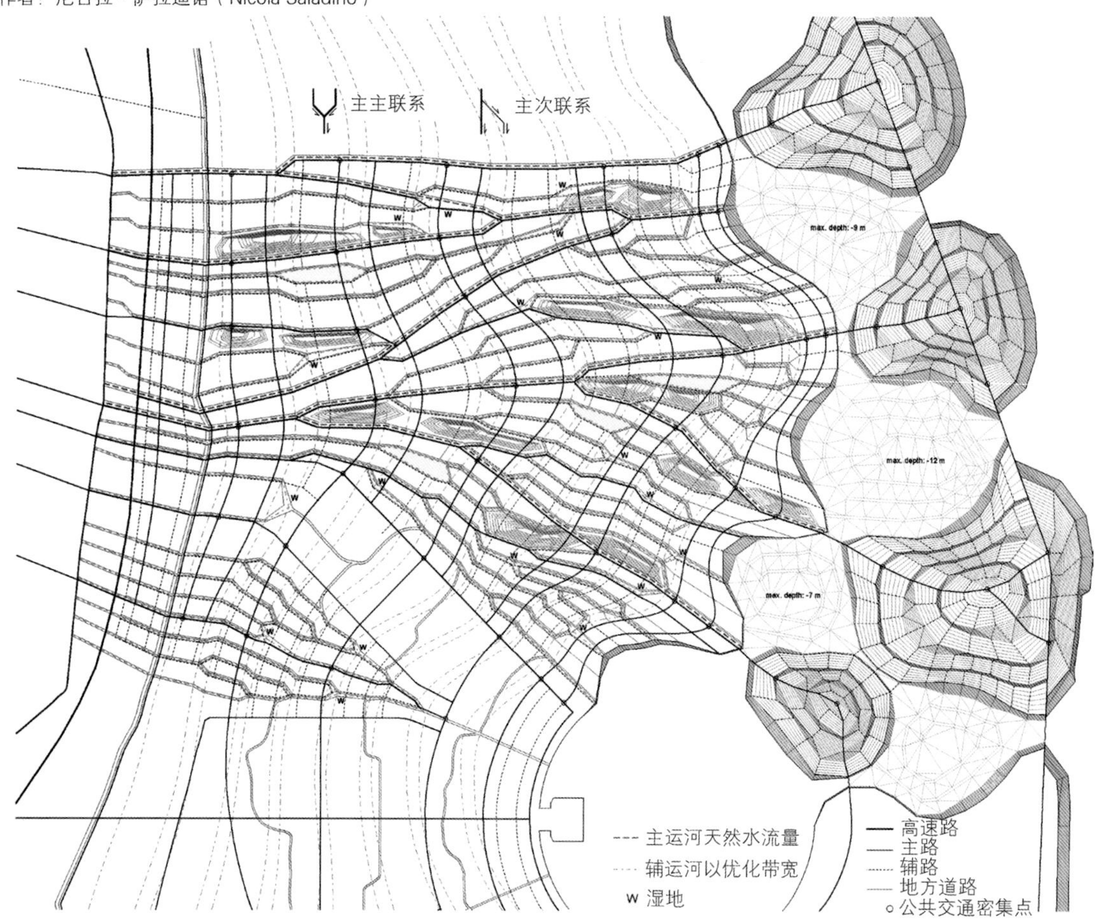

图 4.7 我国长江三角洲地区水道分支系统提案。使用 Rhinoceros 生成数字图片，Illustrator 编辑。由尼古拉·萨拉迪诺（Nicola Saladino）完成。

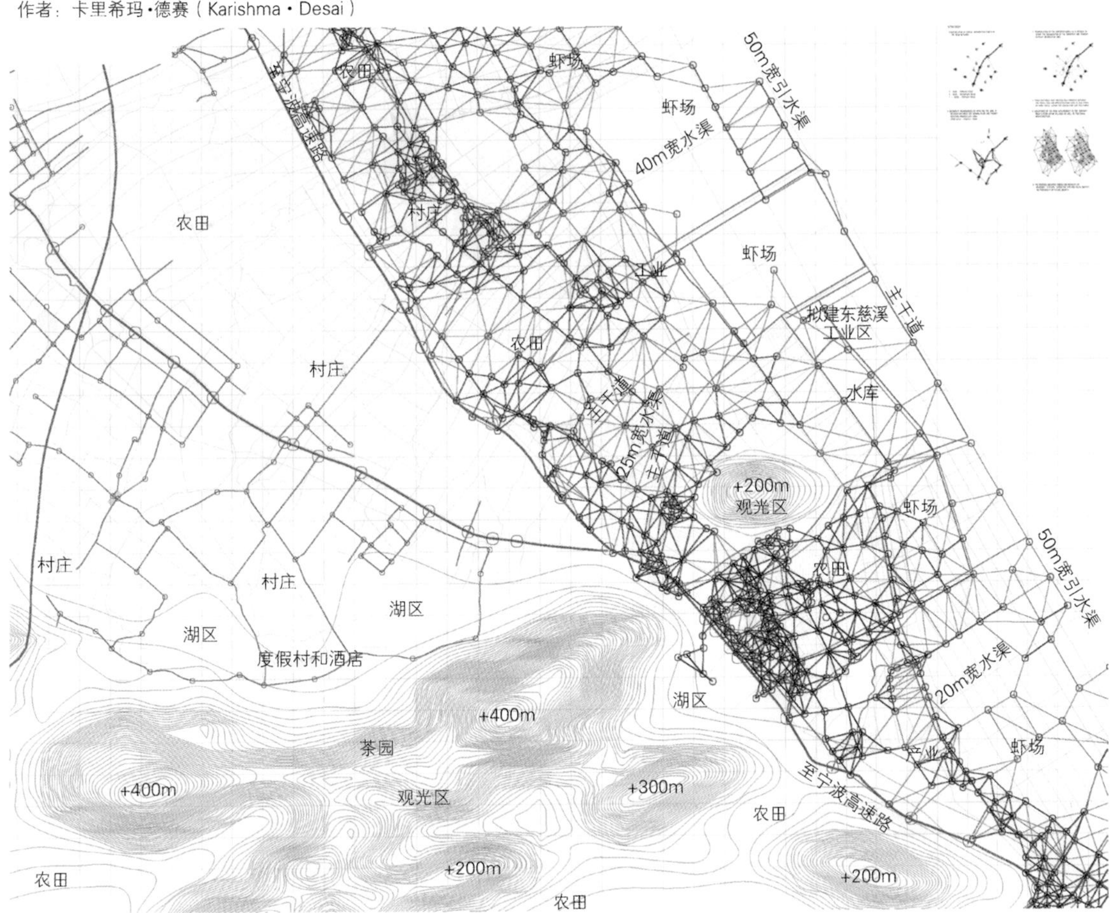

图 4.8　我国长江三角洲基础设施近似度图面标注。使用 Rhinoceros 生成数字图片，Illustrator 编辑。由卡里希玛·德赛（Karishma Desai）完成。

5 景观作为建筑的组成部分

斯蒂芬·耐何、英奇·鲍宾和丹尼尔·尧斯林
(Steffen Nijhuis, Inge Bobbink and Daniel Jauslin)

荷兰代尔夫特理工大学建筑系景观设计学专业把重点放在去理解城市景观背后的形成元素，和那些能对发展景观起到干预和指导作用的设计方法及策略的演进上。景观设计学将景观看成是自然、文化、城市和建筑元素的一个组成部分，涉及生态、社会和经济参数，并能通过形态学研究的方法被理解。根据这种思考方式，内容与形式之间是存在着某种联系的。内容是组成景观设计学对象的一切——材质的、地形的、技术的、文化的和经济的实质。形式则涉及从部分到整体的组合方式。

“代尔夫特解决方案”在理论、方法和技巧上都有着鲜明特征，趋近于设计研究（对现有设计或先例的分析）和以设计为研究（新设计的制定），并可以理解为对象与背景之间的一种可变的关系。事实上，这两种方法不能被分开看待：设计研究是以设计为研究中不可或缺的一步。从这一点可以看出，我们可以将这种解决方案看成是一种启发形式（发现方式），一种采用系统方法解决方案通向新发现和新发明的科学。设计研究和以设计为研究的过程形成了接下来的活动，并得到以研究和设计为基础的图示法的例证。代尔夫特景观设计学的概况由构成领域、内在关联研究与教育情况三部分组成。

通过调查当代以景观为基础的建筑和诸如GIS和其他先进软件这样的新方法、新技术，以及景观设计学研究和设计中绘图所扮演的角色，建筑与景观继续发展着其理论基础及方法论基础。

荷兰低地强调人造圩田空间的隐藏建筑特性，它被看成是解决全球水处理问题的设计实验室，“优良的荷兰传统”是与土木工程、建筑和城市发

展啮合的景观设计需要遵循的框架。

城市景观将景观视为城市领域内的形式和人为作品来进行探索，处理城市中建成的开放空间、景观结构、潜在的城市形态、城市腹地景观和城市间的间隙空间；景观被看成是存在于底部的部分，是基础或底层，是所有设计或规划的发源地。

在这些学术背景下，诸如绘画、制图和虚拟模型这样的视觉表现往往被看成是研究的图形形式。图形知识给景观设计师提供了广泛的有效工具来进行研究与设计。它们起到视觉思维和沟通的作用。对于我们来说，视觉表现是研究与教育的基础工具，从手绘到图形信息系统，可以采用不同的媒介激发创造力。

图 5.1 荷兰莎草某自然研究中心公园，剖面和平面由计算机分两个阶段完成：首先用 CAD 绘制地图轮廓和立面；第二步用矢量和图片处理程序进行图形处理。透视分两个阶段进行数字化绘制：首先用 3D 建模程序完成建模和渲染；第二步，用图片处理程序进行图形处理。由杨尼斯·特索卡拉斯（Ioannis Tsoukalas）、迈·耀西达凯（Mai Yoshitake）和罗伯特·迈尔（Robert Mayr）完成。

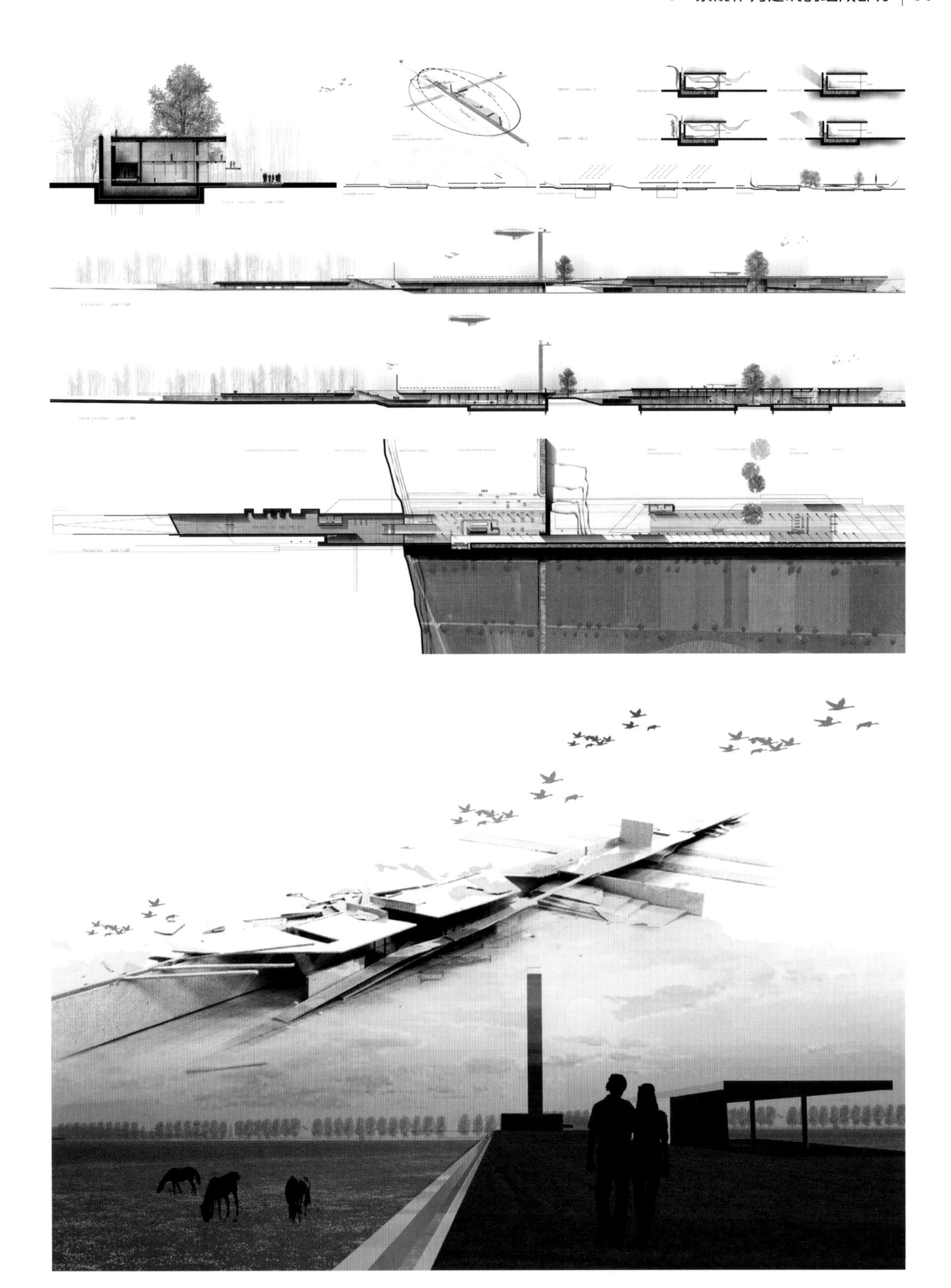

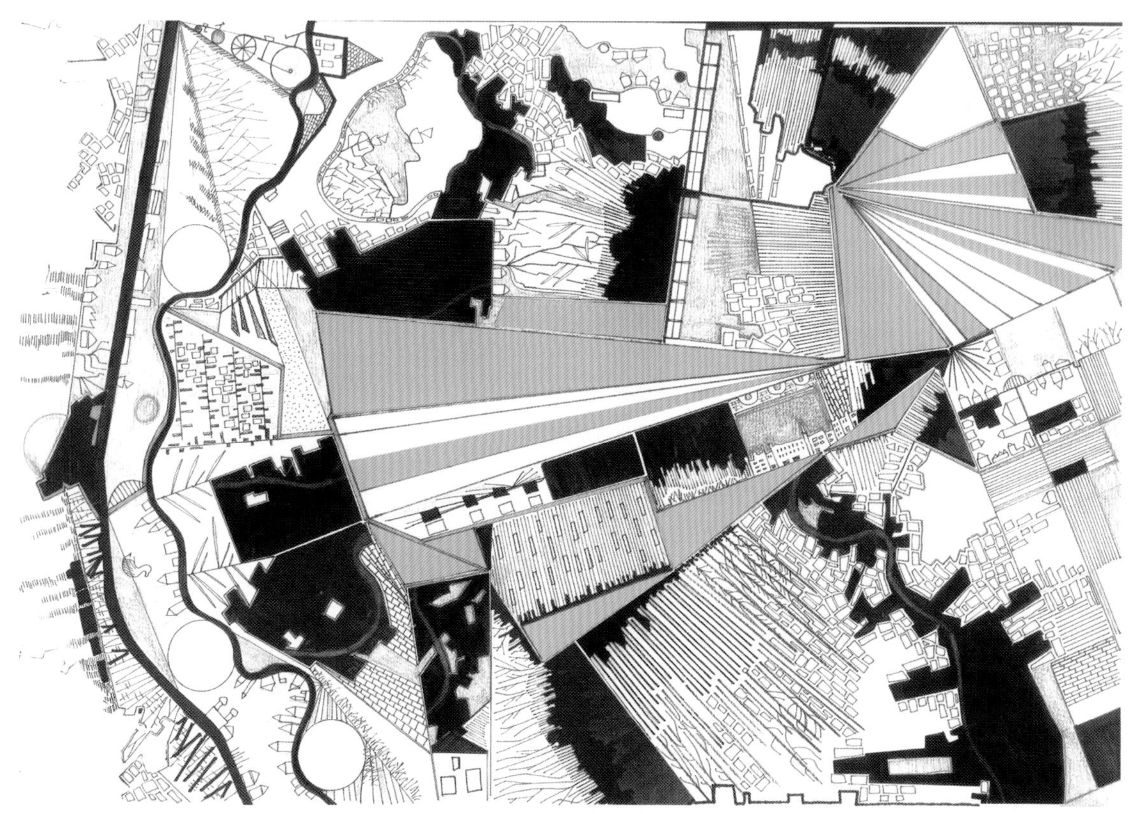

图 5.2 通过绘画研究揭示乌得勒支（荷兰）北部景观的隐藏几何结构。使用不同粗细度的绘图笔在描图纸上进行手绘。使用有色纸板进行绿色高亮处理。由丽莎·特罗亚诺（Lisa Troiano）完成。

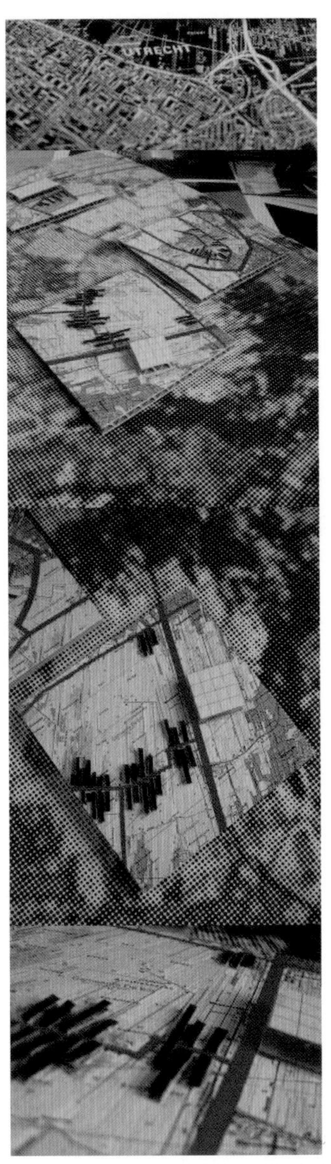

图 5.3 用提炼和蒙太奇的手法对一处典型的荷兰景观进行多重解读。通过手工裁剪再将碎片粘贴成扫描（手绘）地图和纹理的部分，并使用图像处理程序进行修改并打印在纸板上。使用有色纸板进行红色高亮处理。由菲利伯·阿布勒米（Filippo Abrami）完成。

图 5.4 荷兰圩田景观中的储水公园设计。分两个阶段进行的透视绘制：首先按照计算机生成的3D模型手绘；第二步使用图像处理软件进行图形处理。由马丽塔·科赫（Marita Koch）完成。

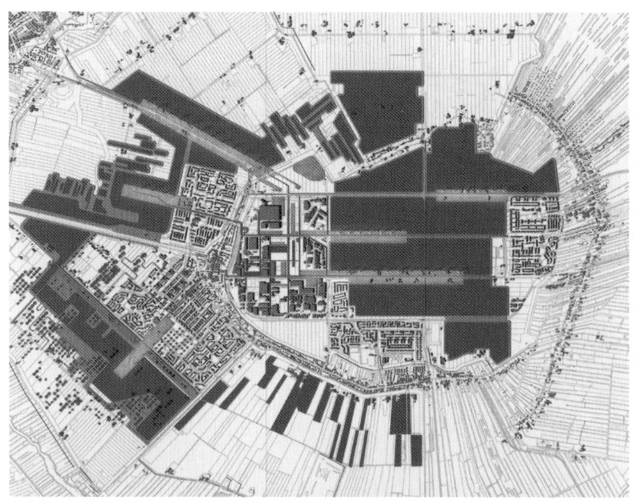

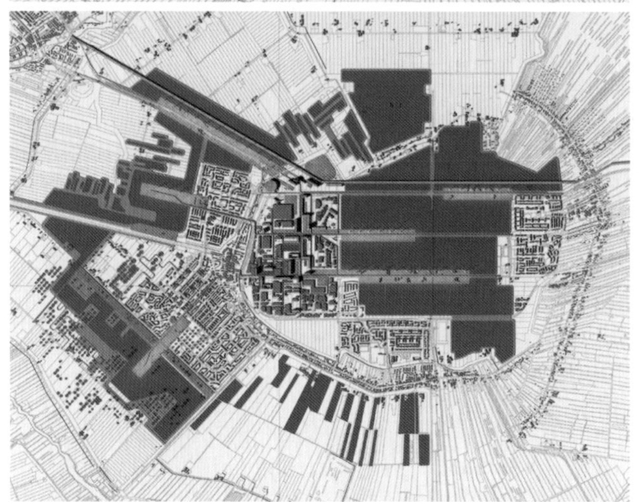

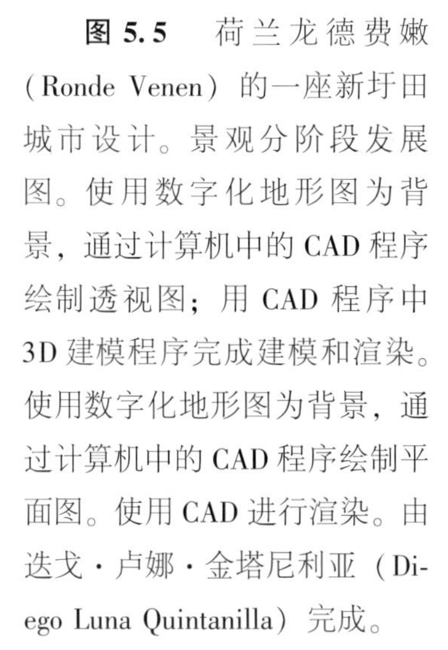

图 5.5 荷兰龙德费嫩（Ronde Venen）的一座新圩田城市设计。景观分阶段发展图。使用数字化地形图为背景，通过计算机中的 CAD 程序绘制透视图；用 CAD 程序中 3D 建模程序完成建模和渲染。使用数字化地形图为背景，通过计算机中的 CAD 程序绘制平面图。使用 CAD 进行渲染。由迭戈·卢娜·金塔尼利亚（Diego Luna Quintanilla）完成。

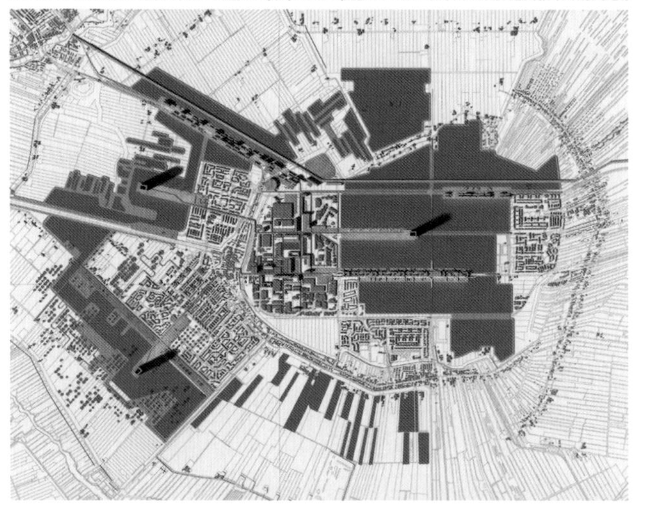

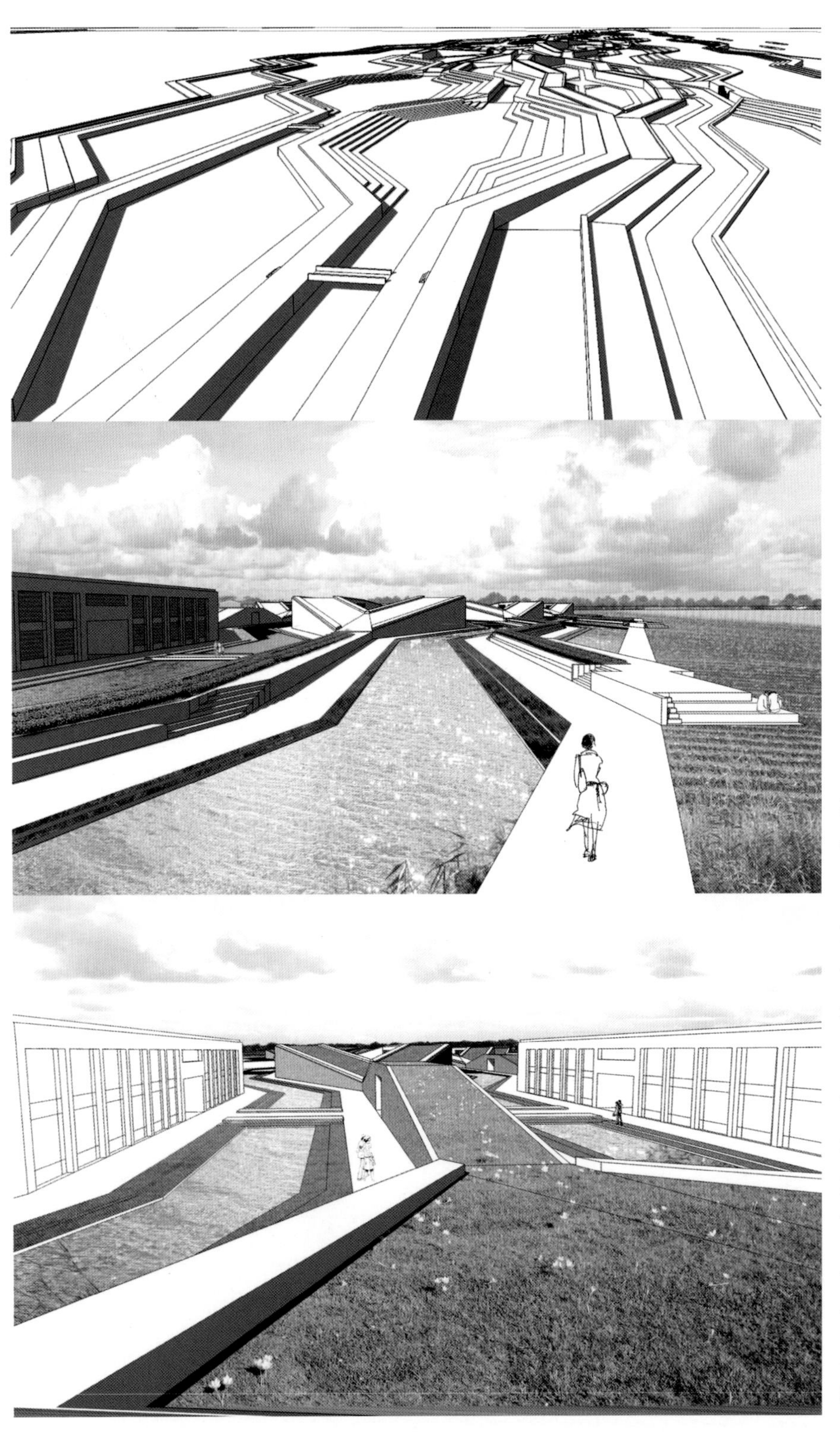

图 5.6 超级堤坝设计，位于荷兰龙德费嫩（Ronde Venen），景观与城市融合于圩田之中。透视系列和发展绘图由计算机分两个阶段完成：首先使用 CAD 程序绘制地图轮廓和立面；第二步用矢量和图片处理程序进行图形处理。由米尼杰·司（Minije Si）完成。

6 学生作品一览：总体规划

俞孔坚（Kongjian Yu）

在高速城市化的大背景下，我国面临着很多巨大的挑战，其中包括湿地退化、栖息地毁坏、当地生物多样性缺失、洪水和干旱，以及备受压力的自然文化遗产和文化景观。北京大学景观设计学专业的研究生团队对这些问题投以密切的关注并努力寻找解决办法。

景观设计应与自然和人文相和谐，同时必须具备对于影响土地的所有自然和人文进程的理解和知识储备。与忽视相关过程的传统的城市规划流程不同，基于这项原则的一种“反规划手法”应运而生。基于结构化景观网络的生态型基础设施的建立就是其成果。这个景观网络包含了关键性景观元素和现有以及潜在的空间格局，而这些空间格局在保护重要的自然、生物和文化过程中具有相当重要的战略意义。这些处理过程对保护自然文化景观的完整性和特色，以及保护对可持续性生态服务起到支持作用的自然资本都是至关重要的。

设计和规划不应是人为的和任意的。我们强调对环境、社会和其他方面的考虑，将它们整合到设计过程之中。卡尔·斯坦尼兹（Carl steinitz）（哈佛大学设计研究生院景观设计学系）创建的设计方法论体系被用于指导我们的设计和规划。斯坦尼兹强调必须用空间和分类中不同的尺度来解决问题。对于大型项目，我们应该更关注科学问题，将新兴技术（比如 GIS）应用于设计之中，以便分析和解决大型复杂的问题。

GIS 的一个重要作用就是空间数据管理。当所有数据都处于一个坐标空间内时，我们可以将不同项目尺度和形式整合到一个平台之上。接着使用这个平台提供的步骤和工具进行数据分析。数据准备一般包括纸版地图数字化；在大运河项目中，学生们数字化处理了古代地图，并使用现代土地测量和测绘信息对其进行调整。这些工作也许很艰巨，有时又非常枯燥乏味，但它却能帮助学生在此过程中理解 GIS 的原则。

对不同景观过程进行评估也用到一些创新方法：水文学、生物学、相关文化数据和娱乐数据的综合应用。例如，我们可以用洪水模型去识别某个洪水区域并评估这个地区的水文过程。我们也会使用历史数据来评估某个地区的视觉品质是如何变化的。在更复杂的案例中，我们会整合数据资源，使用 ArcGIS Model Builder 将数据处理到一个模型中。ArcGIS Model Builder 是一个非常有用的工具。它能够改变参数值并让结果可视化。仅举一个例子，在大熊猫疏散通道网络项目中，这个工具被用来建立复杂的模型以评估出大熊猫的栖息地适合度。

当我们改变景观时，模拟动态过程的 GIS 工具也可以用来评估影响。当我们在设计时，这个工具在对比方案选择和获得即时反馈方面非常有用。随着规划和设计变得越来越复杂，我们应该使规划结果越容易理解。我们鼓励学生使用 SketchUp、Google Earth 和 ArcScene 来创建 3D 可视化模型。3D 模型呈现的规划结果可以立即显现出规划的影响，所以它们很容易被大众和决策者理解。这些结果帮助他们参与到规划设计过程之中，对决策可以起到真正的影响作用。

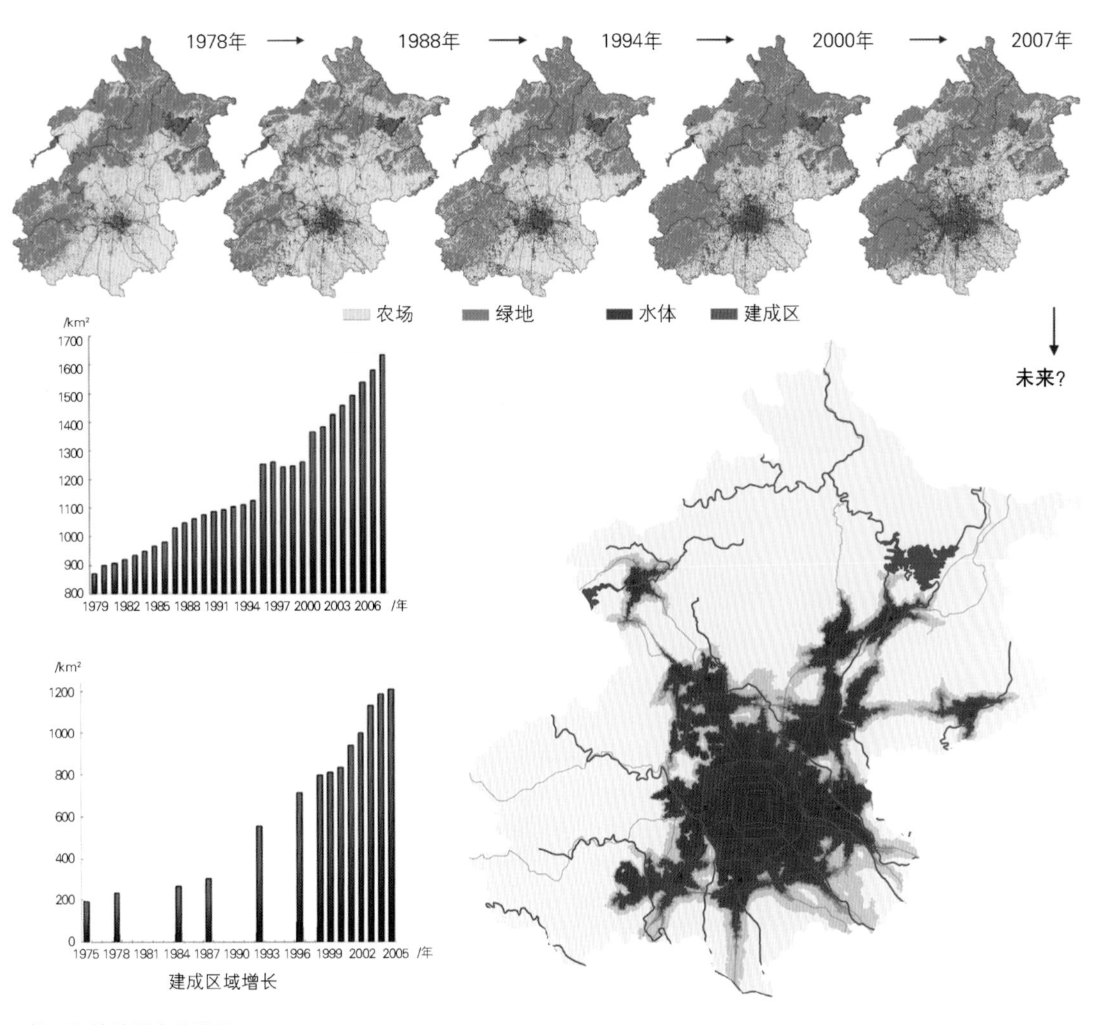

图 6.1 北京生态安全格局策略。绘制我国首都北京势不可挡的城市化进程。区域级测绘和图表。在过去的三十年间，北京的人口从 1978 年的 870 万增长到 2008 年的 1700 万，增长了 2 倍之多，建成区也从 1978 年的 $180km^2$ 扩大到 2008 年的 $1254km^2$，增长了近 7 倍，并且仍然以每年 $32km^2$ 的速度扩张。由王思思（Sisi Wang）、李春波（Chunbo Li）和孙奇（Qi Sun）完成。

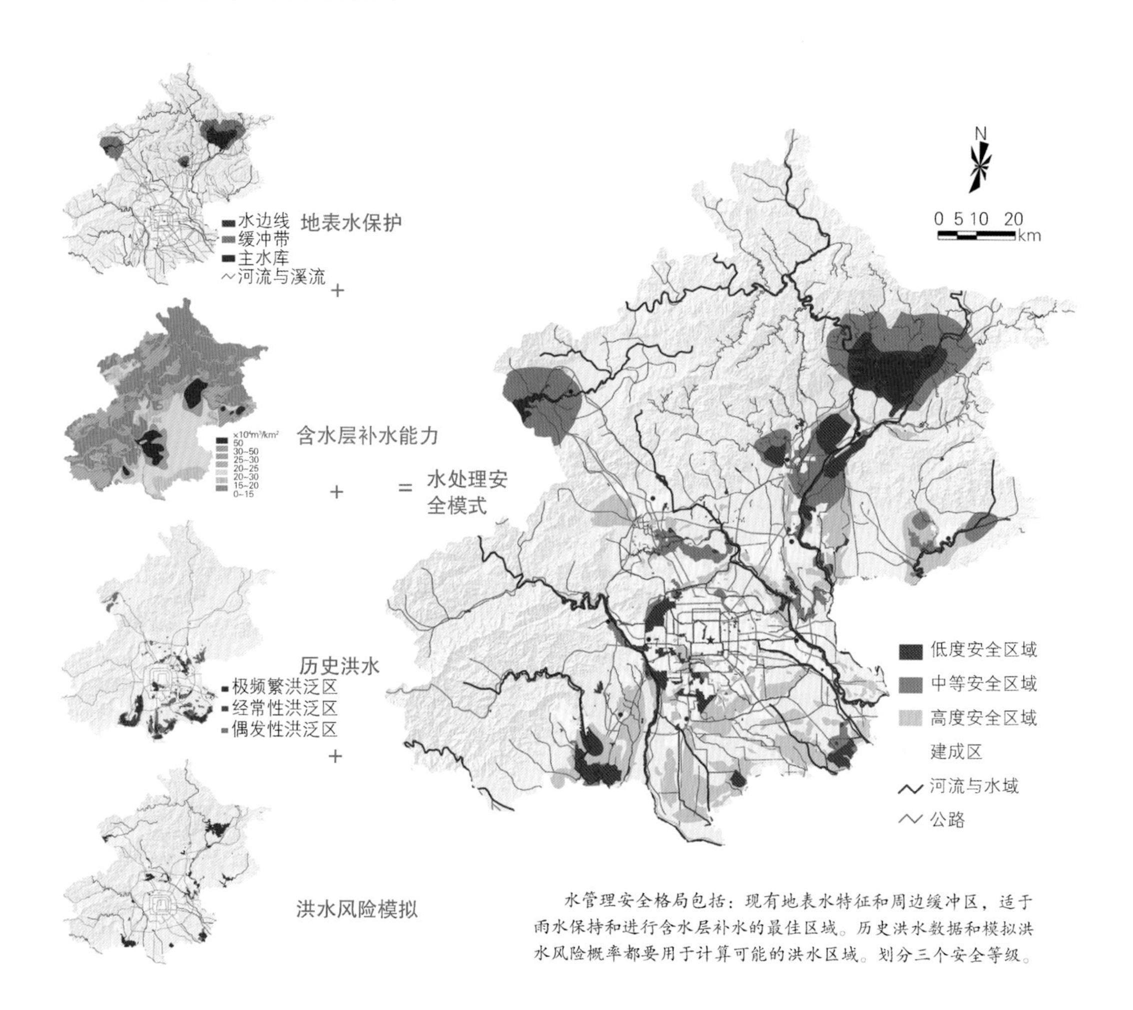

图 6.2 绘制水处理安全格局，保持雨水并预防洪水。利用历史洪水数据和模拟洪水风险概率计算可能的洪水区域，在春季、夏季和秋季为特定的鸟种提供栖息地。使用 AutoCAD、Illustrator 和 Photoshop 制作。由王思思（Sisi Wang）、李春波（Chunbo Li）和孙奇（Qi Sun）完成。

地区性生态基础设施

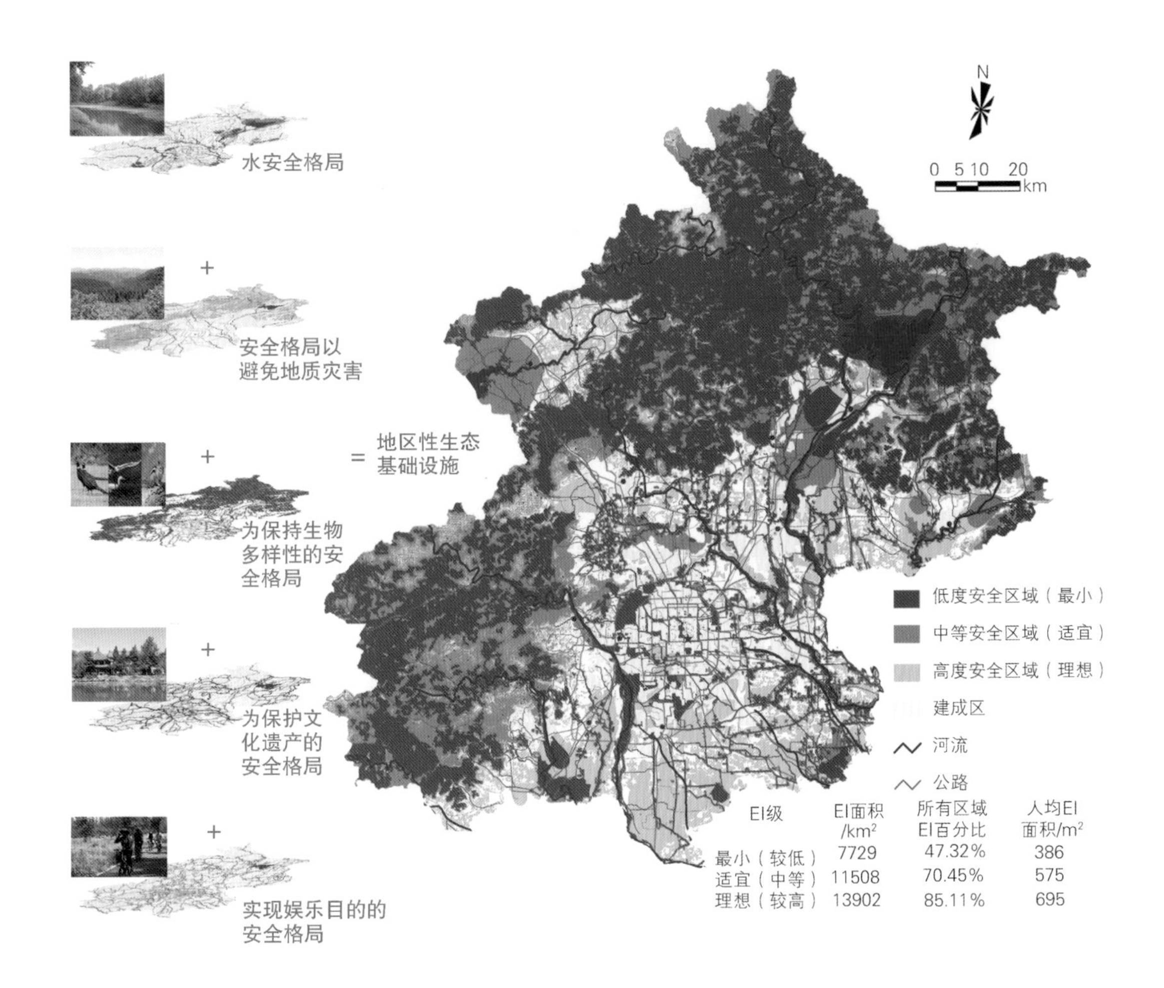

图 6.3 地区性生态基础设施。使用叠加技术为单个过程进行安全格局整合，有关区域性生态基础设施的替代性选择得到了不同质量标准维度的发展：高级、中级和低级。这些被用作结构框架来引导和构建城市扩展。使用 AutoCAD、Illustrator 和 Photoshop 制作。由王思思（Sisi Wang），李春波（Chunbo Li）和 孙奇（Qi Sun）完成。

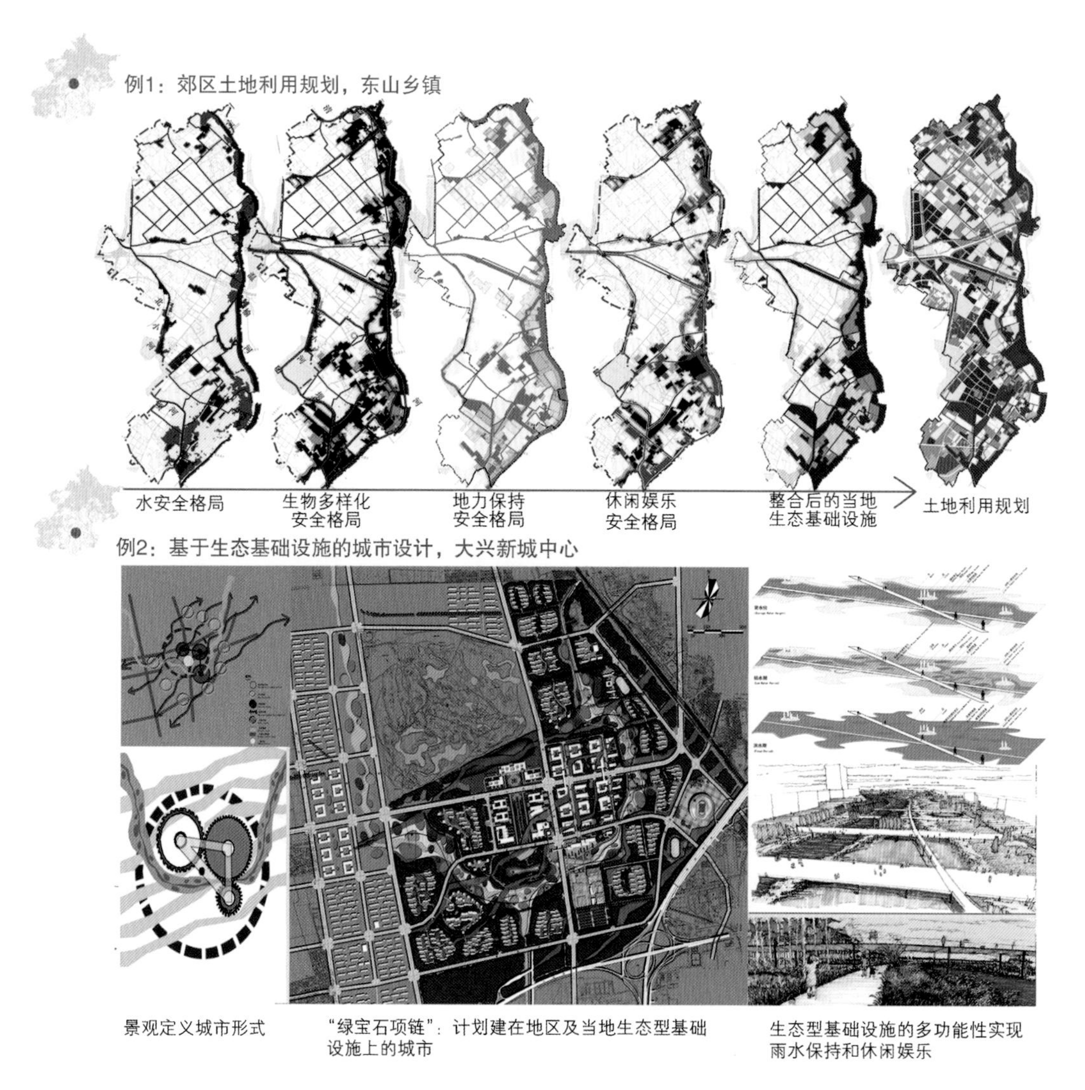

图 6.4 跨尺度生态基础设施的实施。不同图表和地图展示了生态型以及基础设施型土地利用情况。重要的城市设计策略是将城市建在地区及当地生态型基础设施上。使用 AutoCAD、Illustrator 和 Photoshop 制作。由王思思（Sisi Wang）、李春波（Chunbo Li）和孙奇（Qi Sun）完成。

大运河文化景观作品

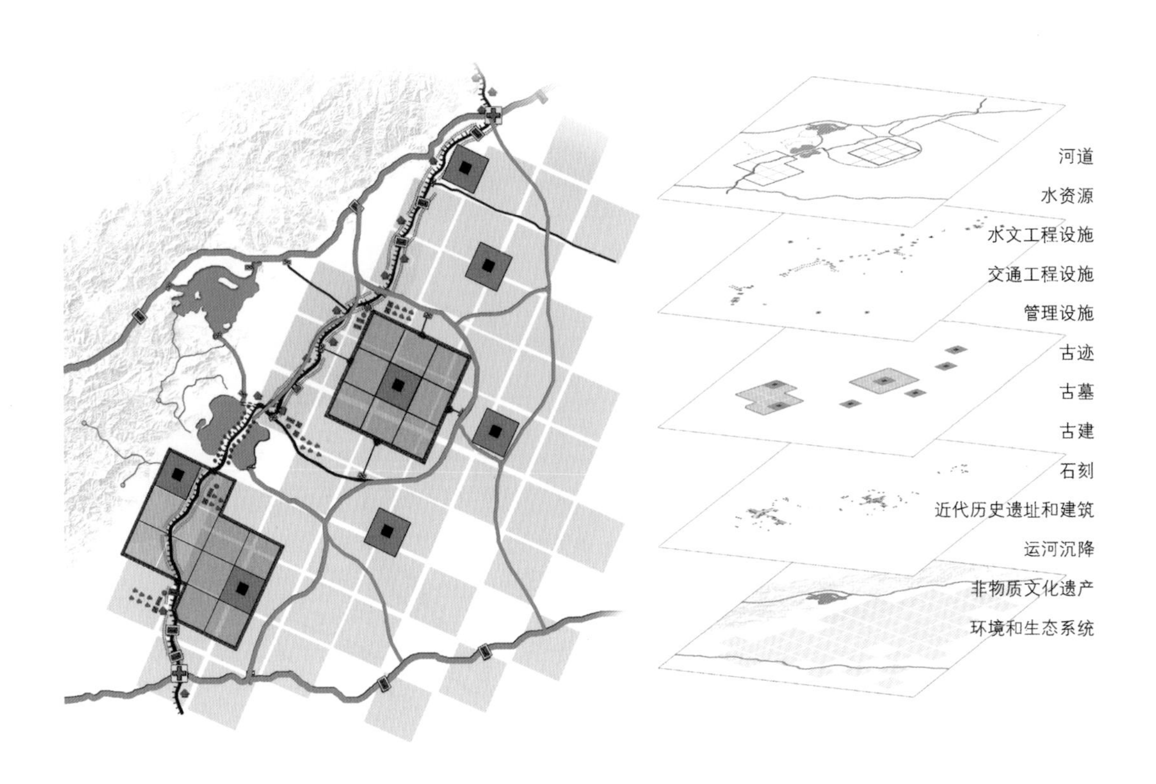

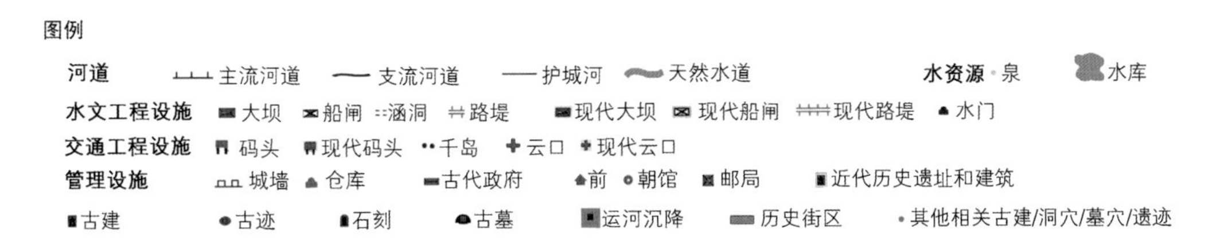

图 6.5 大运河作品——线性文化景观，长度的演进由人为及自然过程共同促成。河道、水资源、水文工程设施、交通工程设施和管理设施都影响着大运河的正常运作。使用 AutoCAD、Illustrator 和 Photoshop 制作。由奚雪松（Xuesong Xi）、陈琳（Lin Chen）和许立言（Liyan Xu）完成。此项目赢得美国景观设计学协会学生奖（American Society of Landscape Architects Student Award）。

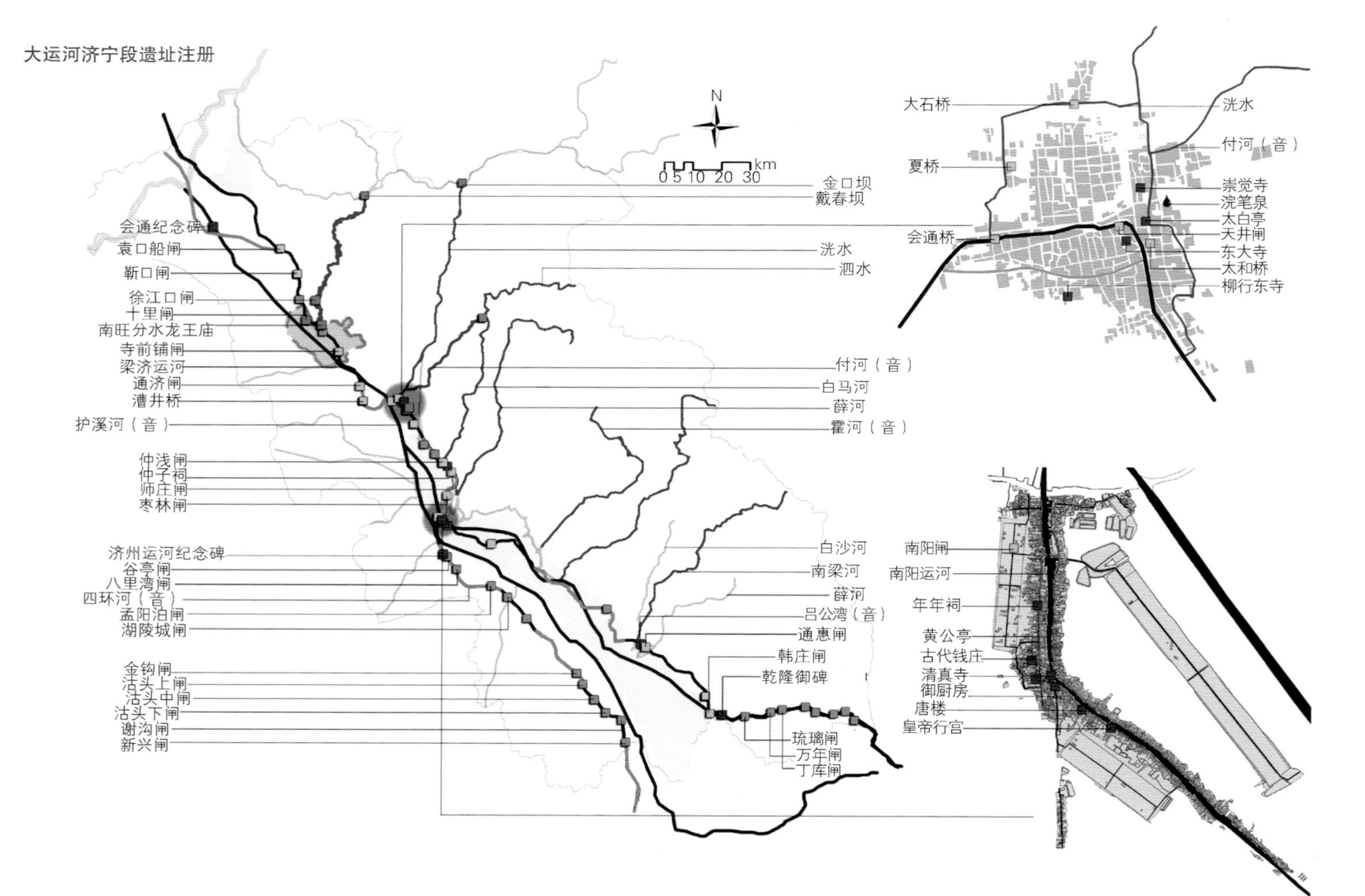

图6.6 大运河济宁段遗址注册。使用AutoCAD、Illustrator和Photoshop进行节点地图和图标的绘制。当先前的步骤得到确认后，这些符合“三项原则”的预定遗产点最终都得到了鉴定并注册成为大运河遗址。由奚雪松（Xuesong Xi）、陈琳（Lin Chen）和许立言（Liyan Xu）完成，此项目赢得美国景观设计学协会学生奖（American ociety of Landscape Architects Student Award）。

7 景观制图

尼尔· 查林杰和杰奎琳·鲍林（Neil Challenger and Jacqueline Bowring）

作为新西兰林肯大学景观学院（SoLA）的教学理论的部分，我们涉及了范围极广的图纸媒介，从数字化手段到使用数字化和手绘图表相结合的混合技法的，直至将绘图与绘画表达充分。奥特亚罗瓦（新西兰的毛利语名称）的环境启示我们发展出应对文化和自然景观独特性的制图手法。超过85%的新西兰人居住在“城市”。在非城市地区，景观设计学生们参与最多的是旅游、农业、基础设施和通信设施的相关景观设计。

我们强调的重点是计算机生成图像与手绘制图之间的空间，认为这是一个新的潜力地带。折射出景观设计师在科学和艺术之间的基本融合状态，这个“中间地带”认同了在景观工作科技化表达中所扮演的角色。手绘元素的表达力在制图中充满人性化意味，科技则具有传递复杂性的潜力，既考虑到了空间维度，也考虑到了时间维度。除此之外，制图不是简单只为了交流，它也是设计过程本身的一部分——因此，媒介之间的结合将促成场地与设计开发之间更紧密的关系。因此，我们教学专项课题设计研究工作室课程（Studio）的物理基础设施和教学理论正转向介于纯数字化和纯手绘之间的地带。

绘画技能的培养是设计不可分割的一部分，新西兰林肯大学景观学院重申了素描本的重要角色。专项课题设计研究工作室项目的学生们必须保留他们的素描本，通过这项强制措施，我们寻求建立一个原则，即探索性绘图成为设计的一部分。素描本用在实地考察时直观记录现场情况，自然地把绘图转化成理解的工具。在这样的环境下，绘图成为对场景的调查分析，通过绘图过程中长时间的接触，你的思想会比单纯的用照片记录的方式更深入穿透和理解现场。在专项课题设计研究工作室中，素描本是和导师进行交流沟通的工具。这样，学生可以追寻他们想法的演进轨迹，而不是诉诸那些会在过程中丢失根本基础的口头表述。

在素描本上绘图也让学生找到更多的媒介方式进行表达，提供给他们一种高性价比的选择来替代支配当今世界的数字化工具。素描本上可以凭借尽情展开的思绪进行混乱的、潦草的涂鸦。鉴于设计发展的水平明显，数字手段经常会是虚幻的——因为图表的精密复杂度有时候代替设计解决方案本身——素描本则清楚地展示了工作的过程；它强调的是设计在于过程，而不仅仅是一个产品。

为了迎合对学生设计作品产生的更高的分析要求，拥有一本素描本对学生来说是一个有益的开始。这就要求学生们使用可以诠释现场和设计理念的分析性图表和素描本这样的处理工具来表达并深化他们的设计和规划决策，以及扩初阶段有关完工图纸的论证。这不是要拒绝“创造力”，而是对设计实践的周期性和反射性的强化，并试图用分析和编程的严谨性重新验证这一点。这样的结果揭示了常常从绘画表面消失不见的艺术和设计驱动力。它们具有不可见的特性，这使许多学生的设计工作和他们的作品一样，都昙花一现，因为他们的设计改变了，却没有了作为其基础理论的有意义的方面。当然，这种感觉有时可能让人兴奋，甚至获益，但是也常常会令人沮丧和耗时，图表的使用就是试图在追寻无束缚的设计自由和严谨的分析之间调和出的一种方式。

这里所诠释的例子有乔纳森·特纳（Jonathan Turner）完全数字化的蒙太奇，以及丽莎·弗莱明（Lisa Fleming）的手绘图表。涵盖这些范围的例子成功应对了景观设计学面临的典型挑战，从对地点的“解读”和沟通，建立讨论点，直至贯穿场地本身的精美细节。最后，来自专项课题设计研究工作室的大部分案例则涵盖了经典的景观设计学手法，首先关注更宽广的景观文脉，在此背景下转向关注其尺度，接着以 1∶100 的比例来近距离探索设计。马特·德宁（Matt Durning）的大尺度插图图解展示了一个多层次图表可以传递出大量与现场相关的复杂信息。利用平面图、鸟瞰图、图表、有色表格和形象表象的结合，马特对生物物理学、文化和经验性信息进行了合成，给出了一个综合性、引人注目的关于蒂卡波（Tekapo）的概述。

马修·蒂德博尔（Matthew Tidball）的图解也是对地点的再现，并同时表达了灵感和设计回应。利用手绘制图、考古调查绘图和照相的结合，马修从这个之前几乎无迹可寻的场地追寻出其设计的演进过程。这些混合绘图法以一种暗示景观情感和现象学的方式结合，也是对毛利人悠久的参与景观方式的认可，即要延伸到精神维度、神话维度和超自然维度。这点在丽莎·弗莱明的作品中得到了有效体现。

这个作品是毛利人观星项目的开发提案，要求用图解来具体化庄严而又无形的天文和神话世界。丽莎所采用的高感光度黑白绘图被很好地转化成了夜间观星的世界，并且展示了多层次的意义和创世神话是如何融入场地的。

数字和手绘手法的混合也被有效地使用在詹姆斯·麦克莱恩（James McLean）对场地现状进行的视图重叠上。怀着对戈登·卡伦（Gordon Cullen）的城镇景观序列的回忆，詹姆斯环游玛塔科西，指出各种微妙的干预都会扩大对这个地方的体验。用这种方式制图让我们想起令人熟悉的对平面的解读，我们的景观经验不可避免地是纵向积累的，它贯穿于景观，汇聚所有的印象和感觉。马特·德宁（Matt Durning）的细节设计图也诠释了平面和透视的结合，并扩展到夜间体验的时间维度。蒂卡波（Tekapo）以其天文台而著名，现正致力于提倡世界星空保护来保护天空的黑暗，这正是马特的夜空图所反映的思想。

景观特色+驱动力
有影响力的建筑
磨损
广阔
伤痕
对比
短期品质
主要干预措施
气候反馈
连接
娱

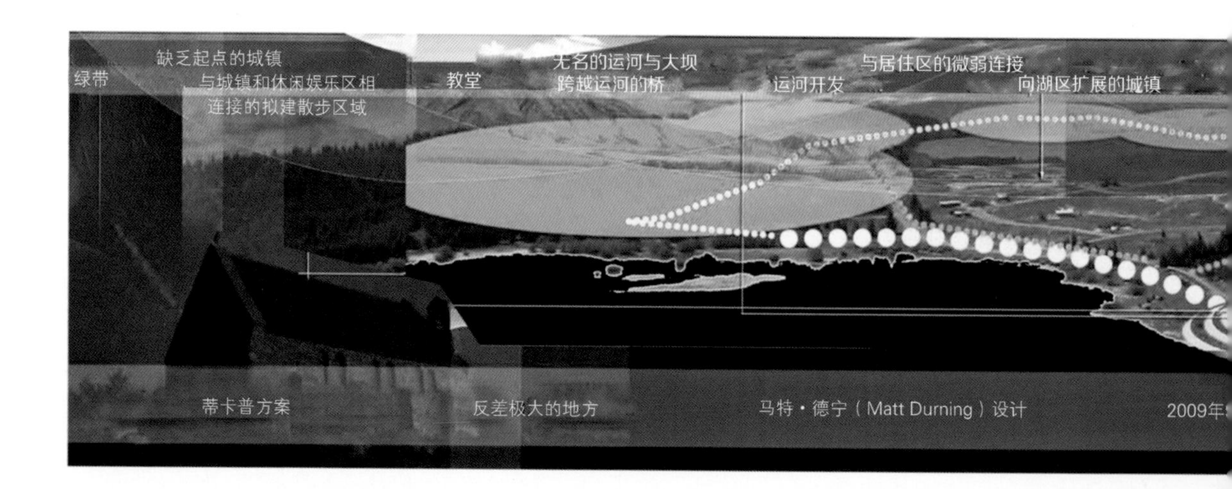
缺乏起点的城镇
绿带
与城镇和休闲娱乐区相
连接的拟建散步区域
教堂
无名的运河与大坝
跨越运河的桥
运河开发
与居住区的微弱连接
向湖区扩展的城镇
蒂卡普方案
反差极大的地方
马特·德宁（Matt Durning）设计
2009年

图 7.1 大尺度讨论——蒂卡波再开发的现场特征，分析和灵感启示，位于新西兰南阿尔卑斯山一个现存的旅游小镇。部分平面图 1（共 6 张），原始尺寸为 8 英寸 ×17 英寸；使用了 Photoshop。平面图中提炼出了场地的关键性特征，比如色彩、季节性、景观结构和动因，将它们纳入具有可回顾性、启发性和易理解的图表说明中。而且这张图表内容清晰、信息丰富，对于场地的再现而言是非常实用的。由马特·德宁（Matt Durning）完成。

图 7.2 大尺度结构——位于新西兰南阿尔卑斯山一个现存的旅游小镇，蒂卡波再开发中的场地结构以及和周围景观的连接。部分平面图 1（共 6 张），原始尺寸为 5 英寸 ×25 英寸；使用了 Photoshop。使用空中下垂线、斜线、图形图标和图像的组合来呈现场地的尺度规模和开阔度，信息丰富，涉及结构、形式和三个维度的特点。由马特·德宁（Matt Durning）完成。

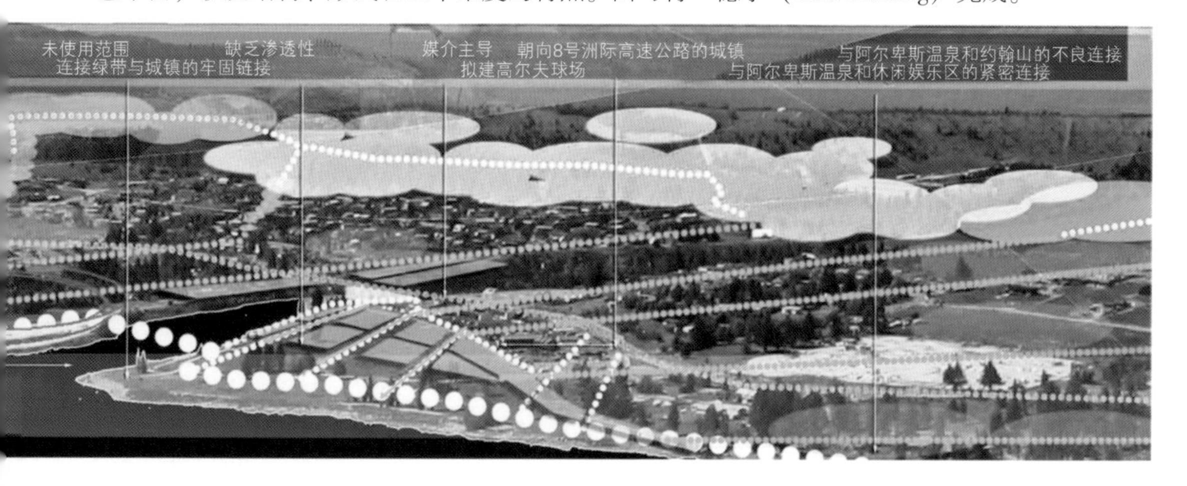

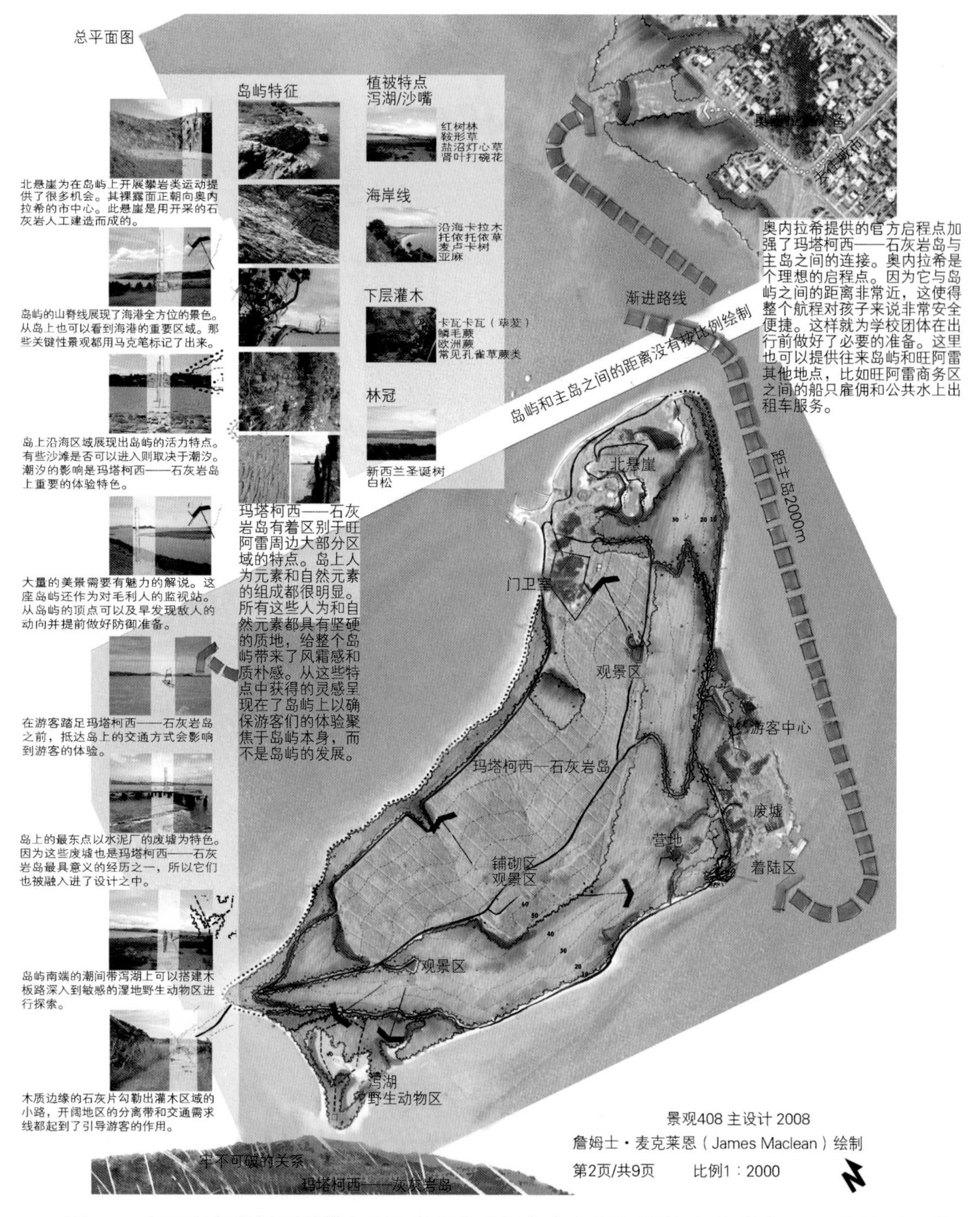

图 7.3 新西兰极北地区玛塔柯西岛某处户外探究中心总规划以及系列景观。2 张平面（共 9 张），原始尺寸 34 英寸 ×24 英寸。使用 Photoshop 将平面图和手绘草图重新结合渲染生成拼图照片和平面图。平面视图展现了事情发生的地点，照片的叠加展现了在那里发生了什么，既描述了该岛的特点，又提供了有关开发提案的系列视景。由詹姆士・麦克莱恩（James Mclean）完成。

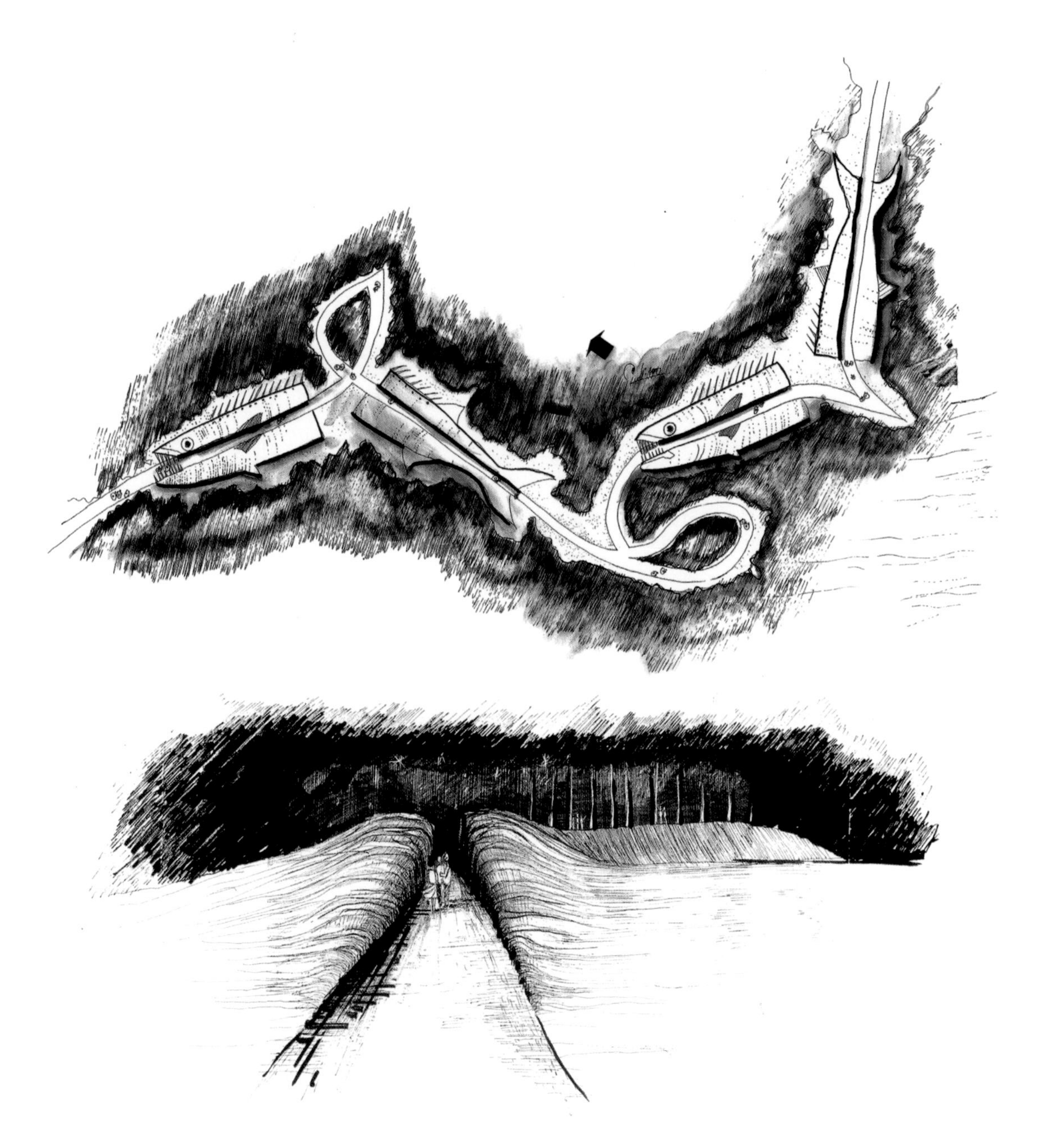

图 7.4 详细设计（1∶100），新西兰南岛芒阿毛努观星项目的平面图和草图。平面图 5 的部分内容（共 5 张），原始尺寸 18 英寸 ×10 英寸；使用了墨水笔。谨慎地用黑白图形反映出现场的夜间效果，用丰富的叙事性平面图和充满情感的手绘图创作出栩栩如生的多层次图形，带给原住民客户们具有丰富表现力的作品。由丽莎 · 弗莱明（Lisa Fleming）完成。

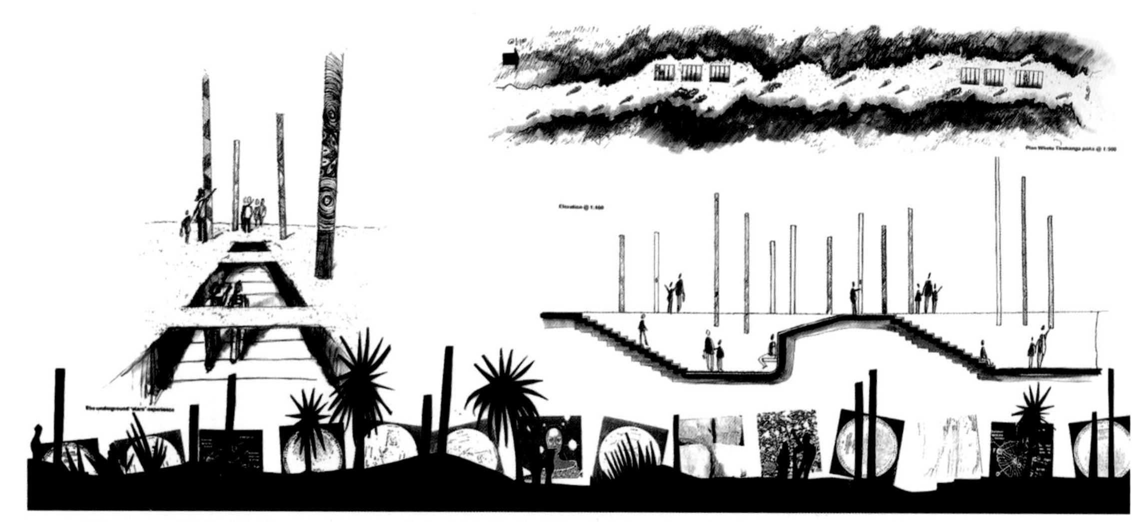

图 7.5 详细设计（1∶100）新西兰南岛芒阿毛努观星之旅的平面图、草图、剖面图和轮廓图。平面图 5 的部分内容（共 5 张），原始尺寸 24 英寸 ×15 英寸；使用钢笔画、剪纸和影印、复印技术；分层图像具有惊人的丰富细节，强烈的文化特征表现力和体验品质，让客户与现场之间产生了共鸣。由丽莎 · 弗莱明（Lisa Fleming）完成。

图 7.6 新西兰北岛伯通的棕地市镇开发项目，现场插图、透视图。平面图 5 部分内容（共 6 张），原始尺寸 12 英寸 ×20 英寸；使用 Photoshop 拼贴和混合。插图中，选择性地将图形、材料、建筑物和人物结合起来，清晰并通俗地描绘了这里带给人们的滨水体验。充满活力的色彩、层次感和趣味结合在一起，让画面更有趣味性。由乔纳森 · 特纳（Jonathan Turner）完成。

8 景观绘制

理查德·维勒（Richard Weller）

过去二十年兴起的数字技术已经成为当今主导的表现媒介。各处的学校和事务所都要面对处理这个从石墨时代到计算机时代的过渡。学校必须选定今后表现手法的重点和工具更新。上一代的绘图员都不会向学生们提及他们制作的图表背后的技术。在另一个角落，学生们在有效地自学着这些最新的技能。学生们需要掌控这些设备，而目前，这些设备还未占上风。正如 F1 赛车，计算机可以做到我们的身体无法做到的事情，但只要有一个判断有误，结果则是非常可怕的。学生要学会用计算机进行速写和思考，而不是麻木地渲染毫无意义的空洞的景观。类似地，在新一轮的图表使用和制图技术中，有时会自然而然地发现新信息，它们往往蕴含着具有审美性的新事物。

我们可以指望那些真正服务于想法和艺术，并且能更好、更准确地表达生态和城市复杂性的计算机程序和软件。通过使用这些生成性软件，我们看到了以动画形式呈现的设计，但是严格地说在学生作品的范畴中还没包括。这个作品来自西澳大学的作品集，就是要展现从石墨向计算机表现的转变过程，通过一系列媒介和手法强调那些具有理论和实践意义的表现问题。

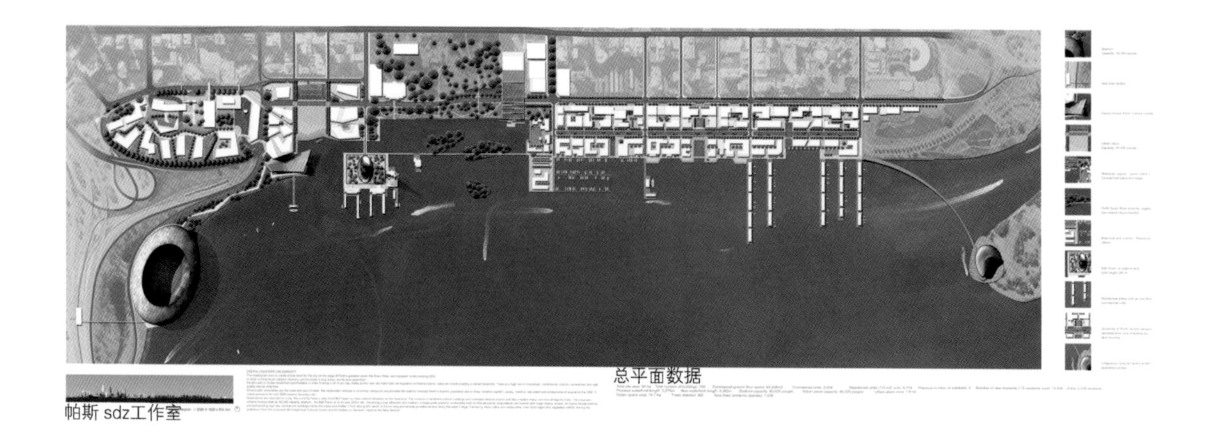

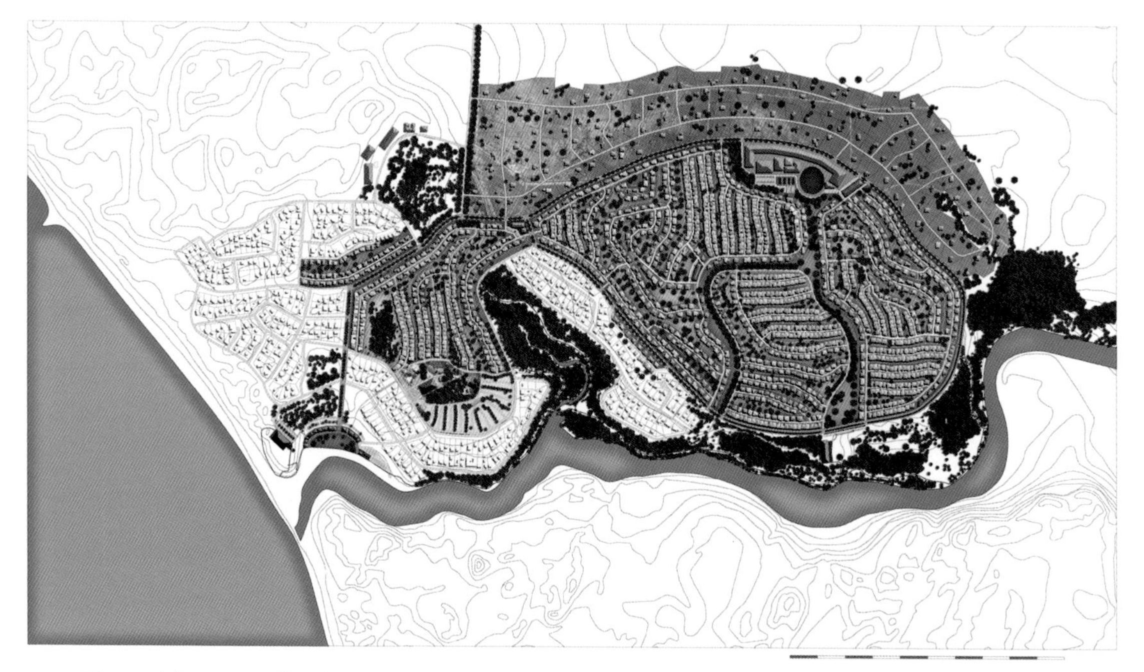

图8.1 和图8.2 以上是两张平面图。其中之一是城市滨水区开发图，另一张是郊区总体规划图，两者都追求达到现实与超现实之间的良好平衡。将来自于航拍照片中的色彩和材质与计算机中的色彩与材质精妙的混合画面清楚区分了现状和拟建规划，并用极高的精确度展示了建筑体块和开放空间的分配。在专业作品中，郊区和城市设计项目都要求准确地进行表现来体现其可信度，但是这样的精确会使项目显得机械化，与客户和大众形成距离感。这些画面极具可信度，对细节和色彩的关注也让它们成为市场性和视觉吸引力兼备的作品。由埃斯蒂·纳吉（Esti Nagy）和朱丽亚·罗宾森（Julia Robinson）完成。

图 8.3 这幅迪拜的城市概念设计图成功避免了过多的超真实细节，保持了草图的特质。与自然主义截然相反，所有材质和物体都很明显是假的（模拟）。然而，为了避免出现完全平淡无奇、机械乏味的图像，表面的颜色和纹理在进行渲染时进行了杂色化处理，这样使得画面更有趣。淡雅的用色强调突出了概念要表达的特点。这幅作品没有费心地去营造一种虚假的现实感，而是要保持一种新鲜度——是一种主张，而不单纯是一个解决方案。这种使用计算机完成草图绘制的技术速度很快，而且价格合理，可以承受。由朱利安·伯乐特（Julian Bolleter）完成。

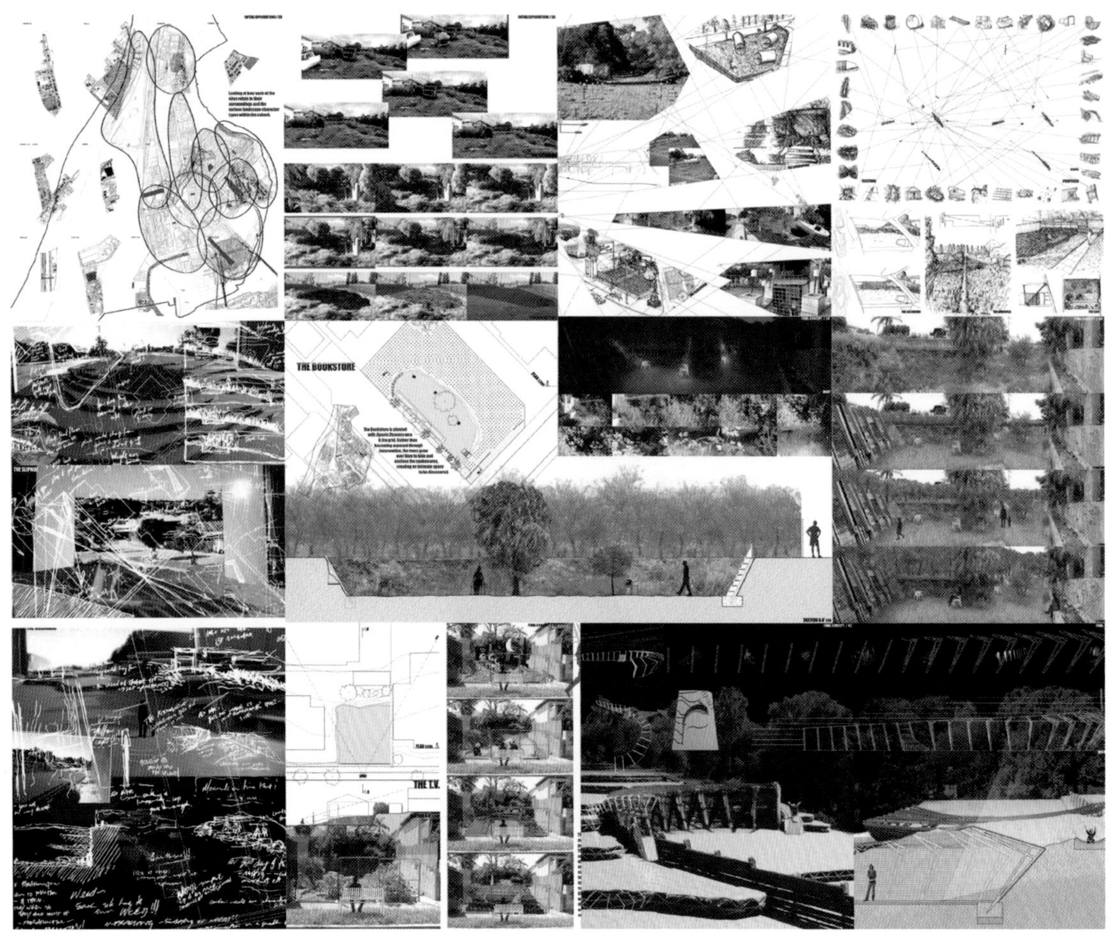

图 8.4 这个部分展现的是一个创作过程，以无限可能性开始，最终以唯一方案告终。最重要的图（涂鸦）往往都是最早画的。为了最大化设计过程中早期阶段的发展，双手和大脑就需要专注于凌乱且不稳定的反馈循环中。在早期阶段产生的“东西”（想法）越多越好。在这个蒙太奇中，学生记录梳理了他用于这片郊区荒地的大量设计手法以及过程。由阿历克斯·福斯罗（Alex Fossilo）完成。

图 8.5 布鲁克林皇后广场的项目概念是以公共开放空间为静止点，城市环绕其周围的漩涡。与等高线圈向地面缩减的真正漩涡不同，这里公共空间的阶梯等高线是向上缩减的。通过不透明贴图和物体的可移动性（其中一个人物是绿野仙踪中的桃乐茜），整个画面的编排表达超出了设计所预期的活力。由汤姆·格里菲恩（Tom Griffiths）完成。

图 8.6 为了快速记录和测试设计理念，勾画一系列基本性透视草图是一项必要技能。它们常常是最有效的涂鸦，手绘示意图也会从中产生。这种情况下，呈现的画面要比涂鸦更清晰：这是一张引人注目的表现草图，其画法可以学习，有些人也很倾向于这种画法。这幅草图使用了所有的业内技巧：曲折的透视感、饱满厚重的线条，丰满的灰色调，不对称却又不乏平衡感的结构。最重要的是，他的留白处给观众留下遐想的空间。由朱丽亚·罗宾森（Julia Robinson）完成。

图 8.7 在这三幅图中，理查德·维勒（Richard Weller）和麦克·罗兰（Mike Rowlands）试图表达出一种庄严的氛围。这组图是来自于为了纪念 2004 年印度洋海啸罹难者的参赛作品。这些用 Photoshop 细致勾画出的图像展示了海面上灯光点燃的效果。更重要的是，为了在众多参赛作品中脱颖而出，作品则必须拥有强大的情感渲染力。画面除了集中传达纯粹的情感外没有浪费任何空间，效果非常成功。由理查德·维勒（Richard Weller）和麦克·罗兰（Mike Rowlands）完成。

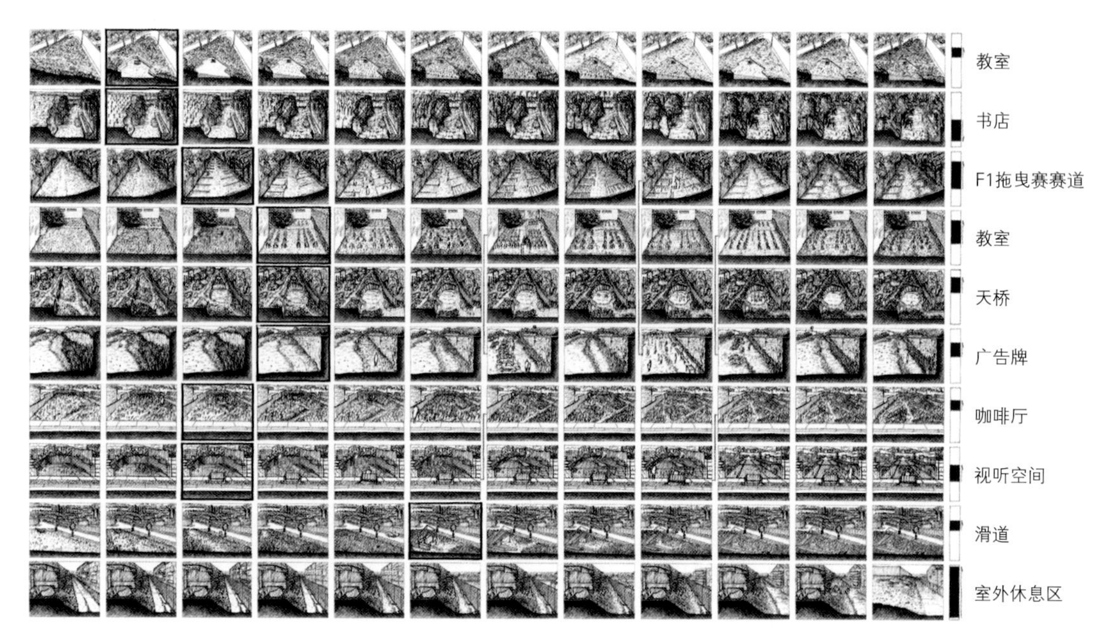

图 8.8 我们常常听到时间是景观设计学中最突出的特质之一。然而除了近期用制作长图解时间轴展现项目可能发展阶段的趋势和生物群的增长外，对景观意向图中与时间的真正结合却鲜有代表性关注。这幅图介绍了景观设计学中关于时间表示的问题。这张图用文字概述了位于郊区的十个不同的小型空置地盘在未来可能的发展生命线。这些场地除了时间的流逝，并察觉不出太多的变化。采用的图示技术具有电影的效果，也就是说它基于一幅幅静止画面的连接，每一帧的改变都很微小，也没有预先设定理想的方向。作为一个整体，图表的文字就变成了那些时刻的动态表达。由阿历克斯 · 福斯罗（Alex Fossilo）完成。

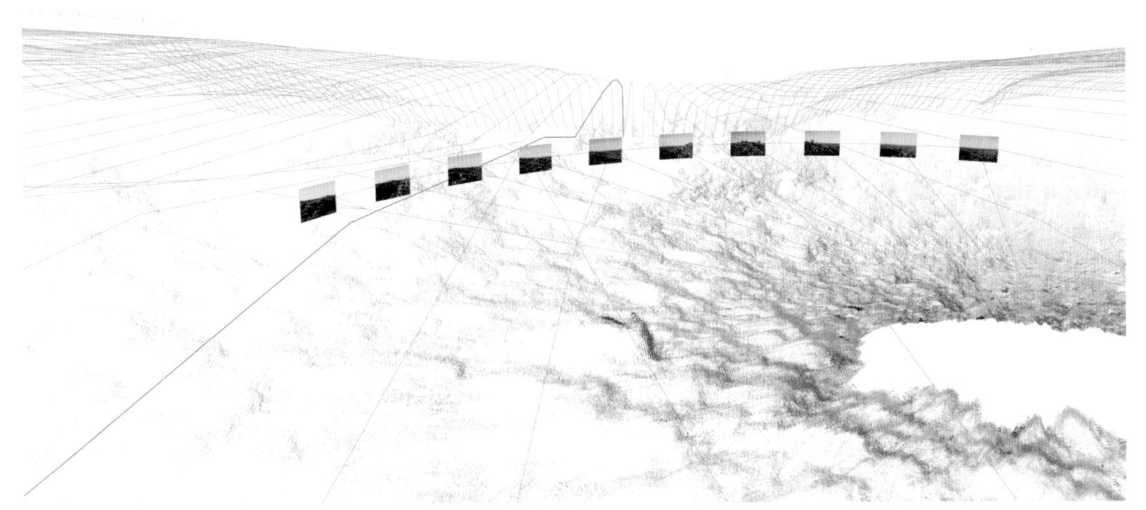

图8.9 这张图试图使用超越传统景观建筑表现的技巧（地图、等高线和平面图等）来实现定点映射，作为制作定点建筑的基础。作者采用了当今测绘员普遍使用的高精技术。这张图像中包含了以陆地镭射扫描的测量结果为基础的地图和照片。图中的十张小照片策略性地整合到CAD模型之中，其中所有数据均来自于扫描。

图8.10 这张精美的手绘草图习作展现了澳大利亚丛林的特征和纹理。我们鼓励学生学习这样的笔触，不是因为它怀旧的形式，而是从中体现出的对光展开的冥想方式，精简世界的方式，以及延缓时间、捕捉空间的方式。由贝克·克隆比（Bekk Crombie）完成。

9 （不）完整

马克·米勒和吉米·瓦那奇（Marc Miller and Jamie Vanucchi）

值得重复提及的是对于个人能否专注于场地并明确相关问题，从而找到具体解决方法这一点来说，图纸和模型创建的过程显得至关重要。为了解决这些相关问题，内容的记录变得尤为重要，记录包括具体问题、需求和设计兴趣所在。这是一种得到默认的关系。它存在于记录本身、相关的问题、场地和记录人之间，为接下来的论述制造了进行探索的机会。

那些在具有意义的过程记录就是人工作品，可以对特殊部分进行描述，并在其他的人工完成部分之间建立起有意义的联系，显现出多元化的关系状态。然而，如果经常性地默认这些程序和流程（包括场地记录的标准方法、对先例和类型学的依赖、传统绘画形式的专门使用），那么它们会阻滞批判性思维并影响问题的可靠解决。人工完成部分用类似手动操作的方式完成，随之而来的就是阻断过程中的启发性时刻，创造出可以在华丽的结构中进行转变的过程和内容，以适应作品的框架和空间，这就是更具批判性记录产生的结果。在这个富有活力的批判性环境中，项目呈现出多元化状态，相对于工作守则，它可以被描述为工作环境。在这种环境下，工作过程的整体性被激活，更准确地说是一种工作模式被激活，建立起这个模式，用场地作为试验地点以强化这个过程。这样还可以对人工完成的部分进行转变，进一步考虑不同时间尺度和多用途场地中项目的意图以及项目之间的关系。简而言之，二维和三维的内容展现的是其本身的信息，并且作为更大规模的实践内容，是可以进行修饰的。

“（不）完整”指的是内容要展现其内在逻辑的必要性以及支持具体的问题和更大型项目关系的能力。这里，我们把这个过程看成是模式的形式，它们的重点是创作过程的意图，设计师在整个过程中可以明确发现和表现的方法，并借鉴到其他项目。我们将其描述为可形容、可演示，能够通过表现性绘画、数字化视觉技术和实体模型进行表达。最重要的是，作为工作环境，它们深深置于过程之中，转变了人工表现手法的内容和对人工表现手法特质的界定方式。

这种具体描述性的模式使用二维和三维手段作为制定项目的方法。这个过程依赖于常用在场地分类方面的传统操作方法，包括正射投影、摄影、建模，都为了使设计师能够确定问题所在。通过不断的表现过程，媒介作为分析的一部分也具有了可变性，完美地运用了记录（建模到制图）对比法。一直以来，设计师都在关注自然的表现过程和接下来会贯穿整个过程的转变。以这种方式，当项目逐渐抽象化时，通过项目开发时的特别记录，过程中的重点就显示出来了。在现有的过程表现方式中，模型得到了展现、转变，并被应用成为项目的一部分，每个记录都基于对下一步过程和项目的精准表现，同时也是对问题独特部分的最终探究。

在生态过程和关系中，用于项目开展的表现过程采用了不同的方式。在这个例子中，它更受描述性模式青睐，而与过程相关的内在部分，由于反复的制图过程而受到了压制。跨越尺度的系统制图描述的是特别框架下具有建设性的、有序的、同时又有损毁性、危险的过程。此项分析中的内容让我们看到了地理学科的支持性质，充分利用了基于科学的尺度比例，包括测量场地时间的运用。作为可视化的结果，建模过程中的内容得到了更准确的描述，展现了场地中并不明显的状态条件。当这些可视化成果进行了层次划分、内嵌和延伸，模型就建立起来了，形成了体系框架，既表明了阶段性策略的设计介入，又指明了衡量介入后期表现的方法和指标。这种介入发生在现有的和规划过程的时间线中，取决于建模过程的节奏。这样就可以让设计师能制定方案，但又不用考虑确定性。因此，设计师必须储备一些相关策略来应对可能出现的系统性能表现状况。

这些来自康奈尔大学景观设计学系学生的图片作品呈现了在本科阶段专项课题设计研究室课程（Studio）中描述性模型的模拟和数字化表现方法。这些具有代表性的作品对常见问题中存在争议的具体方面起到了支持性说明作用，它们都是（不）完整表现手法的典型实例。

图 9.1 公园体验的演变。公园内不同活动和体验的系列表现。值得注意的是，每张透视图都是特定的日子和关键时间点。这样可以帮助学生们梳理场地条件，规划出相应的方案。由戴维·扎努西尼基（David Zielnicki）完成。

图 9.2 浅水生境研究。学生能捕捉到这些项目四个维度上的特质是非常具有挑战意义的。因为设计过程常常处于不断“变化”的状态，选择时间间隔来进行表现是非常有意义的一步。每个过程都有其自己的时间线和指标设置，学生们规划出的提案必须说明人为和非人为过程中不同比率变化的相互作用。由玛丽亚·卡尔德隆（Maria Calderon）完成。

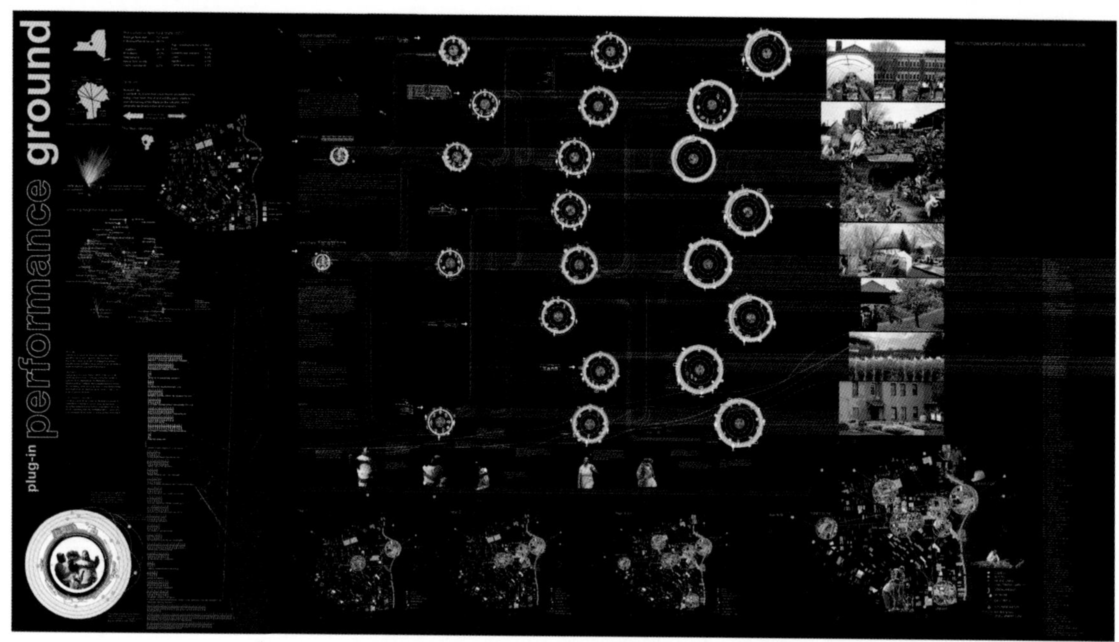

图 9.3 工作活动场地前景规划。这个表现图涉及经济、社会和环境与时间相互作用的复杂性。设计干预包括“插入件”或者在特定场地不时地注入能源与资源，来改变过程对现有的发展方向逐步产生和实现积极的影响和结果。由玛丽亚 · 霍克（Maria Hook）和艾丹 · 钱布利斯（Aidan Chambliss）完成。

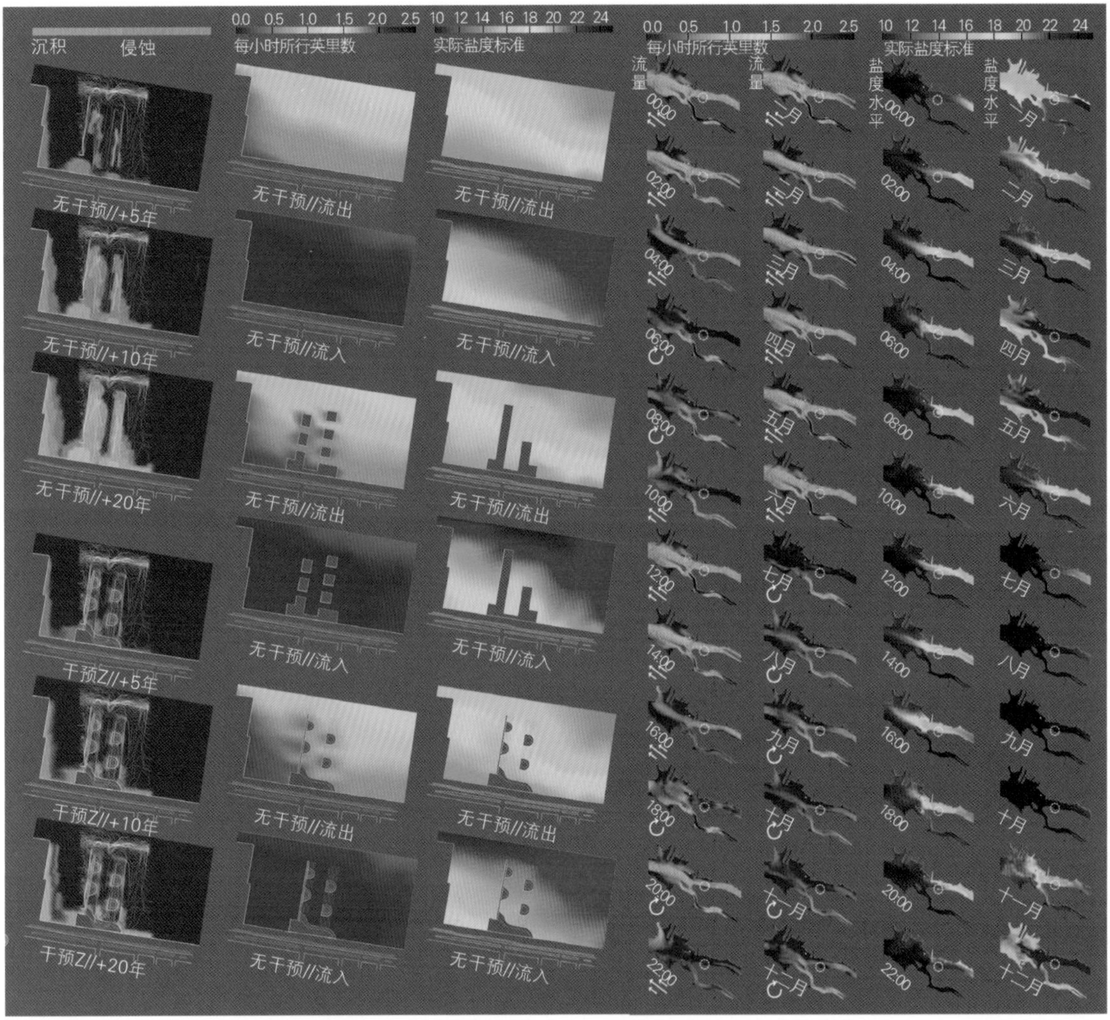

图 9.4 定植部位形成过程。这一系列的探索开始于日常和一年中含盐量以及水流变化的研究。有趣的是在处理这些过程后，学生们却不知道该如何进行下去。在经过全面考虑之后，学生们把某种形状放入水中进行试验，观察过程中形状的相互作用，并记录变化结果。由戴维·扎努西尼基（David Zielnicki）完成。

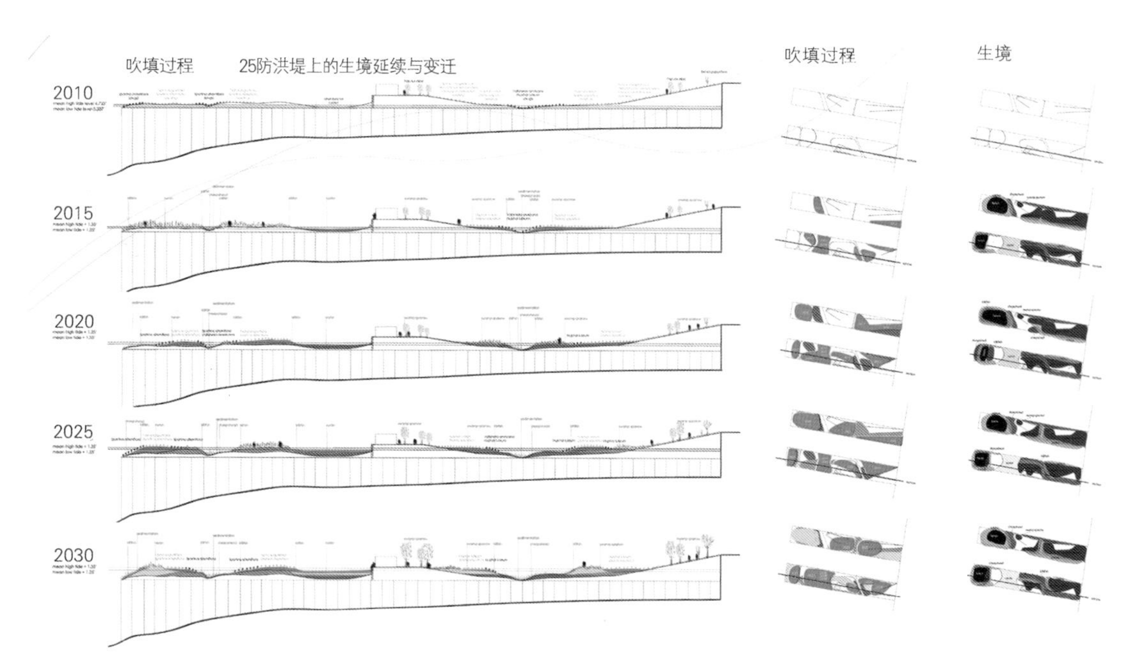

图 9.5 延续。生境适应性设计方案。这个项目开始于对人类、鱼类、鸟类不同生境的探索需要（研究者或教育者、卵生鲔鱼和沼泽麻雀）。因为防洪堤生境依赖于和水的关系，那么设计就要与潮汐特性、海平面升降保持密切的联系，并使用来自哈德森河的疏浚土创造不断变化的环境。由斯蒂娜·赫尔奎斯特（Stina Hellqvist）完成。

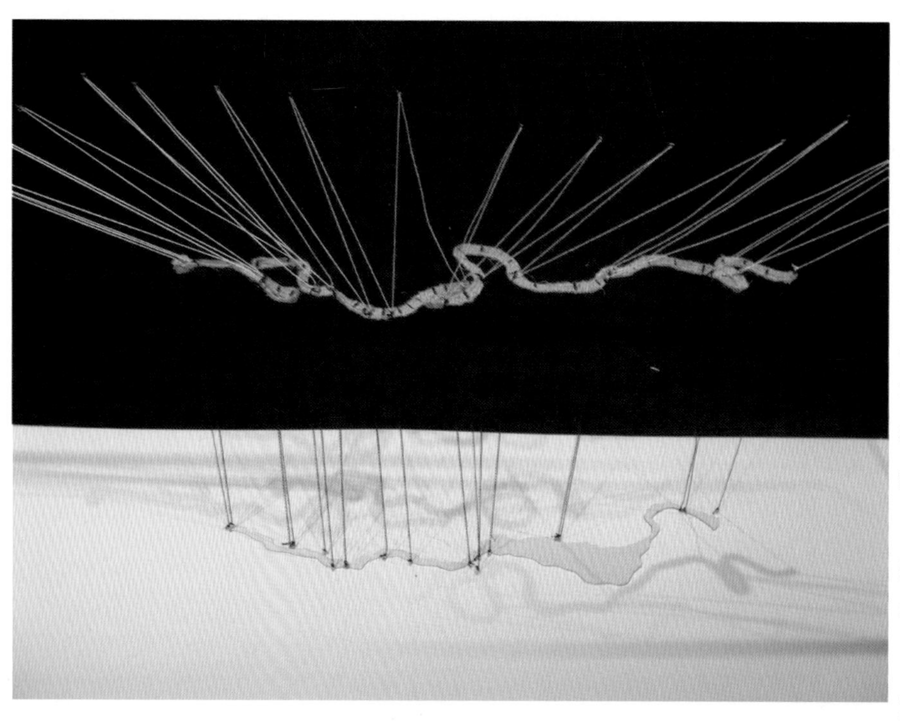

图 9.6 这个模型表现的是水景的横断面。水景的升降幅在模型中一览无余。这里还有一组次要信息，即用带有线绳的支架定位来诠释此处的景观是如何划分成独立的体验空间的。绳子上标注了时间，用于体现步行持续的时间。由安德斯·林德奎斯特（Anders Lindquist）完成。

图 9.7 这些绘画和模型的节选采用了一套简单规则来创建图像诠释地表状况和物质性。在矢量绘图中，地形条件通过材质的图案和层次展现其轻微的变化。这些绘图后来成为模型的基础底图，营造了抽象的地形表面。由乌尔里克·斯密斯奇兹（Ulrike Simschitz）完成。

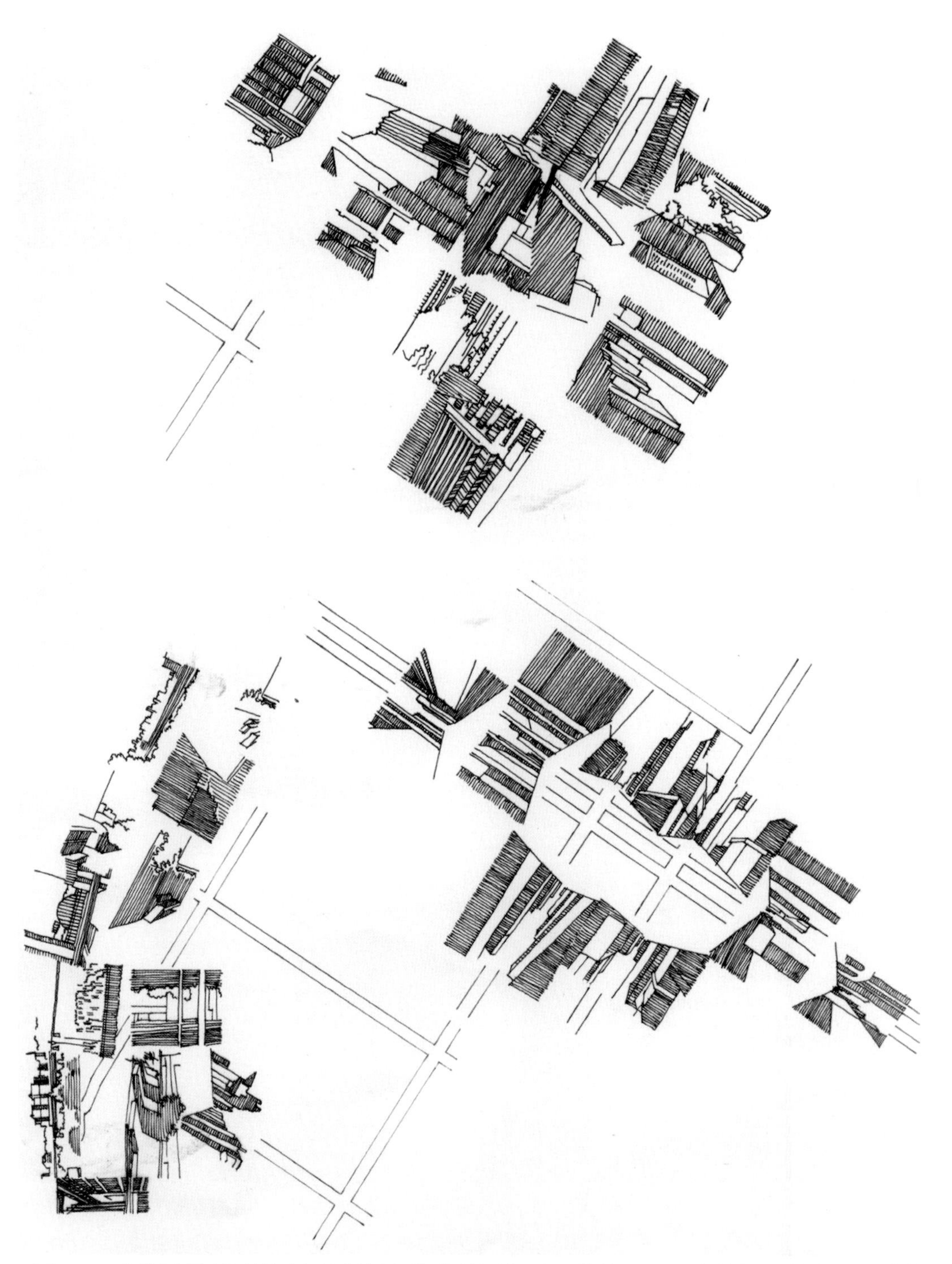

图 9.8 这张图展现了绘图中的创新和传统绘图相对的价值观。图中使用网状街道和建筑的透视模式作为说明方法，描述了城市不同环境中的行走感受。由艾丹 · 钱布利斯（Aidan Chambliss）完成。

10 景观设计学重塑的精准性和抽象性

罗伯特 · 罗维拉（Robento Rovira）

数字化复制时代中的景观复制用日趋具有说服力的方式提供了一系列强大的建模、复制和修饰润色工具。精密复杂的数字技术一出现就找到了它们在设计、景观设计学教育和实践中的存在方式。虽然从历史上看来，这个适应过程相对于其他设计学科要慢一点，但景观设计学已经稳定地从这个呈指数式增长的超凡科技中获益良多。与其他的学科，诸如建筑和室内设计相比，实现景观设计学领域的真实视觉表现常常更具有挑战性，因为建筑和室内设计的描绘通常依赖于设计对象表现的精准性。景观则具有另外的复杂性，尤其是景观中元素的内在动态和生态本质，而这些复杂性又是理解有机体和它们生存环境之间正在发生的关系的基础，而应该将它们分开单独理解。

因为景观设计学几乎总是涉及动态系统、相互联系和不同程度的暂时性，有人就会提出对景观中元素的数字化分割和笛卡尔式简化是与景观设计学的本质相违背的。相对于单元组建而言，景观更多关注的是关于梯度的问题。与其说这是一门微积分，把几何图形划分成微小的部分，不如说这是一种流体并具有不可分割性。当提到这种逼真视觉化表达的时候，这种区别是相关度最高的。逼真的视觉化表达通常会尝试渲染每一条单独的光速和光反射来追求最终的幻象。在景观表现中，最终是可能实现真实化的准确性的，结果可能令人满意，但是在景观的视觉表达中复制现实的愿望往往会阻碍对景观的内在和不可言喻的品质的理解以及表达。在视觉渲染时，将每一步发展都看成是最后渲染的想法要被抛弃，包容其不精确性，甚至是抽象性，景观的内在特质和潜力才可能得到更充分地开发和表达。

然而，当进行场地分析和详细目录图表化时，现在的景观教育和实践已经具备了有效的数字化技术提供的适合进行精密视觉表达的工具。数字工具不再需要用实体叠加和透明度处理来分析景观和生态，而是简化了景观的原型和序列，从而能够快速有效地传递动态转换、阶段划分和增量。分析性比较和研究在处理方式上会更加具有试验性，并带来多种视觉化选择，开启了对景观进行精准观察的大门，而实体绘画工具是很难达到这个精准程度的。麦克哈格逐渐有理由因他在景观界留下的印记和传奇开心并自豪，而这些成就也甚至会因为景观设计师们将景观分析方式升华到艺术领域层面而被淹没。

通过生动的插图和图表，分析图、场地平面图和航拍图得到了增强，例如，这些插图和图表可以传达重要的关系、向量、流程和走廊的信息。环境、场地以及景观融入更大系统的方式，都可以有效地通过图表进行表达，而且这种表达方式较少依赖于现实主义表达，而更多地依赖于抽象主义表达，通过叠加和绘图实现，具有更强的精确性。在当前数字工具的帮助下，分析通常可以完成得非常出色。

因为景观设计学领域需要既感性又有分析性的过程，佛罗里达国际大学景观设计系提供的视觉表达案例就旨在兼顾以上两个方面。时间和变化的概念对于理解景观和生态是至关重要的，在众多的描绘组合中，它们成为非常有趣的主题。在所有案例中，重点是要用最少的文字说明最多的信息：文字尽可能保持在最少；线宽和组合策略在艺术绘画中得到了强调；学生们要面对的挑战是在目录和分析图表中将复杂系统减少至只有关键的组成部分。

强调这种经济的方法不仅是传递一般的复杂场地基本信息的关键，而且是更好地了解这些场地的一种方法，因为只有通过对各种想法的深入调查，才能用最少的笔触把更重要的性质提炼出来。

尽管如此，在所有与现场有关的调查中，强调这一点是至关重要的。在给出的例子中，模拟是先于数字的，而最终的结果可能这两种都包含在内；但初步调查是以二维和三维的方式进行的，它强调物质性（石头、泥土、植被、木材等），视觉表现数字技术退居其次，因此材料和模拟过程占据了主导地位，可以让人们形成最直接的理解。在处理南佛罗里达石灰石采矿场的后工业景观的例子中，对石头剖面质地的研究就是以非数字化的方式进行的：其过滤和保持水质的能力通过横截面对蓝色染料的过滤进行了测试；它的多孔性和组成成分通过粉碎和再组装的方式进行了调查；用可预测或不可预测的方式其习性进行了探索。采用这种手段的目标是要传达一种对场地和项目发自内心的体会，呈现视觉表现的最终特点和品质。

以最终合成数字绘画方法为目标的课程中也包括了几例景观信息设计。这是在尝试清晰地传达其复杂性，正如在绘制树木演进时，我们看到的过程一样。在这些案例中，以多样化的尺度和方式，对景观设计学中的视觉表现形式和角色进行探索。当从信息中提取精确数据显得至关重要时，在广阔的地域，使用数字化精密度来绘制向量线则会变得非常有价值。然而，这些例子也证明了采用非数字化或非精准化的方法来实现对场地、材质和空间的认知转化也是同等重要的。同时，这些案例也让我们认识到，景观设计学在展现视觉表现、调查、设计与表达中那些飘忽不定、复杂而又不可言喻的特质时，数字化和非数字化的方式必然是相互依赖的。

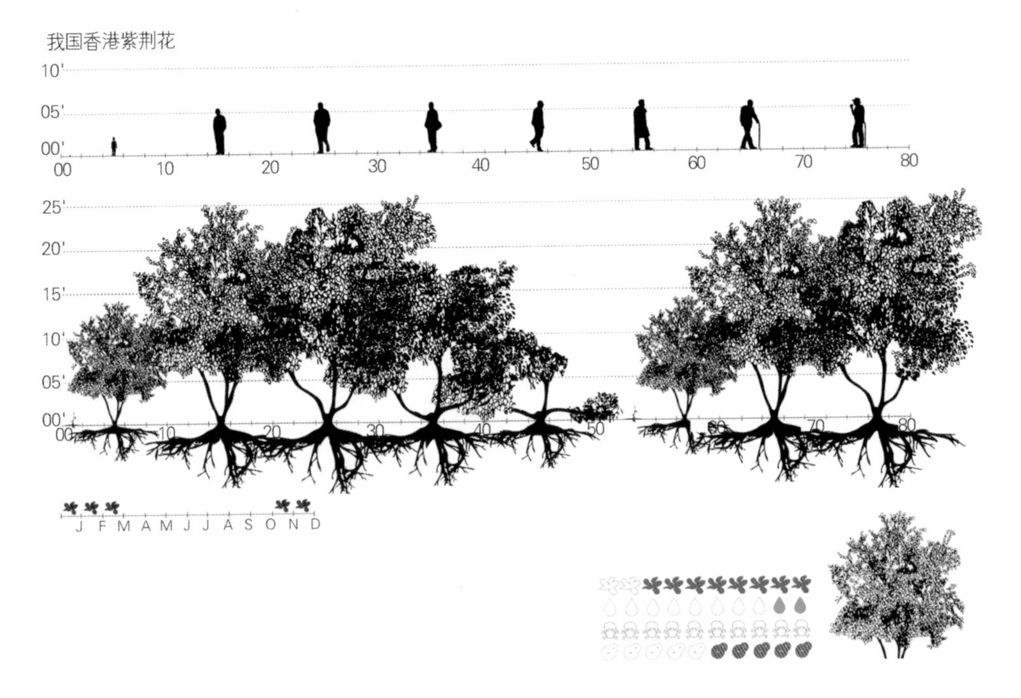

黄花风铃木

黄花风铃木是中等大小的阔叶树，叶茂根深，银色、卷曲的枝干非常别致，是一种用于天井和草地的理想树种。两到三个主干或者枝条支配的树冠通常具有不对称性。初春，它们会长出大量2~3英寸长、金黄色的喇叭形花簇。叶子常常会在开花前掉落，这种荒凉感与开花后形成鲜明对比。

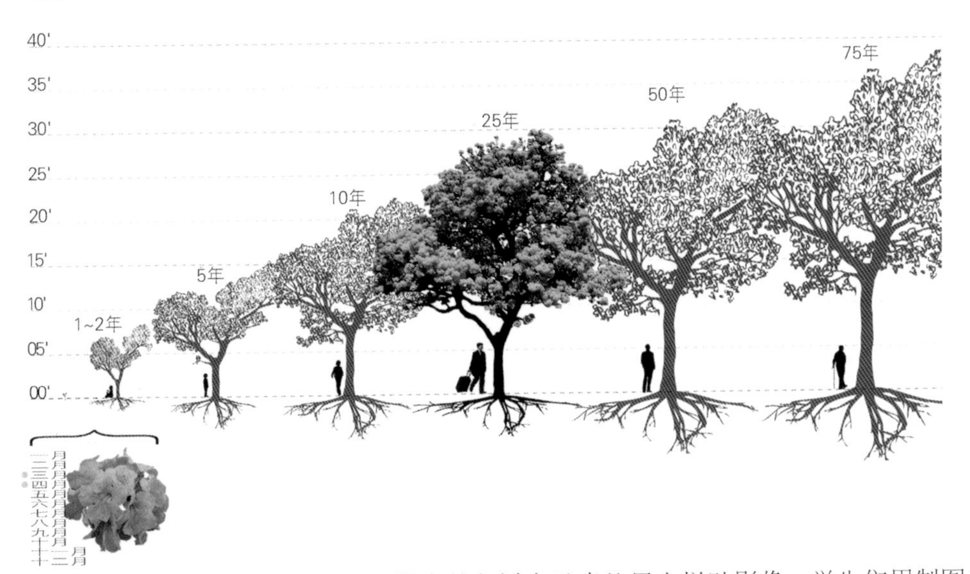

图 10.1 树木进化图黑白拼贴影像和带有着色树木元素的黑白拼贴影像。学生们用制图表现了超过 75 年树龄的热带和亚热带树木的进化过程，也将它作为同一时间表内人类发展的演进。这项工作生动展现了物种的特殊属性，涉及面从阳光、耐盐性到排水要求、季节属性、毒性和香味等其他特质。由乔安娜·伊瓦拉（Joanna Ibarra）和凯文·班贡（Kevin Banogon）完成。

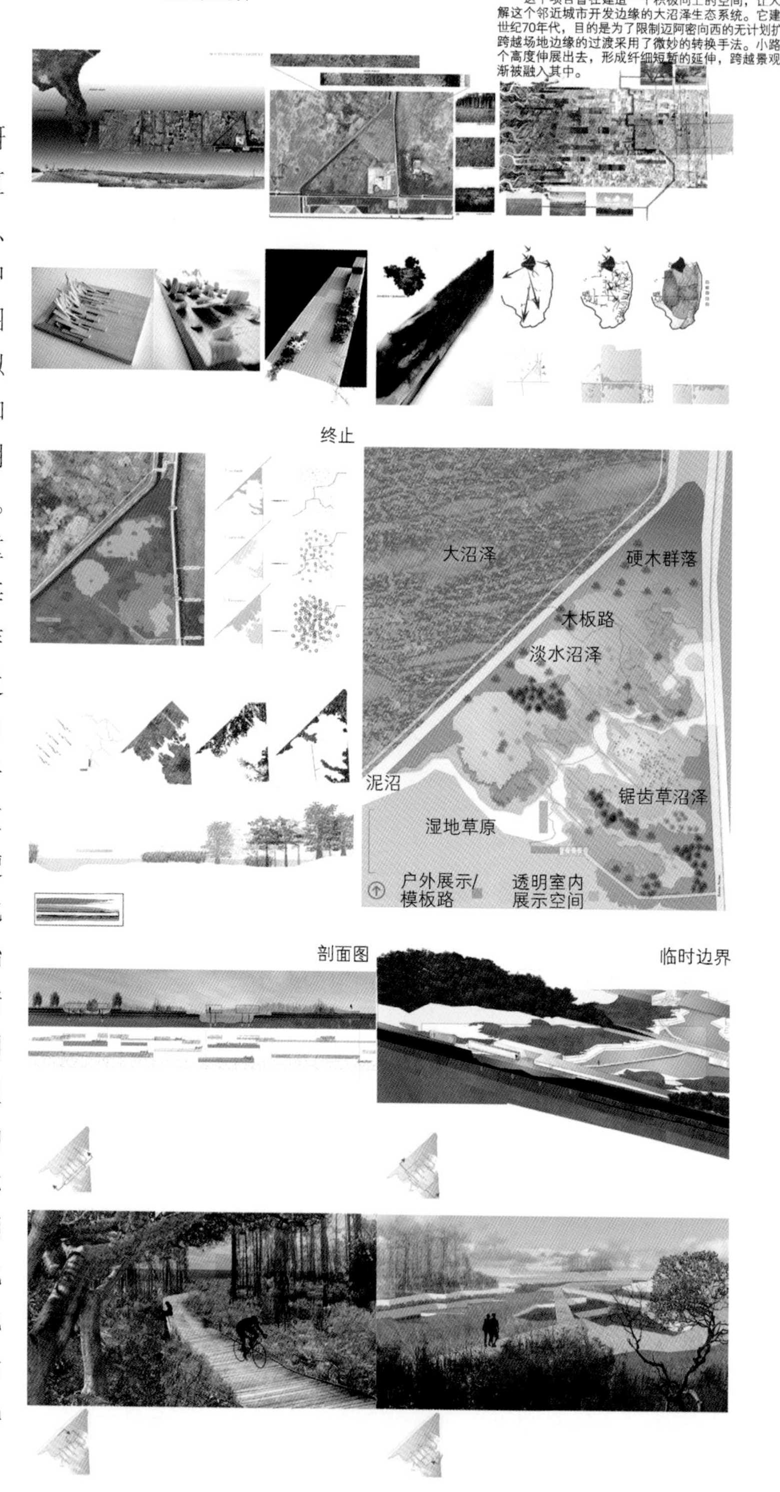

图 10.2 土地用途研究中心展板。包括一张区域地图、场地分析、图表、总规划图、剖面图、空中透视概览、美观的透视图拼贴和描述性文本。模拟模型中使用木片、墨水和蜡膜在表面的渐变来说明景观中水体的渐进迁移。剖面图和透视图显示在重要平面中（小尺度位于每张图下方以供参考）。作为理解现象空间的一个过程，这个项目建议恢复自然体系以使公众了解位于南佛罗里达的这片独特区域。在这里，城市扩张遭遇了大沼泽。边界短期化和起伏化策略得到了自始至终的使用。这个提案请求建立南佛罗里达土地用途研究中心，让南佛罗里达的自然环境得到更好的理解，这是仿照加州卡尔弗城的同名研究机构。图表、关键性剖面和市场化前景则帮助表达了对场地的感觉和理解。由布伦南·巴克斯利（Brennan Baxley）完成。

图10.3 后工业景观透水边界项目。制作精美的展板，包含了布局精心的总图集、关键平面图、醒目的透视图拼贴、照片和剖面图。这个作品抓住了后工业场地的精髓。大沼泽的自然纹理是数千年来水文地貌形成的。倒转泪滴形式的树岛就是这样产生的。这些杰出的景观形式为南弗罗里达地区独特的植物群和动物群创造了栖身之所。如今，曾形成地表土地的河网水系嵌入大片石灰岩床。当它们慢慢腐蚀后，经石缝空隙进入蓄水层，呈现出倾斜纹理。相关的参照图片帮助描述了这些场地的特质。由塞夫拉 · 查瓦里亚（Sefora Chavarria）完成。

图10.4 后工业景观。排版精美的展板包含一系列表达性强、信息丰富的场地和设计绘图。南弗罗里达被称为“湖带区”的地方，看起来就像是一系列巨大的水池。无论是从卫星图像还是从弗罗里达付费高速汽车道来看，都能被清晰地看出。这些大型水体有着显眼明亮的青绿色和正交几何形状。它们是南弗罗里达石灰岩开采的副产品。这项开采运动可以追溯到20世纪之初。这个地区现在成了世界沼泽中最具生态多样性的体系之一，也是与弗罗里达州迈阿密逐步扩张的城区开发之间的屏障。城市开发需求所留下的伤疤在这些深达60~100英尺的大水坑中显现无疑。这些伤疤的特质和后续治疗以及缓解过程正通过这个项目的景观部分进行探索。考虑到这个采石场的现有量级，进一步的挖掘工作看似是违反常理的。这些理念在展板中通过小插图、大型总规划图以及引人入胜的透视图（采用不透明手法表现过渡空间和森林感以及现场）加以体现。展板的中心位置精心放置了一张经过分解的轴面图，描绘了设计现场的系统和组织结构。由德文·赛哈斯（Devin Cejas）完成。

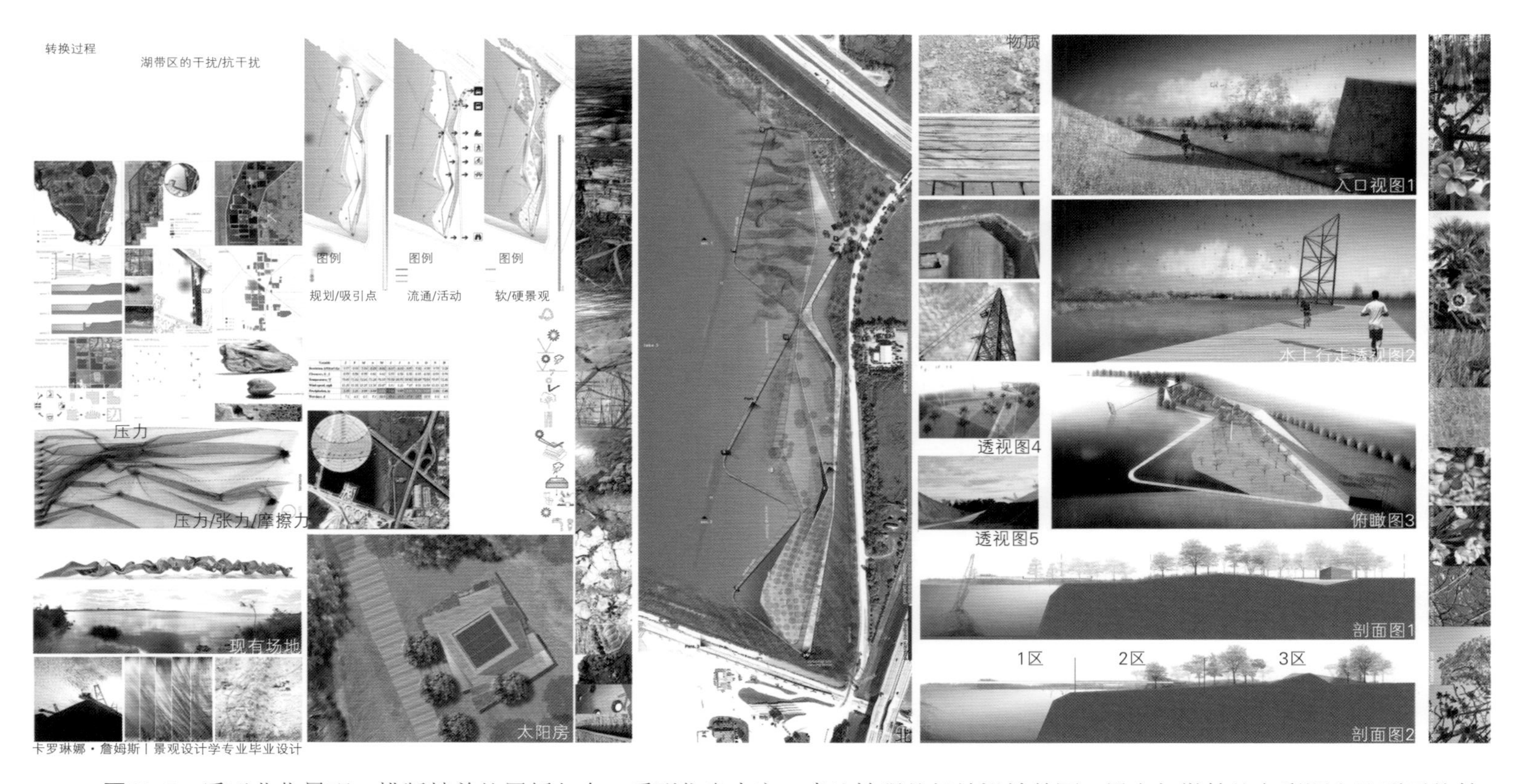

图10.5 后工业化景观。排版精美的展板包含一系列信息丰富、表达性强的场地设计绘图。黑白与微妙的色彩调和达到了绝妙的平衡。展板中心位置的大型总规图是主要焦点。醒目的透视图和渲染精美的立面图、剖面图捕捉到了空间的特点和感觉。这些画面传达了人类行为引发的变化影响，比如石灰岩开采和（或者）南弗罗里达湖带矿区的自然过程。基于对干扰或阻力概念的研究，和对迈阿密西部边界大沼泽地区地理和水文学的理解，这些绘图还表现了对残余城市或工业废弃场所再利用的替代性选择方案。由卡罗琳娜·詹姆斯（Carolina Jaimes）完成。

共生

西麦斯FEC采石场的野生动物研究中心促进了人们对大沼泽敏感环境与南加州地区采石场之间关系重要性的认识和理解。野生动物研究中心以教室和游客中心为特色，其周围环境以当地依托于湿地生态系统的动植物群为主。中心分为四个必要的部分，贯穿于整个场地。游客在场地中穿行，逐步从大沼泽环境转换进入到工业化场地。在那里，游客可以接受关于采石过程的相关教育。

工业化场地又逐步转变成一个度假胜地，一个农业化区域。木板路网成功实现了其中的交通流通，让游客们可以观看并体验但不会干扰这里的环境。城市网格和现有的基础设施作为并列要素在现场被加以利用，以更好地诠释采石场对于城市的重要性和采石场所依赖的环境。

图10.6　后工业景观。就布图而言，具备视觉吸引力、排版优美，且极具信息量。它包含了带有重要绘图的大型总图、一系列醒目的数字化透视图与另一系列的剖面图保持了和谐的平衡。放置在展板左侧的小目录包含了材料和质地等信息，对描述此处的触觉特质起到了帮助作用。由安德烈斯·皮内达（Andres Pineda）完成。

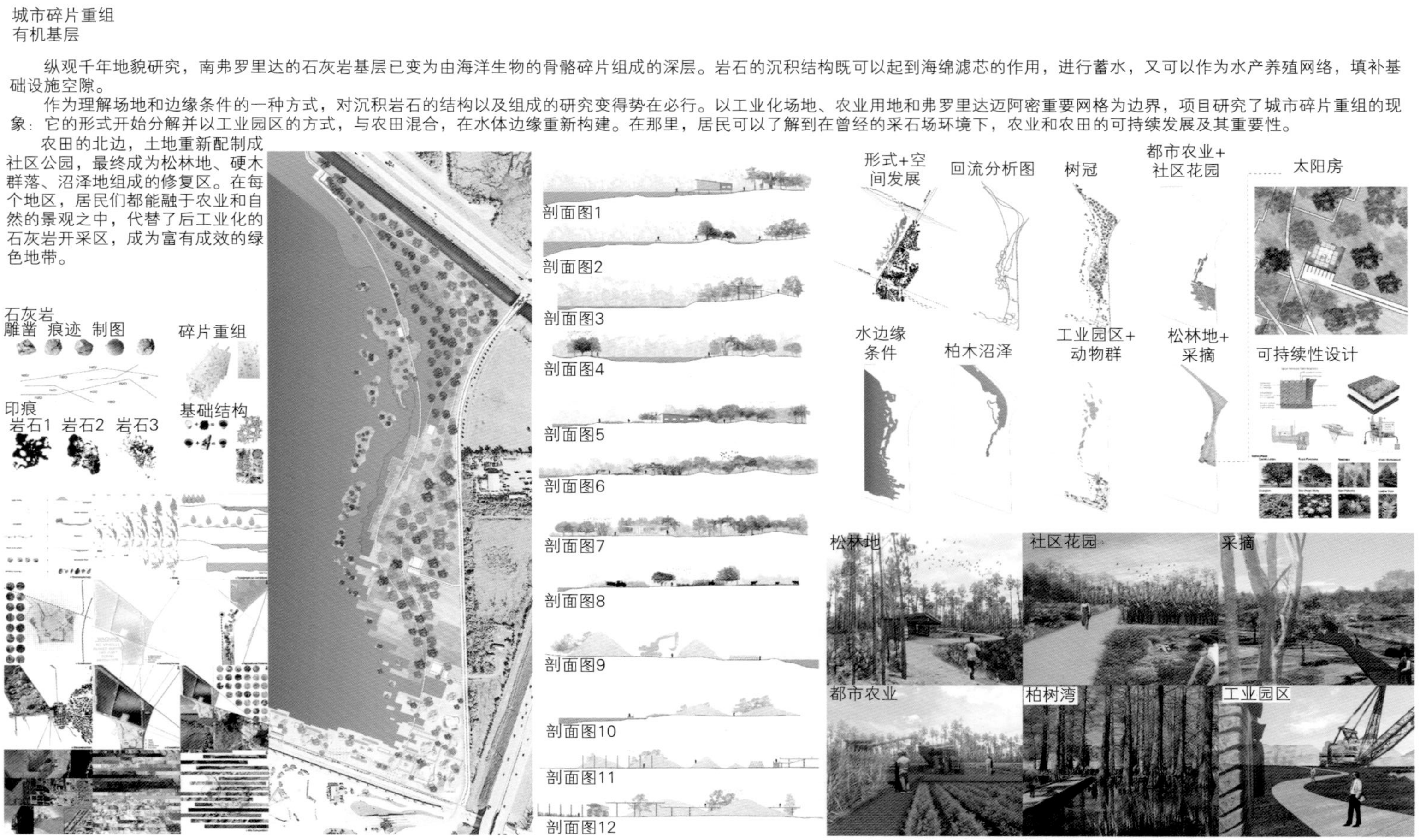

城市碎片重组
有机基层

纵观千年地貌研究，南弗罗里达的石灰岩基层已变为由海洋生物的骨骼碎片组成的深层。岩石的沉积结构既可以起到海绵滤芯的作用，进行蓄水，又可以作为水产养殖网络，填补基础设施空隙。

作为理解场地和边缘条件的一种方式，对沉积岩石的结构以及组成的研究变得势在必行。以工业化场地、农业用地和弗罗里达迈阿密重要网格为边界，项目研究了城市碎片重组的现象：它的形式开始分解并以工业园区的方式，与农田混合，在水体边缘重新构建。在那里，居民可以了解到在曾经的采石场环境下，农业和农田的可持续发展及其重要性。

农田的北边，土地重新配制成社区公园，最终成为松林地、硬木群落、沼泽地组成的修复区。在每个地区，居民们都能融于农业和自然的景观之中，代替了后工业化的石灰岩开采区，成为富有成效的绿色地带。

石灰岩
雕凿 痕迹 制图
碎片重组
印痕
岩石1 岩石2 岩石3
基础结构

剖面图1
剖面图2
剖面图3
剖面图4
剖面图5
剖面图6
剖面图7
剖面图8
剖面图9
剖面图10
剖面图11
剖面图12

形式+空间发展
回流分析图
树冠
都市农业+社区花园
太阳房
水边缘条件
柏木沼泽
工业园区+动物群
松林地+采摘
可持续性设计

松林地
社区花园
采摘
都市农业
柏树湾
工业园区

图10.7 城市碎片整理项目的后工业化景观。组图排版合理，一系列图片包含了场地分析和图表，大型总平面图，置于展板中心位置的系列重要剖面图，抓住了场地和设计策略上的海拔高度变化。图表使用Illustrator创建，网格布局形式，描述了平面的体系和构成部分（形式和空间的发展、循环链、树冠、城市农场、社区花园、水边状态、柏木沼泽地、工业园和动物群、松林地、采集物）。松林地、社区花园、采集物、城市农场、柏木沼泽和工业园也都通过Photoshop中的拼贴透视进行了精美的渲染。为达到更深入的交流目的，种植物料的目录也安排在了展板上。详细平面图和剖面图也是展板的一部分。由路易斯·吉梅内斯（Luis Jimenez）完成。

图10.8 城市生态模仿的定性测量。迈阿密的城市开发边界（此线建立于1970年，为限制其向西延伸）：根据航拍照片和平面图中的开发模式，数字化分层曲线形式的手绘图运用淤泥描绘了大沼泽水流。这幅图采用了数字化与非数字化技巧相结合的方式，将航拍照片和平面中明显的开发模式（笛卡尔土地划分）与曲线形式表现的大沼泽地区水流进行叠加。这两个几何图形被描绘出来后，根据土地利用状况又并置进了它们被剥离的地方。通过这个简单的步骤，将不同的观察方式和环境塑造方式带入到航拍照片的背景中，这里展现的案例就是城市与自然辩证法的结合。由塞西莉亚·赫尔南德斯（**Cecilia Hernandez**）完成。

11 透视模式：景观设计过程中透视法至关重要的潜能

霍利·A. 盖奇·克拉克和马克斯·胡珀·施奈德
(Holly A. Getch Clarke and Max Hooper Schneider)

在哈佛大学设计研究生院，我和学生们目前的研究焦点就是透视画成像压缩模型的重要回归。因为透视画乏味、教条和不可计量的特点，所以一般传统的设计实践活动都不会考虑采用透视画的方法来生成模型。而3D数字化建模程序生成的透视画面则不会存在以上的特点。从历史来看，透视画是源于文化的实践，是在用不同的手法和形式对景观进行美妙的描绘。透视画模型的产生是一步关键性操作，它扩展并超越了传统透视画表现的视觉导向基准，把一种非永久化的模拟三维活动和对材质的触觉处理引入到空间和环境的表现中。典型的传统透视画中，我们看到的是透视法所表现出的幻觉艺术或现实主义、奇特性、时间上的固定和物体的静止。而透视画模型相对于以上传统透视化特点来说，存在挑战性的同时也兼具包容性：透视画模型可以对暂时的、偶然的、运动的、多样的、可感知的以及一切正在发生的改变和影响进行快速的处理，进一步挖掘出景观手法的表现潜力。更重要的是，透视画模型可以与更多传统表现技巧结合使用，这是对初步设想的挑战，它们重现那些通常会被有意忽略的非永久性环境元素。

我和学生研究开发的很多定性策略都把模拟建设和影像文件相结合起来。在时间背景下构建空间性—物质性情景环境的实时迭代过程中，摄影术和蒙太奇式表现是两类重要的表现手法。摄影图片以最直接的方式表现真实显著的过程，这个方式突出考虑了对于景观设计过程来说非常必要的多样化时间性置于突出地位。透视画成像策略将二维环境作为空间范围，将模型并入其中，对前景具体化，整合进经验性信息和现象性信息以及直接的和间接的信息。我的学生在专项课题设计研究工作室课程（Studio）中正在探索透视画模型如何应用到环境表现中。他们通过模拟自然，并融合文化，通过迭代反馈的方法，在三维构建过程中将照片蒙太奇和真实的物质相结合。这些构建检验了在当代景观设计过程中表现手法转变的独特潜力。作为一种知识形态以及界定景观媒介的自然过程和表现变化的必要因素，透视画模型正处于感知的交叉点。

一般来讲，我们会将硬纸板或者其他柔韧材料用钉子和胶带结合起来建立一个暂时的、三维临时空间（封闭空间）来启动这个过程，目的就是要提升进行快速改变的能力，削弱传统透视画单一、静止、不变、致幻和说明性的特征。空间内部排列着摄影或者摄影蒙太奇图片，提供被标量的环境和范围，并图面标注出大规模现象、短暂和时间性的景观条件（气候、交错群落、气象、地形，等等）。这些图像也会被临时装订或者粘贴在里面，这些都是学生自己的摄影成果，而不是从已有的出版资源中随机选择出来的。封闭空间的覆盖表面有可能是被进行过包裹的、张开的、刺破的以及（或者）可移动的，而这些都取决于最初或者随后展开的调研情况，目的都是为了给内部提供光源。可移动的材料被插入盒子当中带来触觉、嗅觉和空间思维的创意性体验。材质的标量保持暗示性的模糊度，而不是字面的阅读，这一点是很关键的，这样做的目的是为了产生一种开放性，获得多种潜在的创意性解读。作为多种暂时性现象的触发点，在与真实景观相关的现象的形成过程中所发现的这些动因，比如湿化、湿润、燃烧、融化和分解，对于运动状态是很重要的。

为了记录、图面标注景观过程的独特品质，在整个探索过程中，暂时性构建本身就是从不同的角度，在不同的短暂条件下被连续拍摄下来。生成的照片展现了从意料之外的深度进行探索而得的关系和联系。当这些新的摄影图像和三维材料被重新整合到最初的空间材料结构中，促进了对空间的重新解释、发现和移动时，这个过程就会自动折叠起来。试验性探索中如此快速迭代的过程可以无限重复不同之处。我们想要传递给景观设计学专业的学生们和其他设计相关领域的学生们的信息是大家需要停下来，使用模拟过程去挑战不断升级前进的数字化表现模型是势在必行的——提供实体构建和材质感知度方面的平衡。从经验上来说，一旦与自然现象的复杂性分离，一个纯粹的数字处理过程可能会降低并削弱它所要表现的景观生态活力，无论是表现沼泽的恶臭、树根的底土层，还是黄昏时港口的寒冷，都是如此。提倡透视画模型不是要去用另一种表现模式来进行替代，或者在表现技巧之间制造一种竞争，而是要让景观表现模式变得和谐和多样化，希望学生能够在模拟和数字化、梦幻和实践、迭代和无限多的选择中找寻个人的工作流程来进行操作。

图 11.1　不可见地平线模型和带状拼贴图。透视画模型被用来揭示并审慎研究普通视角下看不到的土壤结构形态。拍摄透视画的戏剧性结果帮助诠释了腐烂中的有机物和与其并存的根际形成积累的过程。这里对根际网络的诠释呼应了真菌共生有机体和微生物群落活动中的推理性增长。材料：2.5 加仑（1 加仑 =3.78541L，下同）容量的水族箱、水、热胶、植物根部、茎部、茶叶、毡制品、海绵片、纤维、泡沫芯、微胶珠、闪粉、石块、苔藓、碎叶、拼贴画照片、镜子、喷漆、车胎刨片、牛至叶、鸟巢碎片。由马克斯·胡珀·施奈德（Max Hooper Schneider）完成。

图 11.2 沼泽空间模型。相比稍逊一筹的单帧摄影或简约化数字输出，合成照片的过程可以帮助更好地明确存在问题的涝灾现场中纹理的宽度和枯木的密度。早前进行的透视面试验所获得的场地透视图就很富有美感。接着将这些图片和收集到的树枝图片在 Photoshop 中进行整合和蒙太奇处理。通过多次拼贴操作和分层，驳岸的空间幅度和沼泽环境就建立起来了。最后制成的图像成为模拟化和数字化合成的典范。材料：2.5 加仑容量的水族箱、水、苔藓、茶叶、绿乙酯、树枝、百里香、牛至叶、热胶、胶带、加湿器、台灯、电筒、镜子、拼贴画照片。使用 Photoshop 蒙太奇、绿色纤维染料。由马克斯·胡珀·施奈德（Max Hooper Schneider）完成。

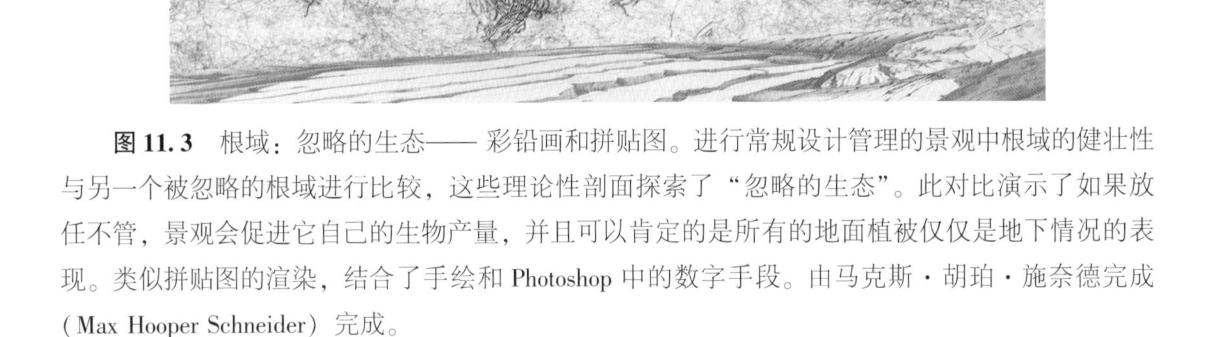

图 11.3 根域：忽略的生态—— 彩铅画和拼贴图。进行常规设计管理的景观中根域的健壮性与另一个被忽略的根域进行比较，这些理论性剖面探索了“忽略的生态”。此对比演示了如果放任不管，景观会促进它自己的生物产量，并且可以肯定的是所有的地面植被仅仅是地下情况的表现。类似拼贴图的渲染，结合了手绘和 Photoshop 中的数字手段。由马克斯·胡珀·施奈德完成（Max Hooper Schneider）完成。

图11.4 边缘变换模型和拼图拼接版。两个实景透视模型展现了方案中草地、森林边缘的季节变化。每个绑在纺丝线上的小树枝都被松松地捆在了一个毛皮帽子里。雪景是用分三层的珠宝盒创造出来的，每轻喷一下都伴随着舒展开的小苏打粉末，避免了照片的平淡。由莱娜·卓（Leena Cho）完成。

12 标引过程：表现手法在景观设计学中的角色

安德里亚·汉森（Andrea Hansen）

景观设计师每天所关心的问题与建筑师所关心的问题有着根本的区别。较明显的区别是在考虑规模问题时，景观的规模有时候可能比建筑大很多(比如分水岭和生物廊道)，而有时候又会小很多（一个路边绿化带或一个私人花园)。在考虑时间的问题上，也是如此，它必然交织在学科当中，不仅仅是依据日程或机械化的运动（这些在建筑中有暂时性的局限)，也要考虑季节的转换，植物体的成熟阶段，场地的活动、太阳周期、水的循环、花期和动物群。

因此，考虑到它的独特问题和复杂性，为什么景观设计师还要如此频繁地依赖于和建筑师一样的表现模式呢？对于平面和剖面来说，传统景观表现手法的限制经常使平面图和剖面图给人以平淡肤浅的感觉，在很多设计案例中都是如此。这是一个关心景观功能性和审美性的时代，我们要考虑“有厚度的大地表层空间”的概念，不仅考虑到上面有什么，也要考虑到下面有什么，因为这些因素随时间而波动，这些和地表本身内在固有的状态一样重要。因此，景观设计师必须开始探索重塑时间与构造的表现模式，表达明确清晰的联系，同时又起到视觉激发的作用。

制作这样的画面面临双重挑战：首先，它必须可以传递出大量的信息，既有空间上的也有以数据为基础的，也就是说要在首次读取的时候就可以足够清晰地提供实时了解，接着在深入调查的基础上透露更多的信息。其次，它必须能够在静态的二维空间中捕捉到一系列暂时性空间时刻，尽管视频和模型会引人注目所以被常常使用，但是在准确描述空间时还是会存在局限性。

哈佛大学设计研究生院专项课题设计研究工作室（Studio）的表现手法课程中，我会向学生们强调信息复杂但在视觉上清晰又引人注目的画面形成了多种绘画风格，成功引导着前面提及的挑战。第一种风格可以看成是“连续图组”，把一系列“小格子图”并列（借鉴爱德华·塔夫特的信息图）来展示理念的发展，或者某种状态如何随时间改变。这个系列可以用无尽的方式证明自己，在立剖面图组中我们会看到一些很好的例子，除了追踪整个场地土地形式的改变，还通过反映植物循环和活动兴衰来展现季节更替。徐一舟的图组（图 12. 10 ~ 图 12. 13）就起到了作用，而朱迪斯·罗德里格斯（Judith Rodriguez）使用的图组（图 12. 5）用以记录通过一系列半算法化建构方式来改变景观形态的过程。第二种风格的绘画是“带有尺度的透视切面”，它使用了不同景深的视野和视点。剖面中正投影图严谨的可伸缩性为这些视野和视点提供了透视图的深度和关键角度的依据。在带有尺度的透视切面中，剖面与页面保持平行，就像图 12. 1 和图 12. 3 ~ 图 12. 5，或者如图 12. 9 所示的角度那样。不管怎样，每一幅图都能够展现剖面线上下所有关于剖面建构内容的更多信息。最后一种绘画风格是“标引信息图”，它不同于前两种风格，画面中去除了实体空间的约束，而是去关注比较与标引的关系。比较关系在对亚历山大·阿罗约对埃文斯大道公园（图 12. 1）时间流逝色彩的研究中得到了验证。他使用了 Grasshopper 软件从一系列有时间间隔的现场照片中提取主色。另一方面，标引关系在凯特·斯麦比（Kate Smaby）的埃文斯大道公园植物图例中得到了展现，既是其剖面表现的关键也是采食者的指南，因为它对每个物种生产出的食物和产品都进行了分类（图 12. 6）。

三种风格——连续系列、带有尺度的透视切面和标引信息图——都将多层类型的信息置于一张绘画中，并常常成功地将生态体验过程和厚重的三维空间拆分成离散的层次。这是景观设计师必须遵循的前进的方向，因为我们不能干预景观，除非彻底理解周围不断改变的世界复杂性。这些表现手法为我们提供了一次很好的学习机会，它们都是来自于学生为不同的景观类型做概念规划时所采用的表达风格和手法，其中包括生产性景观、大型公园和景观都市主义。

图 12. 1 15min 到达波士顿南站（从纽约出发），降低耗时的着色贴图，使用了间隔拍摄、Photoshop 滤镜和 Grassshopper 软件。由亚历山大·阿罗约（Alexander Arroyo）完成。

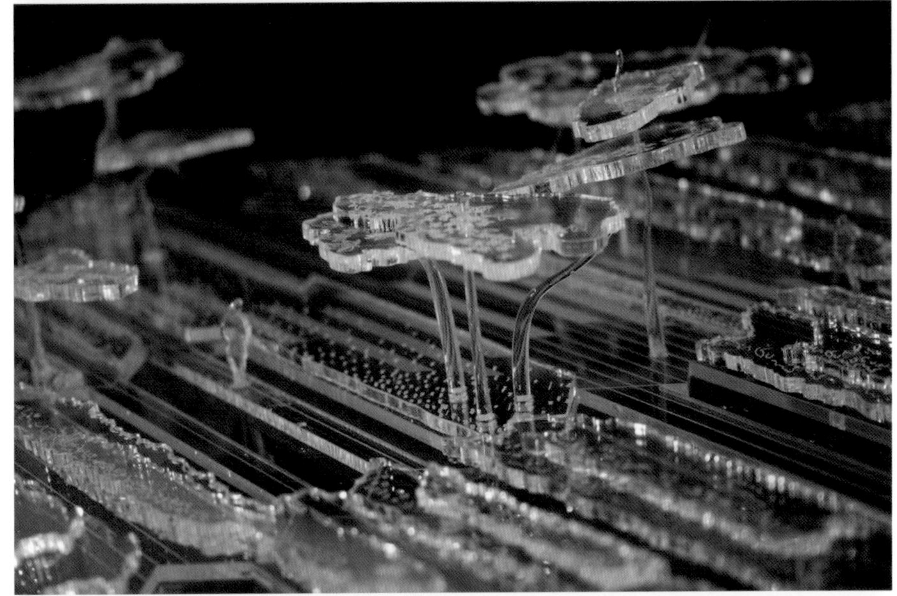

图 12.2　右图模型通过把手绘纹理扫描导入 Illustrator，用激光切割机在亚克力上进行凿刻。由森塔 · 博顿（Senta Burton）完成。

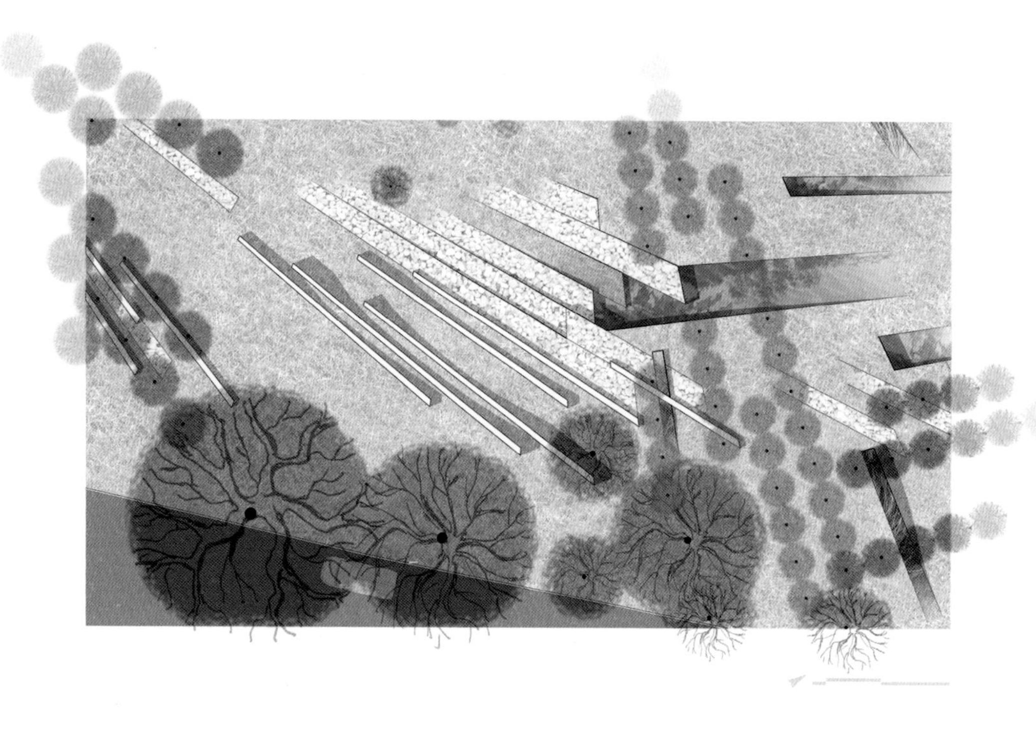

图 12.3 埃文斯大道公园的新设计中有关渗流的详细平面图。使用 AutoCAD 平面和剖面线加上手绘透视草图，结合 Photoshop 拼贴，表现出了色彩和纹理。由麦克・伊斯勒（Michael Easler）完成。

图 12.4 埃文斯大道公园新设计中渗流的整体剖面透视和透视角度。采用 AutoCAD 剖面线加上手绘透视草图，结合 Photoshop 拼贴，表现色彩和纹理。由麦克·伊斯勒（Michael Easler）完成。

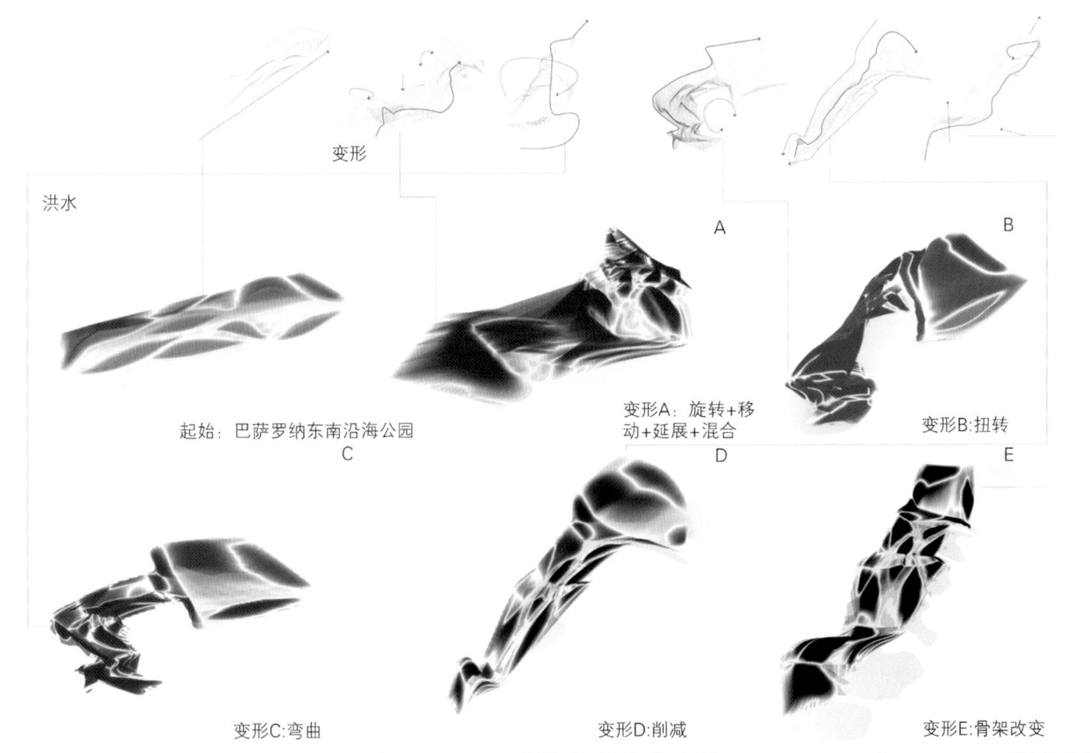

图 12.5 洪水景观位置图。采用 Rhino（建模和生成等高线）、Illustrator 和 Photoshop 制作剖面透视图和蒙太奇。由朱迪斯·罗德里格斯（Judith Rodriguez）完成。

图 12.6 植物图例剖面，使用了手绘、水彩和水粉。由凯特 · 斯麦比（Kate Smaby）完成。

图 12.7 涨潮蒙太奇图，使用了 Rhino（建模和生成等高线）、Illustrator 和 Photoshop 制作。由艾琳 · 托赛里（Irene Toselli）完成。

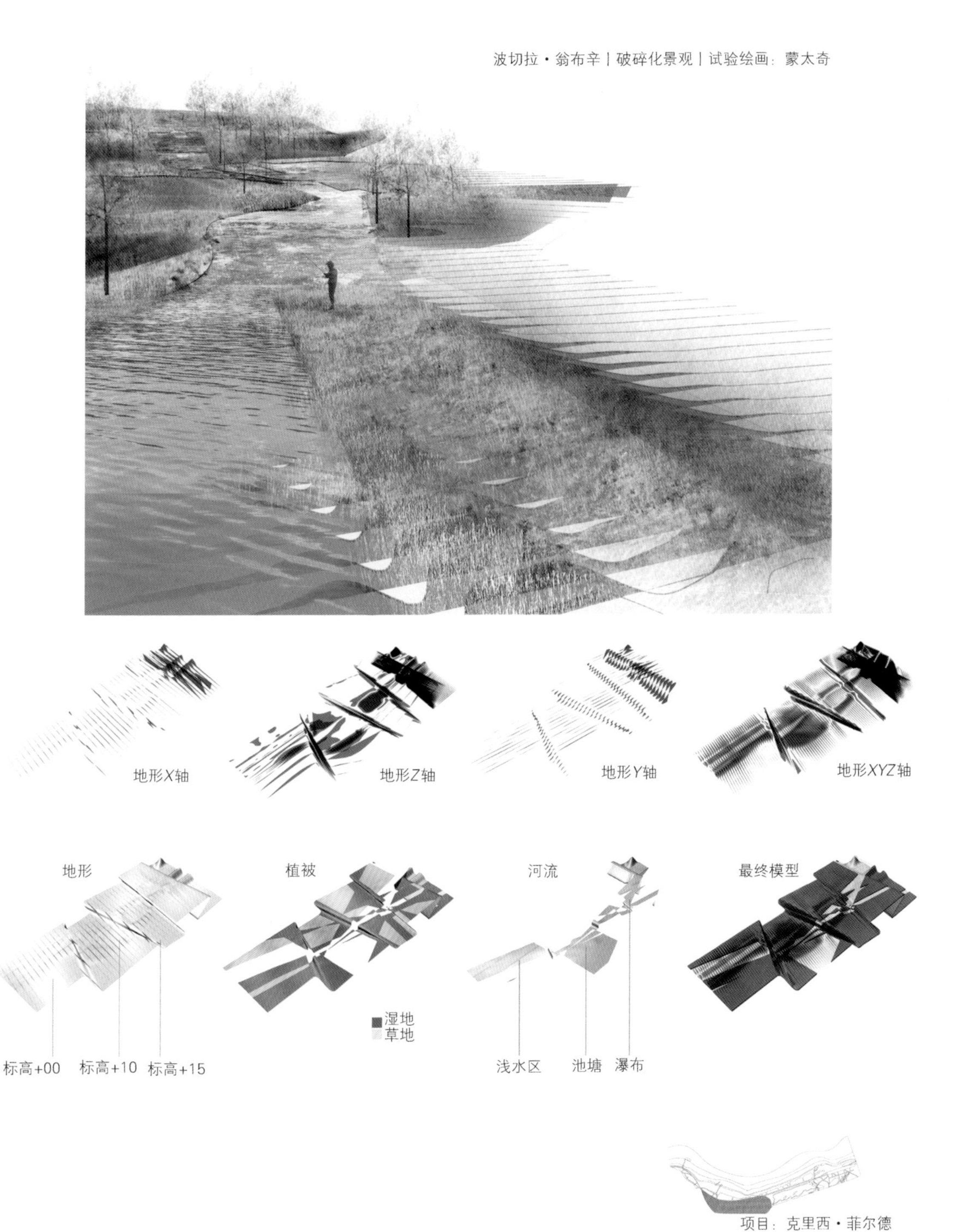

图 12.8 和图 12.9 使用了 Rhino（建模和生成等高线）、Illustrator 和 Photoshop 制作的景观片段、位置图以及剖面透视和蒙太奇。由波切·拉翁布辛（Patchara Wongboonsin）完成。

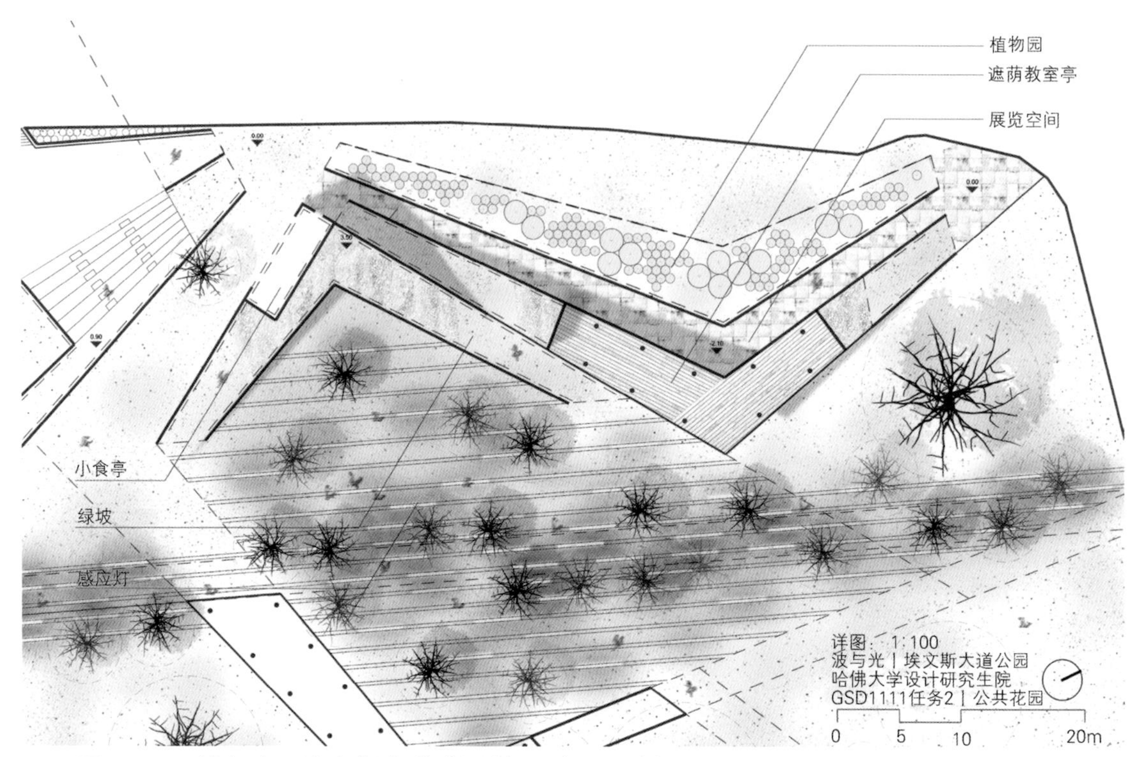

图 12.10 波与光：埃文斯大道公园详细平面，采用 AutoCAD、Illustrator 和 Photoshop 制作。由徐一舟完成。

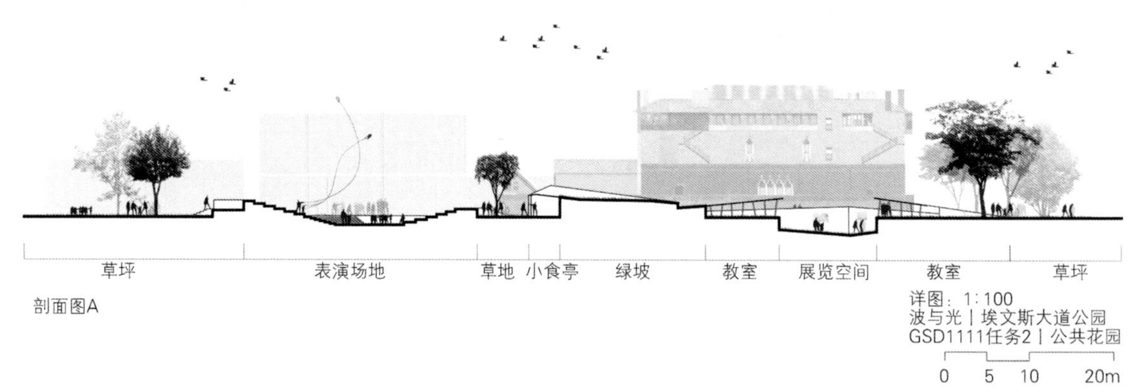

图 12.11 波与光：埃文斯大道公园整体剖面，采用 AutoCAD、Illustrator 和 Photoshop 制作。由徐一舟（Yizhou Xu）完成。

图12.12 波与光：埃文斯大道公园透视图，采用照片模拟和 Photoshop 制作。由徐一舟（Yizhou Xu）完成。

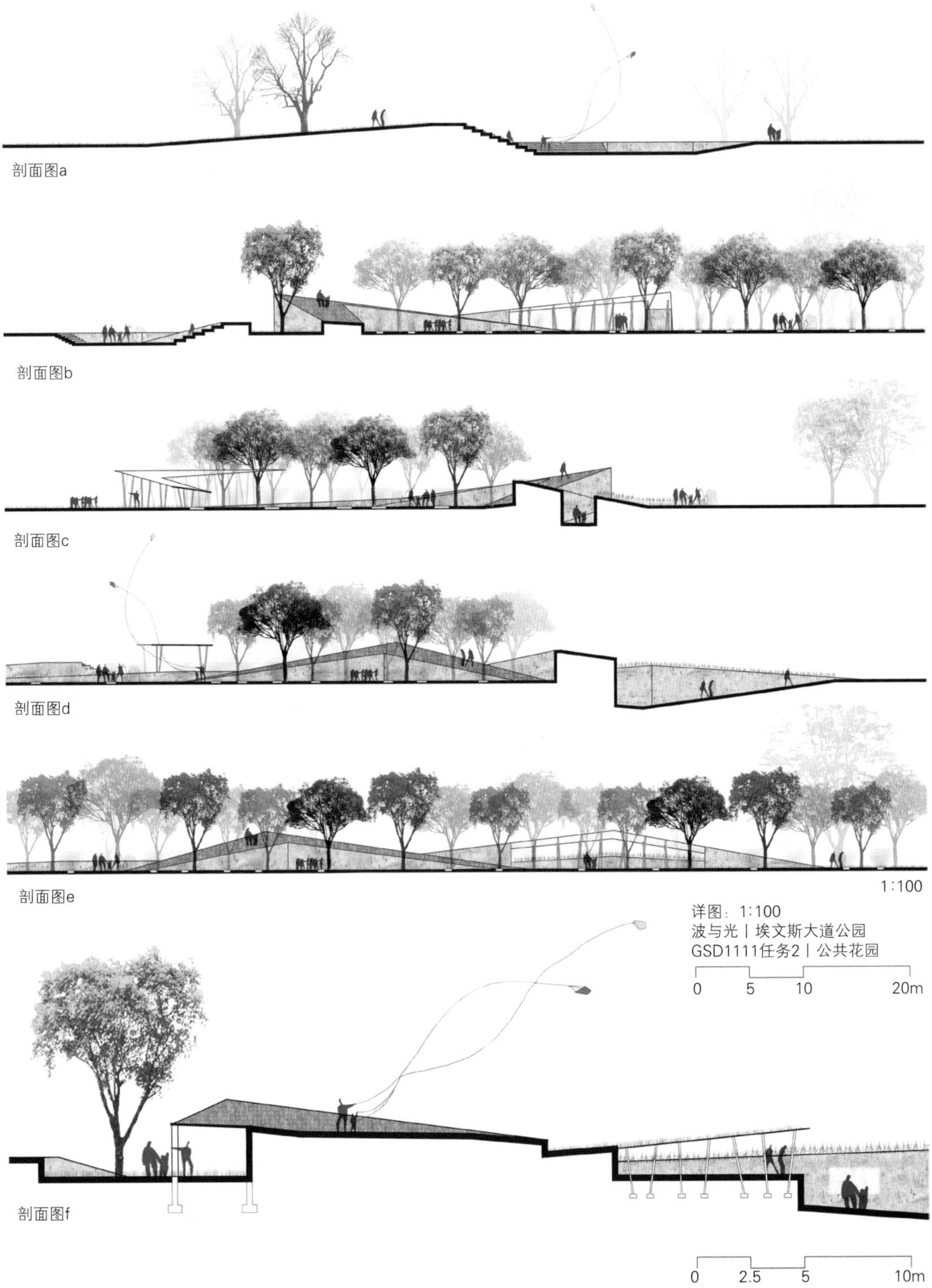

剖面图a

剖面图b

剖面图c

剖面图d

剖面图e

1:100

详图：1:100
波与光 | 埃文斯大道公园
GSD1111任务2 | 公共花园
0 5 10 20m

剖面图f

0 2.5 5 10m

图 12.13 波与光：埃文斯大道公园剖立面，使用 AutoCAD、Illustrator 和 Photoshop 制作。由徐一舟（Yizhou Xu）完成。

13 景观作为数字化媒体

大卫·席恩·支·马（David Syn Chee Mah）

本节的景观表现作品是由哈佛大学设计研究生院的研究生们使用数字化媒介、计算流体动力学、数字化技术来制作的。促进在专业学科领域正变得非常简便的多种数字化设计、仿真和建造工具的发展的雄心促成了这些作品的问世。课程和专项课题设计研究工作室（Studio）的建立让学生们可以更加专注并提高具体的技巧和感知力。通过使用这些新兴的工具，他们能够进一步开发表现潜力、设计和构建能力，从而拓宽了数字化媒介使用的范围。

参加这些课程学习的学生积极地练习描绘和制作复杂景观组织形态的技能，其复杂性对于一般设计师来说常常是很难懂的。对设计师来说，数字化媒介使得复杂的局部或整体关系与自然景观特质及条件形成共鸣的现场组织过程变得更加简便。尽管这些媒介让学生更容易诠释和分析现存的景观组织和形式，我们还是鼓励学生们去转化这些相关技能来提高景观设计技巧和感知力，因为它们对设计过程来说同样可以产生生产力。许多学生的项目都利用了数字媒介的几何能力来发展不同的景观项目，表达创新设计和对构造的感知力，项目的涉及范围从一系列新型景观基础设施类型到景观水景雕塑提案中的具体的纹理和表面设计。对相关设计技能的调研也使学生能够把景观设计的生成和不同的影响因素联系起来，这些因素涉及具体的气候因素和地形条件。

数字化媒介让景观表现能够积极地展现即刻进行的景观过程。当中也包括了传统观念认为通过视觉媒介传递过于复杂的特质和过程。哈佛大学设计研究生院开展的有些项目已经使用计算流体动力学来表现景观特质和过程，既指向性能，也指向景观设计中以时间为基础的对结果和影响相关参数的解读。对水文和其他不同过程的模仿，比如沉积和冲刷（淤积和侵蚀）以及水流速度和潮位变化也被学生们用来描述景观形态和水文过程；相对来讲，它也能够模仿现场已经成型的景观过程和活动。

建构和制造数字媒介的延伸，使学生们在有关地面制作的选修课中要开发一系列数字化模型和模板，与数字化媒介开展平行练习，以几何的方式描述复杂的景观地形和地表。这些几何练习延伸出的技能，利用景观表现体系作为模式来收集和制造不同的景观模型和模板。这个课程通过生成和生产体系为基础让学生们在表现规则和描述规则之间建立起了密切的关系。

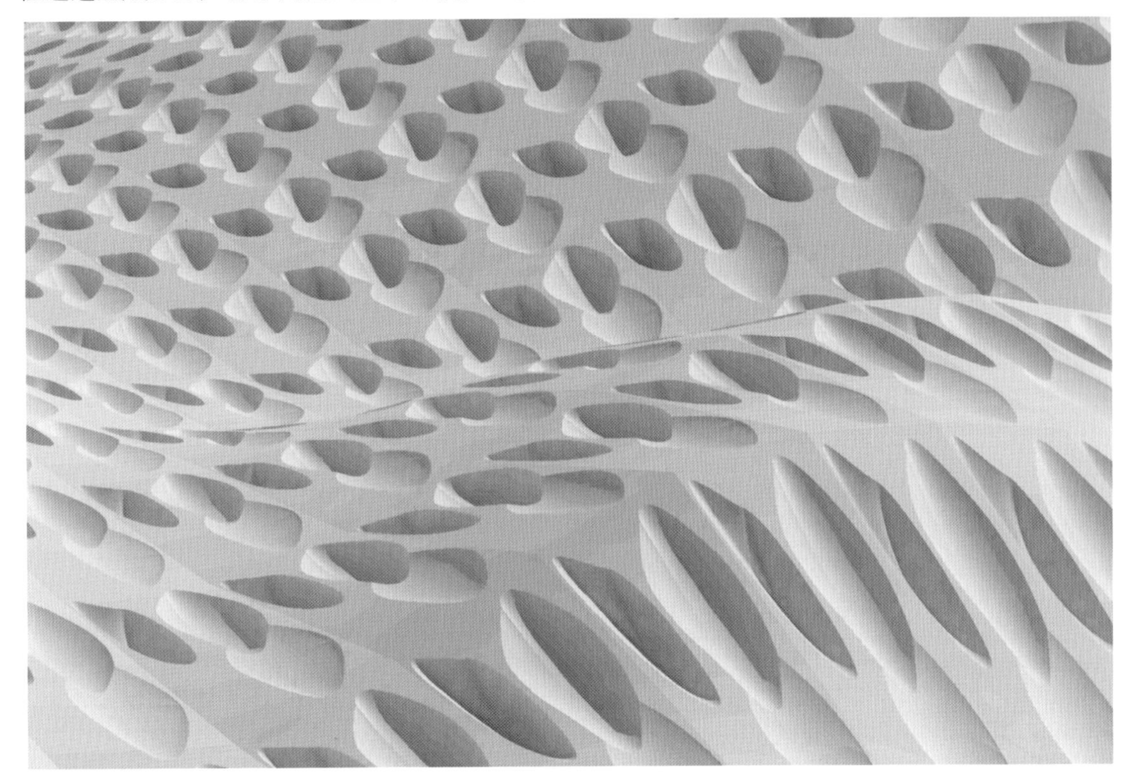

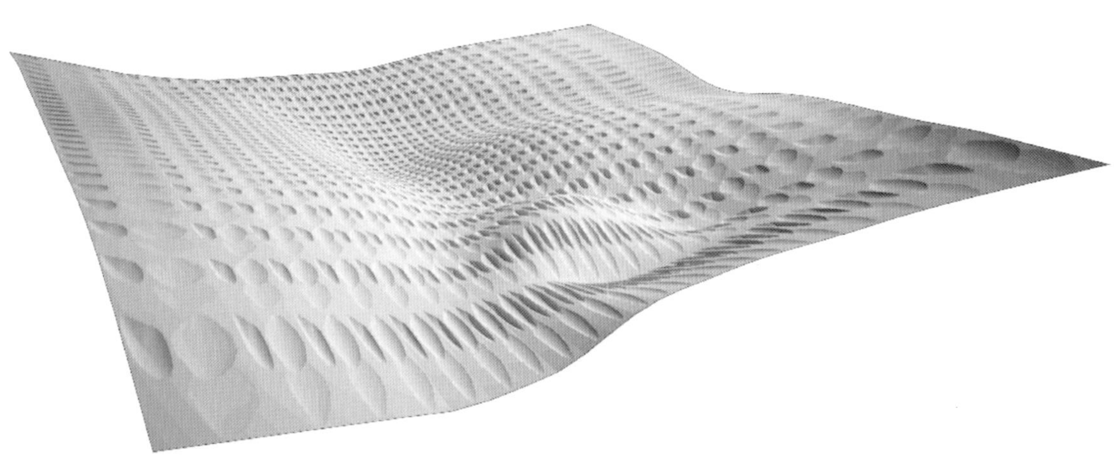

图 13.1 滴水砖表面纹理设计，采用了 Rhinoceros、Grasshopper 和 Rhino Script 三种软件。由伊兰娜·科文（Ilana Cohen）完成。

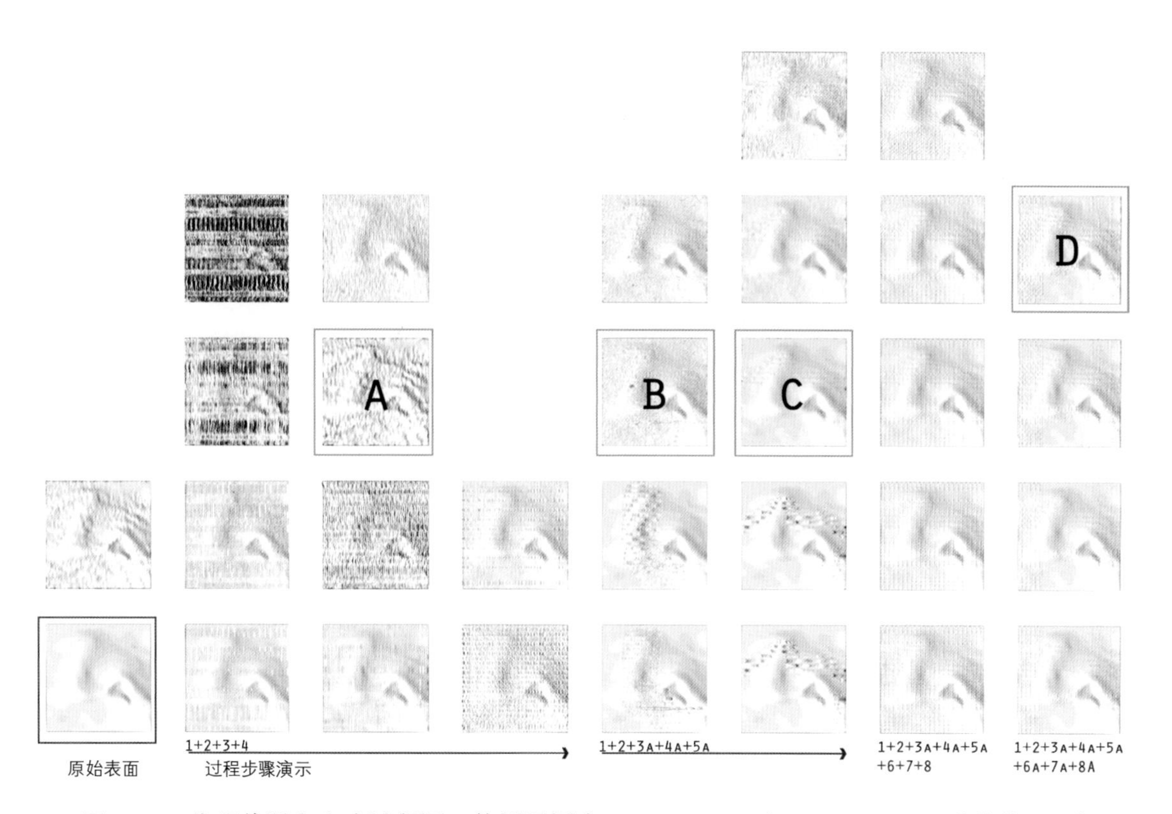

图 13.2 纹理编码和生成过程图，使用了犀牛、Grasshopper 和 Rhino Script 三种软件。由伊兰娜·科文（Ilana Cohen）完成。

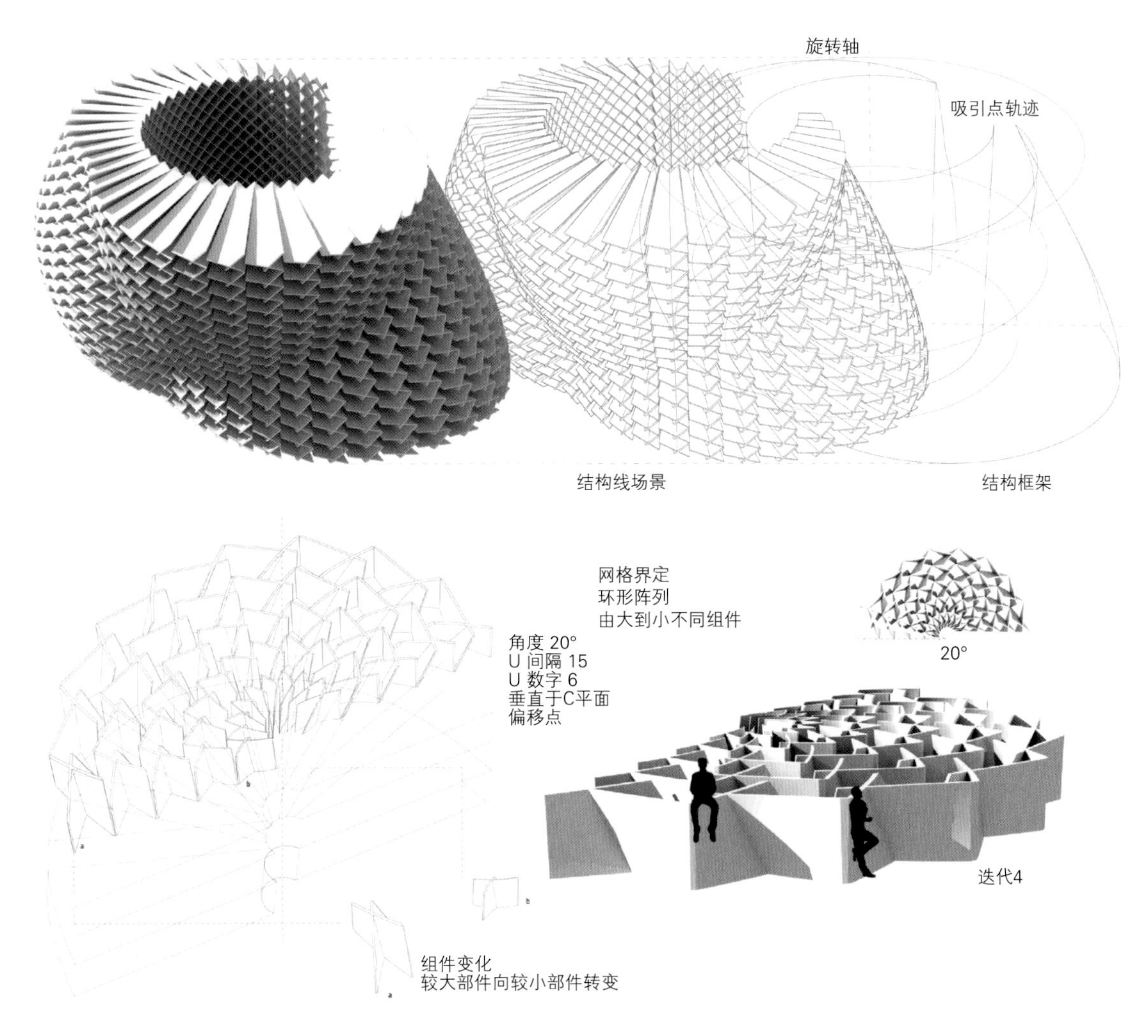

图 13.3 公园亭阁设计和构造开发，采用了 Rhinoceros 和 Grasshopper 两种软件。由桑德拉·赫雷拉（Sandra Herrera）完成。

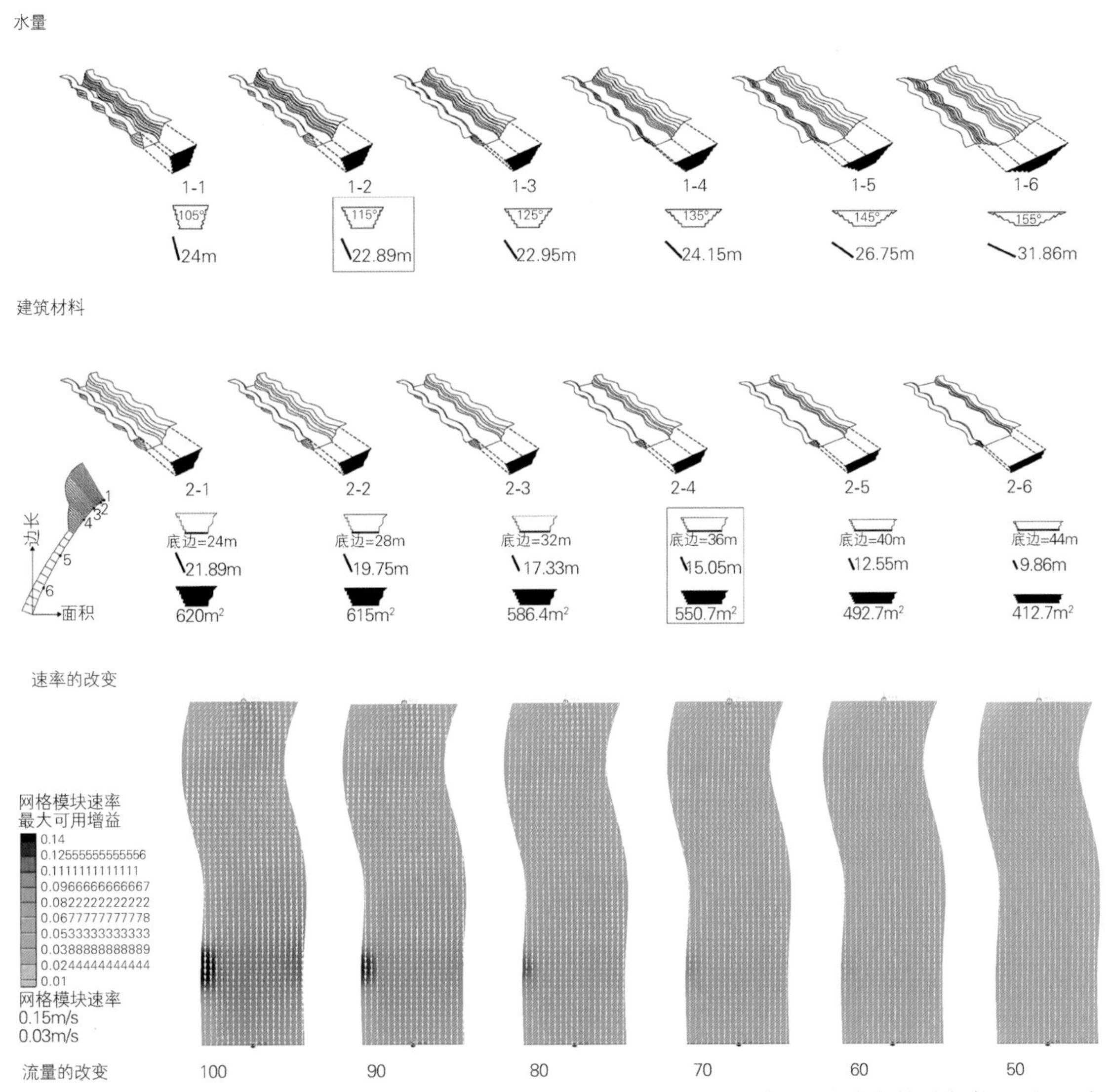

图 13.4 水文基础设施类型目录，由关联性设计和水动力数值模拟对动态基础架构生成。采用了 Rhinoceros、Aquaveo CMS Flow 和 Grasshopper 三种软件。由余新鹏（Xinpeng Yu）完成。

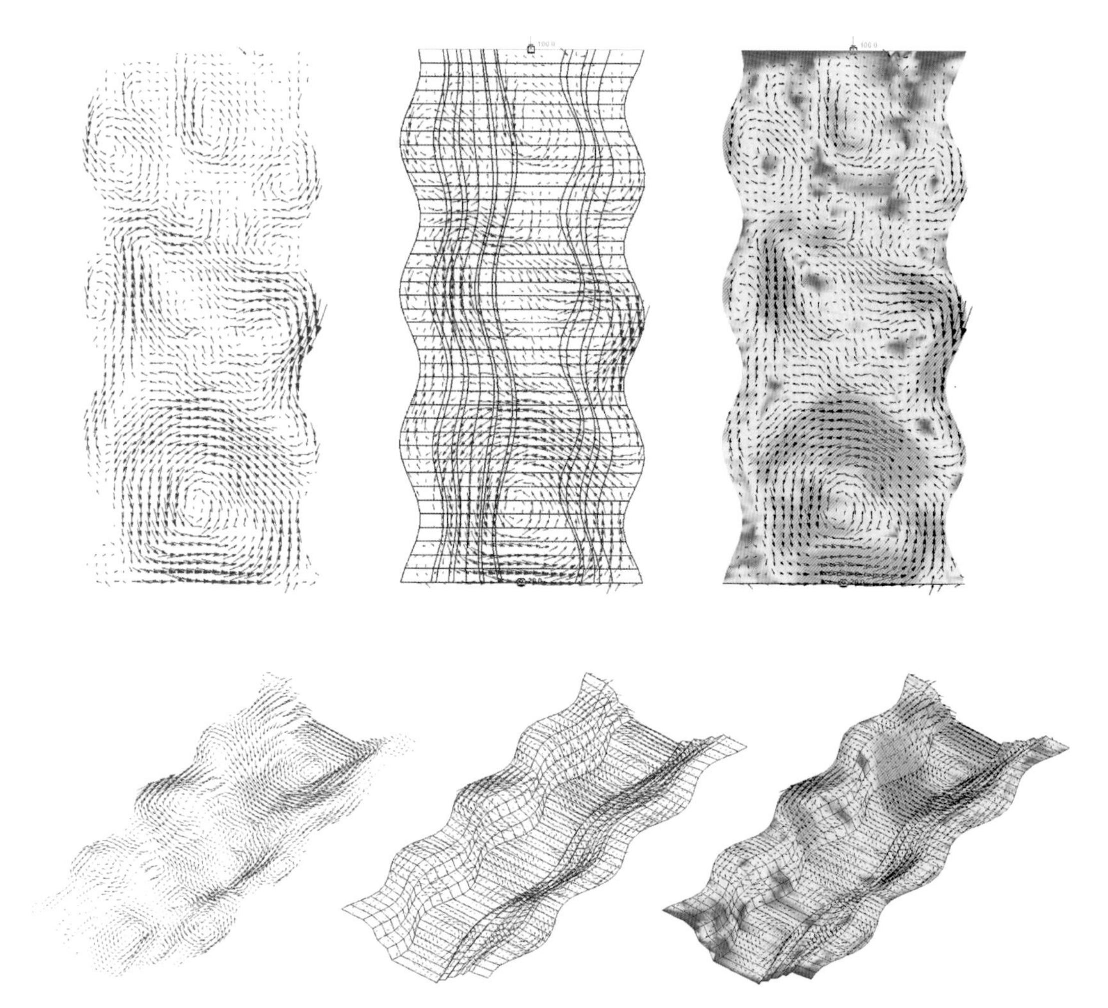

图 13.5 管道原型中水动力数值的模拟描述了动态基础架构，采用了 Rhinoceros、Aquaveo CMS Flow 和 Grasshopper 三种软件。由余新鹏（Xinpeng Yu）完成。

图 13.6 花园设计的模型制作（数字化模型用于地面的制作）。由莱尔·科斯米尔（Lisl Kotheimer）和马库斯（Marcus）完成。

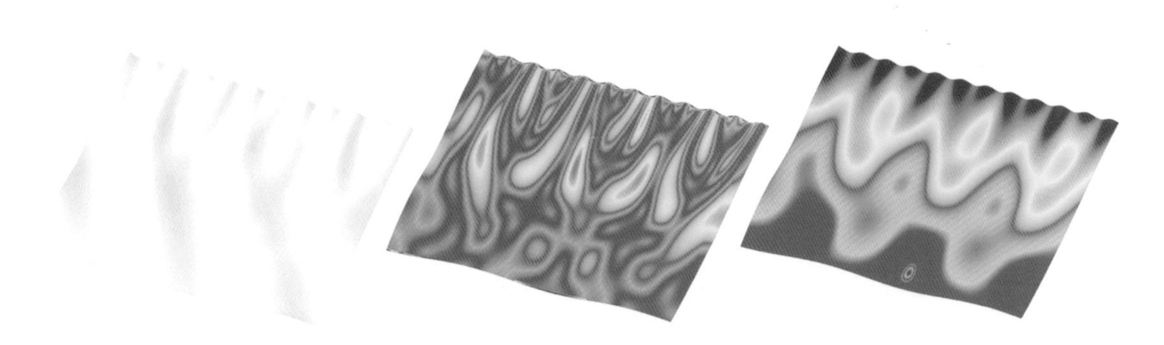

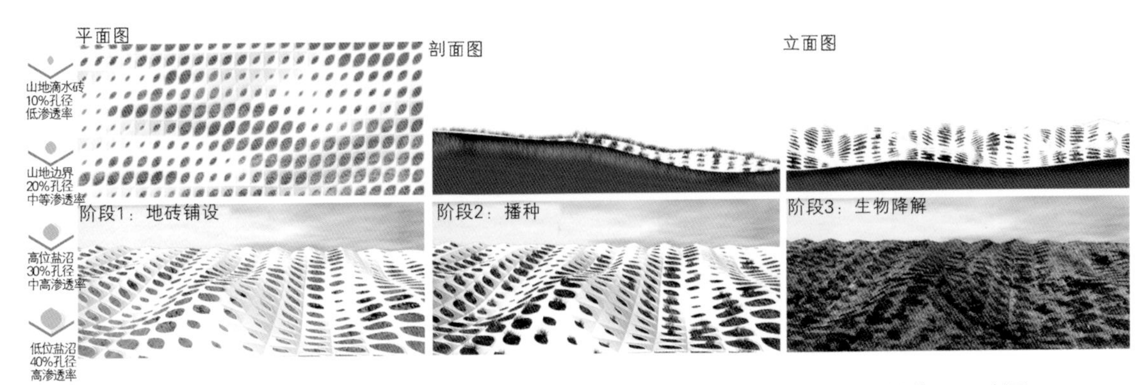

图 13.7 表面分析和差异化地面耕种体系以及投影变换（用于地面的制作），采用 Rhinoceros、Grasshopper 和 Rhinoterrain 三种软件。由福布斯·利普希茨（Forbes Lipschitz）完成。

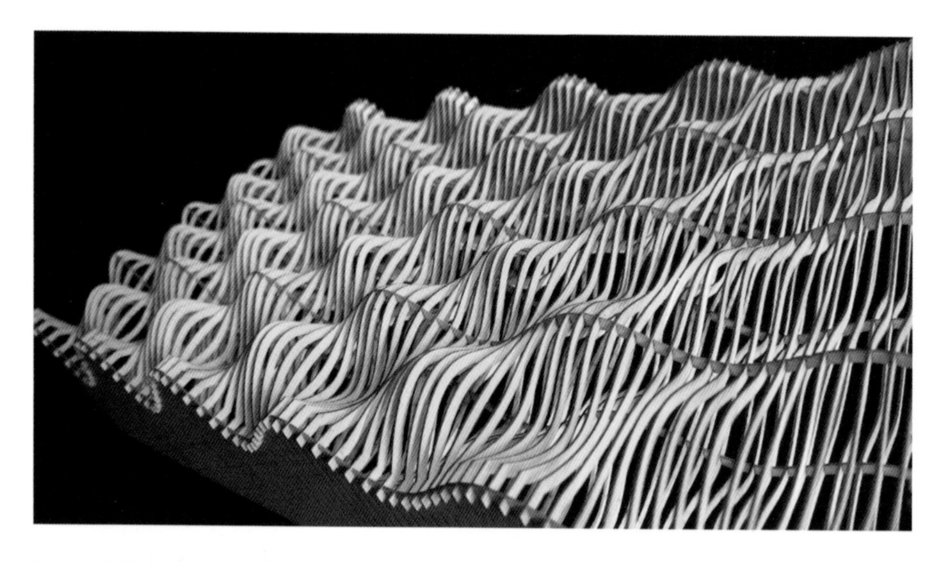

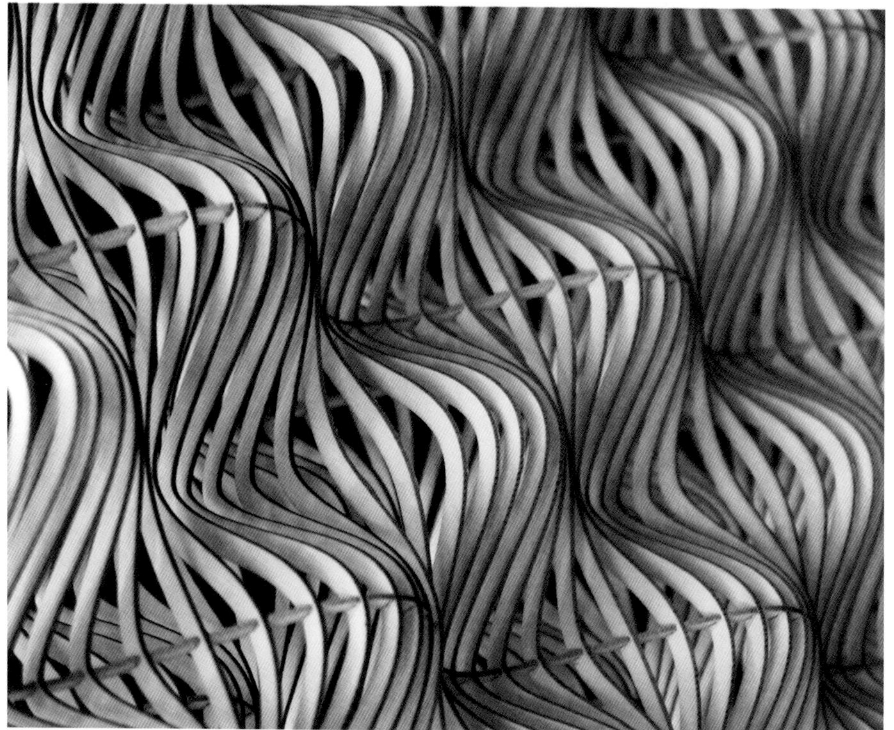

图 13.8 地表描绘、莫阿效应，用于地面制作的软件包括 Rhinoceros 和 Grasshopper 两种。由阿尔帕·纳尔（Alpa Nawre）和张静（Jing Zhang）完成。

14 生态“含水垫”：景观表现

克里斯·里德（Chris Reed）

“含水垫”可以看成是连续重复的部分形成的系统场地，它们分散在规模较大的地域中，为一系列正规的有组织的操作所控制。“含水垫”会根据它自己内部的逻辑来转变，或者作为对外界环境输入的回应，或者以上皆有；在建筑学和城市研究中，“含水垫”可能会根据它触地的方式来转变，或者在自然保持自身特性的同时，根据其承载的规划期望来进行转变。

“含水垫”的潜质在于它随时间产生的可转变性影响——它催生和唤醒一系列紧急临时的动态与关系、生态与经济模式。“含水垫”带来的是开放式前景：在它描述的场景中设立起一系列条件供使用和提取；它自身也擅用机会；它能够通过开放式操作原则对场地条件作出回应。因此，“含水垫”具备能动性；它们催生转变；分布在区域级国土空间和都市圈中，发挥着作用，而又能够根据当地的场地条件而调整自身形态。

这种方式让“含水垫”的角色更像是工程技术和系统，其特点来自于它的组成部分或组成单元，受到其本身运行逻辑的制约，它会根据地面条件在场地或地域内灵活进行部署，同时保持其代表性特征。

“含水垫”生态学专项课题设计研究工作室课程（Studio）（哈佛大学设计研究生院和多伦多大学建筑、景观、设计系）正专注于研究这些潜在的连接——其中的规划和实施情况为大规模都市景观提供了“含水垫”相关策略。基于此，我们的主要兴趣点在于修复技术，以及它们在社会、生态、文化和城市化中的潜力。我们对美国科德角的马萨诸塞州东部大型军用保留地项目的“含水垫”策略的分布方案也很关注。最近，该军用保留地正在进行功能重组。

专项课题设计研究工作室的中心问题是：解除了工业化和军事化功能

的大片场地中景观的生产潜力是什么？什么样的修复科技可以用来实现这片领域的再生恢复？我们如何处理剩下的这死灰般的景观和它们面临的物质上的污染，感知上的画面，以及经济上的挑战？至少在初期，更新的经济产物、生活方式、休闲方式或旅游可能不会解决所有的问题；很简单，因为有太多的土地，太少的资源，而往往时间又太长。有时生产性和城市主义都会被彻底地纳入重新考虑，生产性种子如何被种植进行繁衍？经过漫长的时间，建立在退化的军事工业景观上的一系列都市生活实践如何进行？这些策略如何涵盖工业化和军事化，后工业休眠期的活力和潜在因素，体现军事角色责任上潜在的转变，从而形成有关延用还是废弃的新社会生态学？

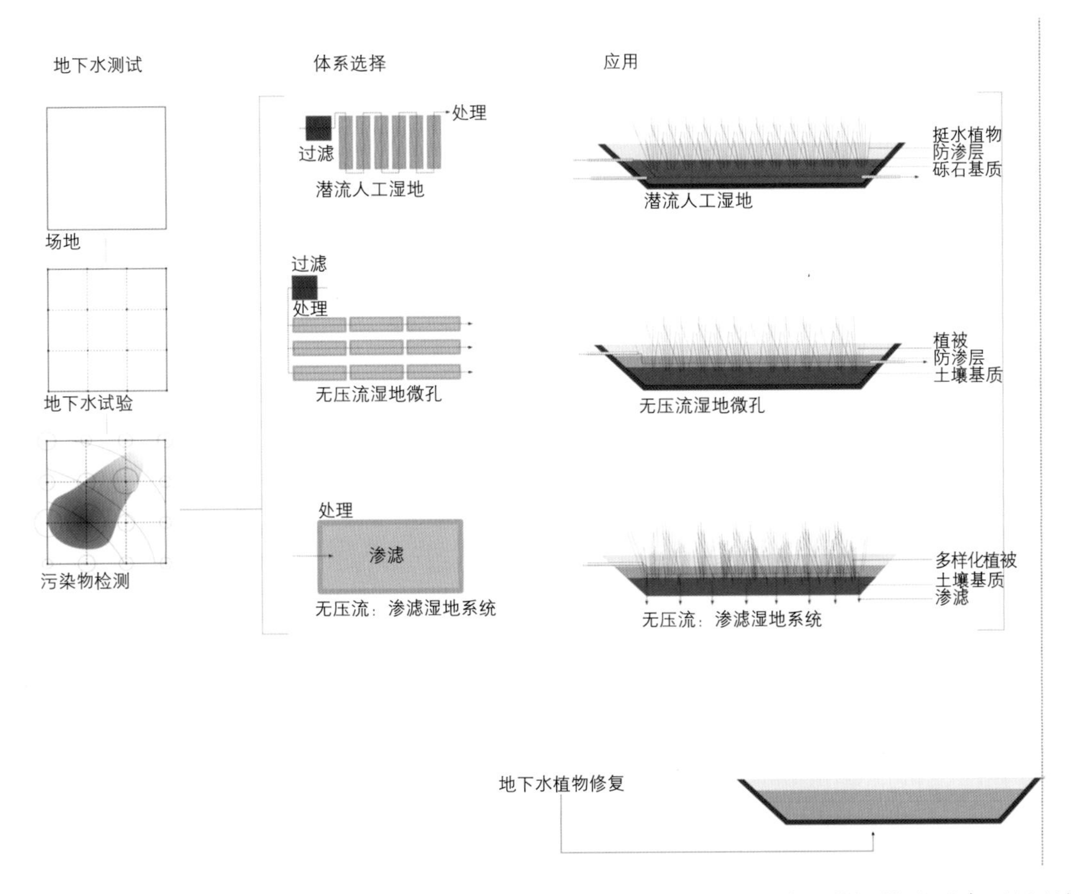

图 14.1 系统化土地单元和基本原理：地下水修复和沙漠导航训练。绘图描述了为项目现场可能的布局而开展的修复要素和训练体系，以及它们的操作逻辑原理。这些布局虽然灵活，但是它们（和它们的构成元素）必须按照这方面既定的规则来行动。以 AutoCAD 为基础，结合 Adobe Suite 软件来制作。由日内瓦·沃斯（Geneva Wirth）（来自哈佛大学设计研究生院；项目名称：干扰生态学）完成。

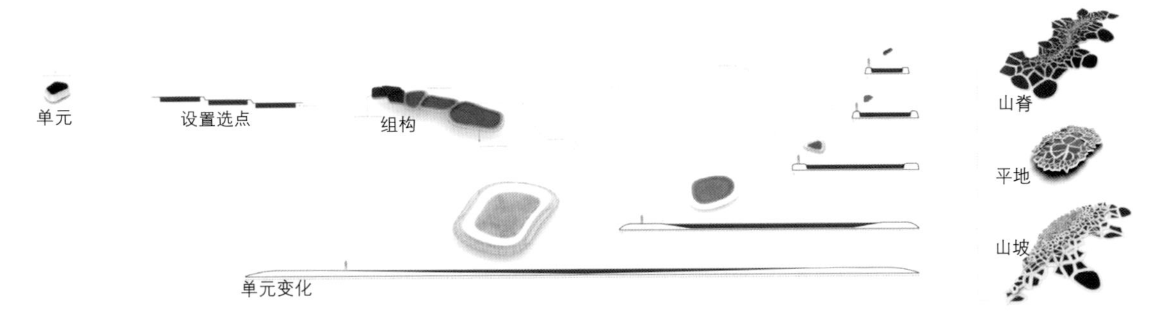

图 14.2 地下水修复单元与组合。使用了 Rhino、RhinoScript、3ds Max、VRay 和 Adobe Suite 这几种软件。由日内瓦·沃斯（Geneva Wirth）完成。

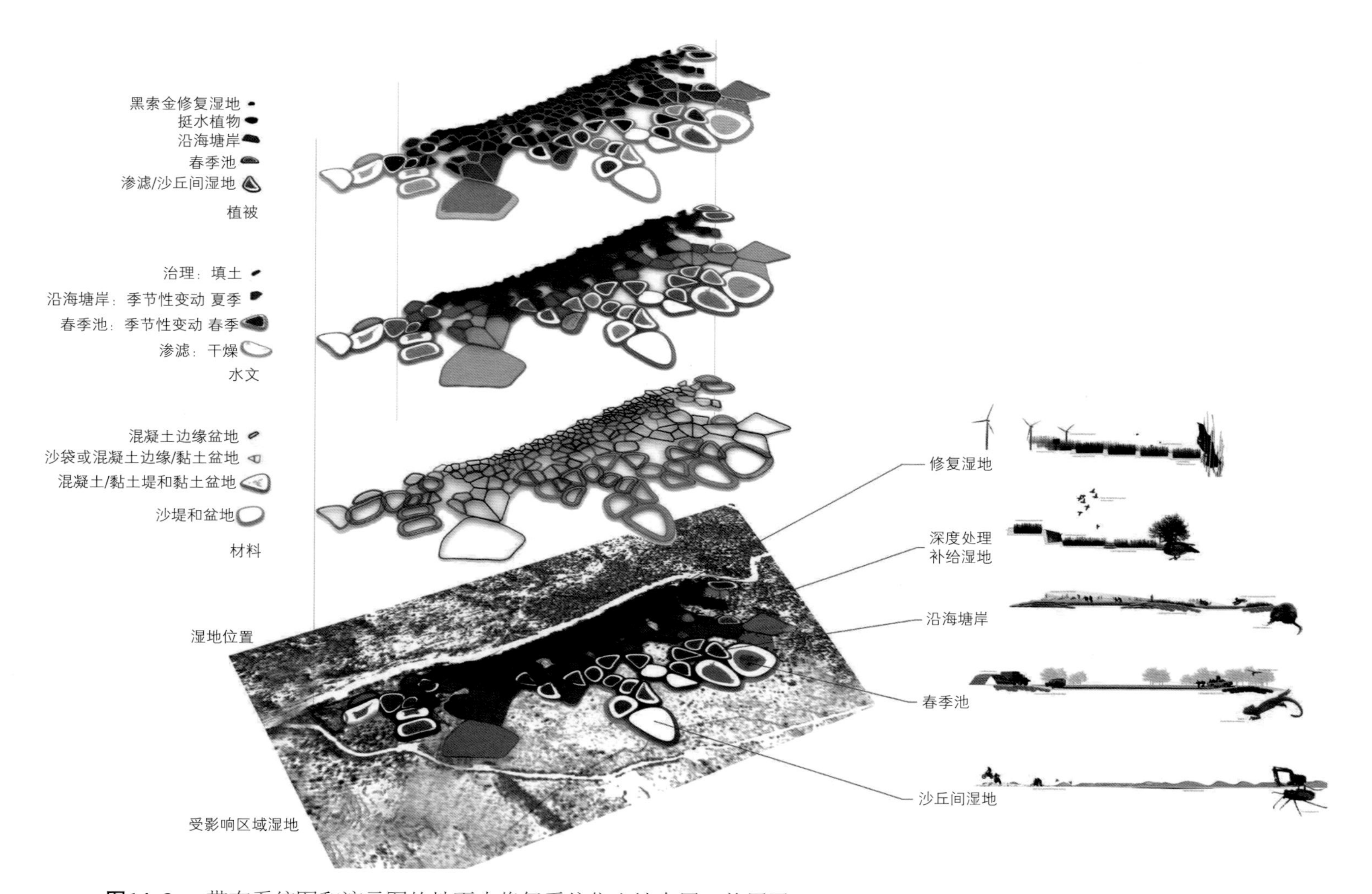

图14.3 带有系统图和演示图的地下水修复系统化土地布局。使用了Rhino、RhinoScript、3ds Max、VRay和Adobe Suite这几种软件。由日内瓦·沃斯（Geneva Wirth）完成。

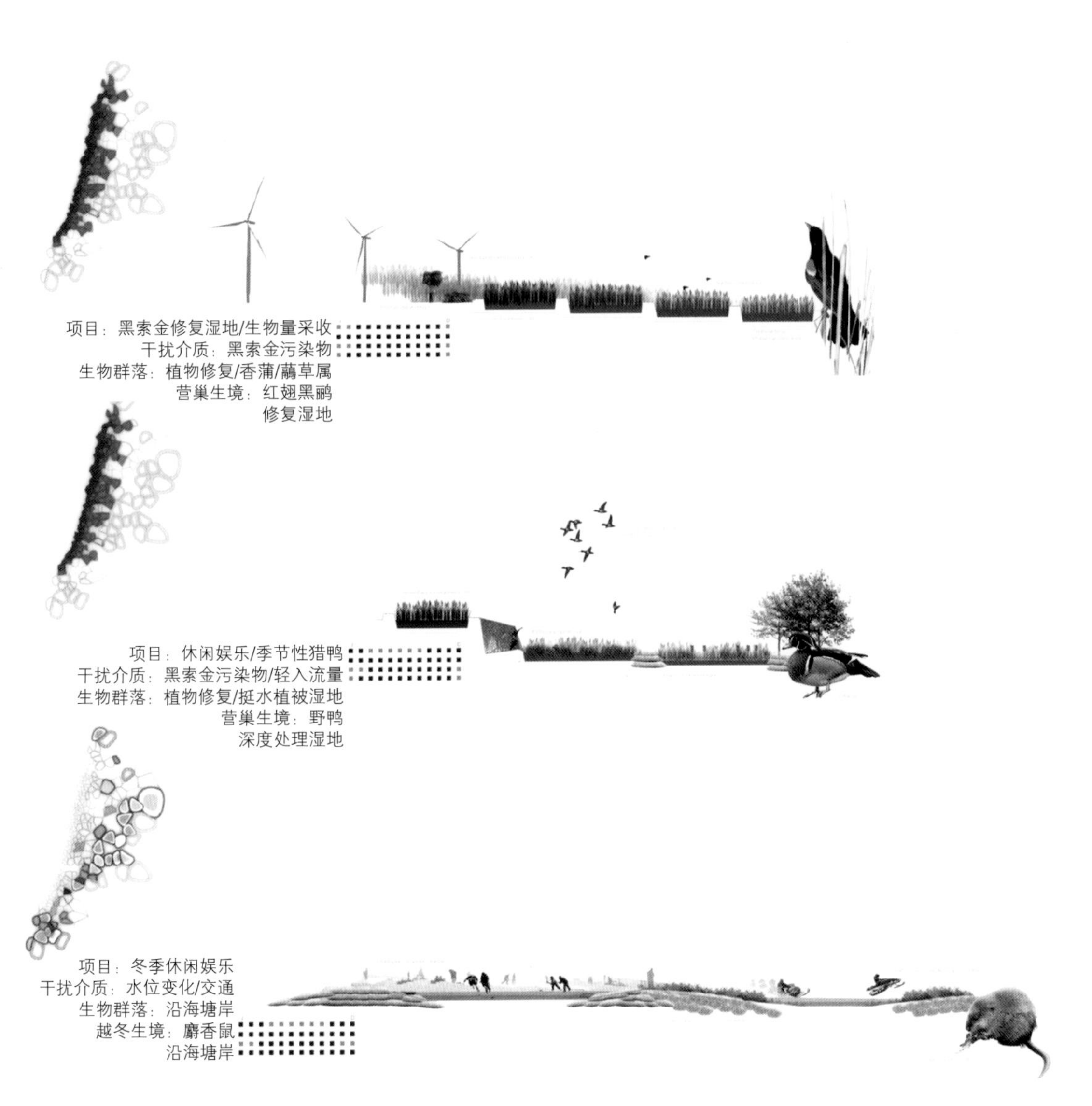

图 14.4　地下水修复演示，使用 Rhino、RhinoScript、3ds Max、VRay 和 Adobe Suite 这几种软件，展现了实体模型和数字程序表现方面的不同之处。由日内瓦·沃斯（Geneva Wirth）完成。

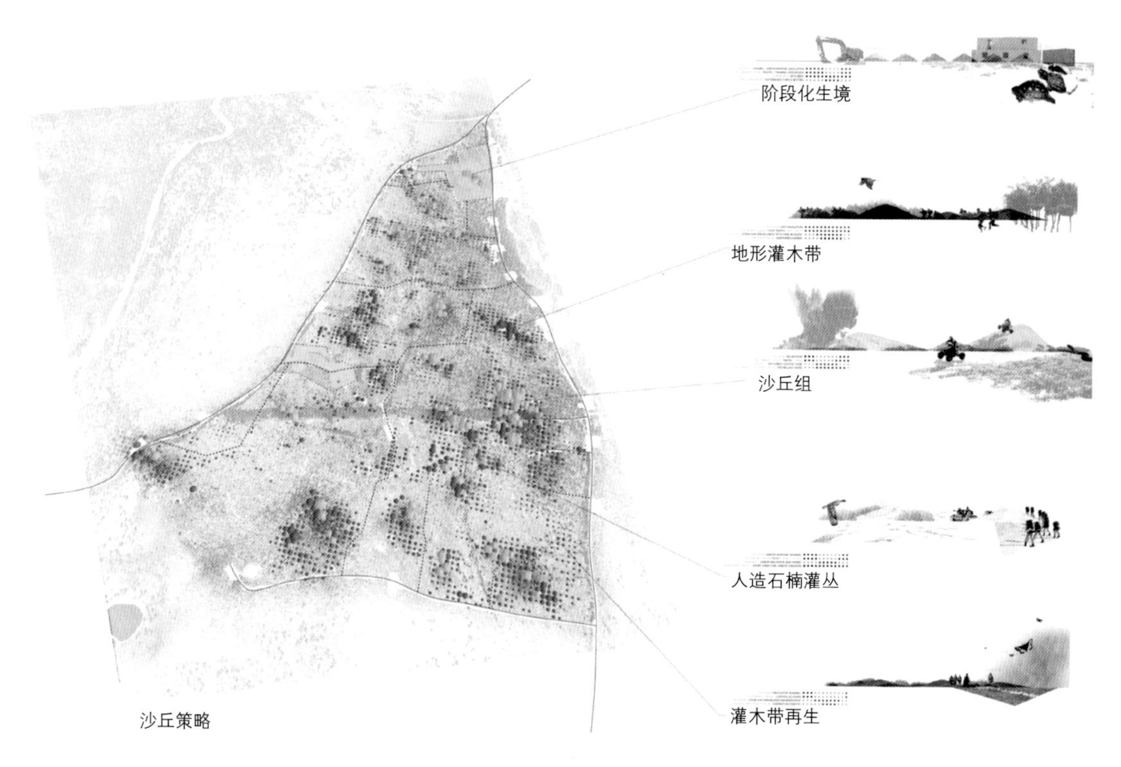

图 14.5 用于沙漠导航训练的系统化土地的布局，包含体系和展示。使用了 Rhino、Rhino-Script、3ds Max、VRay 和 Adobe Suite 这几种软件。由日内瓦·沃斯（Geneva Wirth）完成。

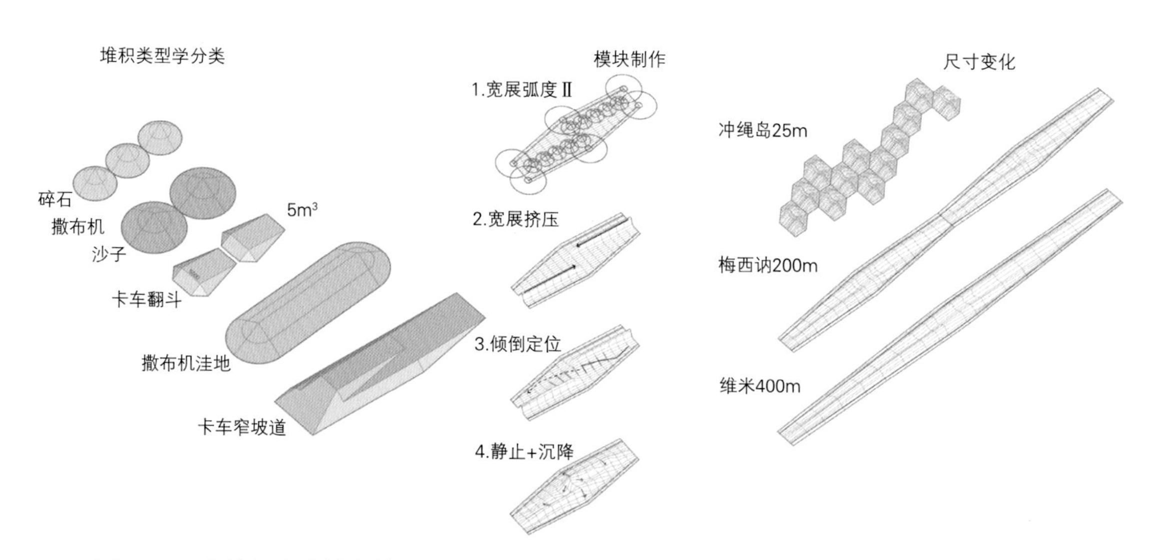

图 14.6 土壤沉积和堆存策略，描绘不同类型和变体。使用了 Rhino、3ds Max 和 Adobe Suite 这几种软件。由凯莉·尼尔森·多伦（kelly Nelson Doran）完成。(多伦多大学；项目名称：固定力)

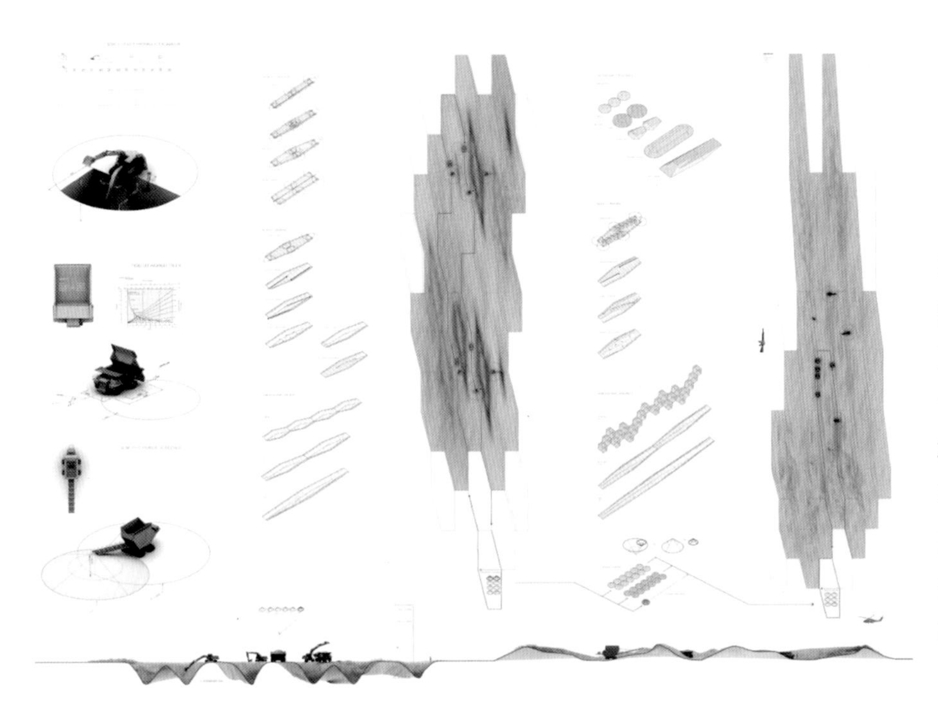

图 14.7 技巧与组合，描绘了挖掘和堆存策略的工具以及整体组合。使用了 Rhino、3ds Max 和 Adobe Suite 这几种软件。由凯莉·尼尔森·多伦（kelly Nelson Doran）完成。

R4：A7 物资仓库

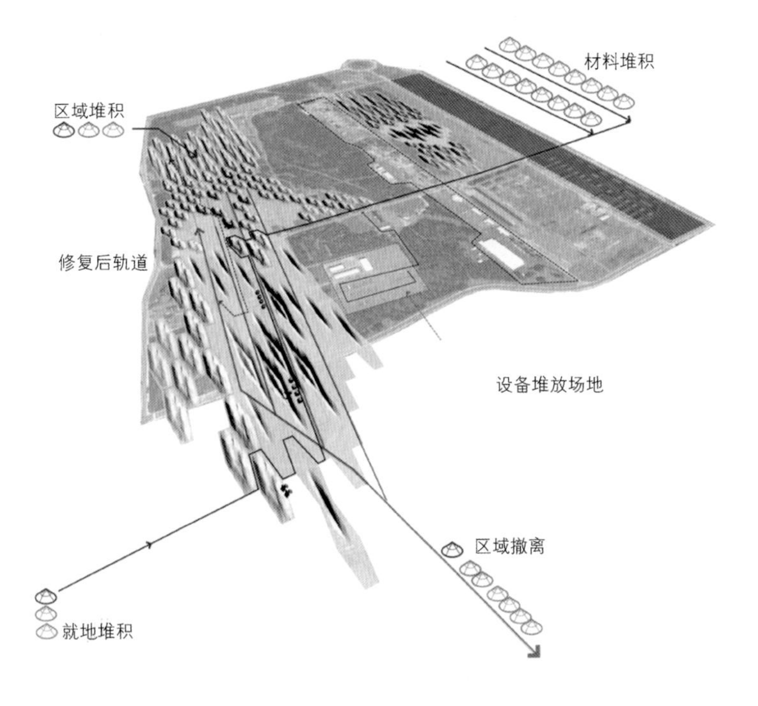

图 14.8 布局：物资仓库。系统化土地的实体和操作部署。建立起土壤冲刷操作、人员部署、基本经济体和现场物流之间的不同关系。

图14.9　路边、储粮筒仓的图像，采用拼贴手法并运用了透视原理进行数字化合成。镇上大量生产过剩的粮食沿着物流铁路线以大约每20英里（1英里=1.609344km，下同）的间隔存在于储量筒仓之中。这些纵向地标的集群在大量水平线景观中常常是唯一的建筑体。这些视图展现了现存且被普遍认可基础设施之上的叠加信息，表明了奥加拉蓄水层的不同状况和水位。由艾瑞克·普林斯（Eric Prince）完成。（哈佛大学研究生院设计专业；景观设计学Ⅱ类硕士的设计论文）

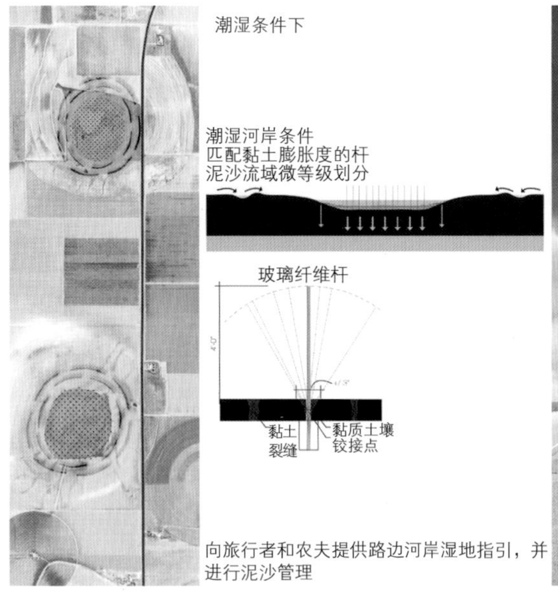

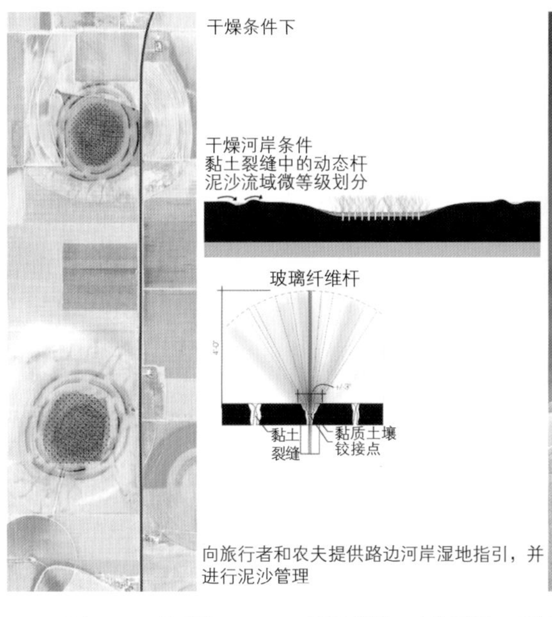

图 14.10 和图 14.11 平面图、剖面图、透视图、混合手法、拼贴、说明部分、航拍叠加信息、河岸湿地指数——潮湿条件。图 14.10 表明沿公路河岸湿地常常以短暂性浅显盆地的形式而出名，是蓄水层补给的重要时刻。这张视图展现了一场暴风雨后盆地的动态活力。图 14.11 为干燥条件的描述：这张视图展现了在相当长的时间里，盆地中没有水的时候的动态活力。由艾瑞克·普林斯（Eric Prince）完成。

高地平原的陡坡和台地

"低沉轰鸣"通道的图解部分/路边分层种植

图 14.12 剖面图和公路系列视图。采用了混合手法、图解剖面、摄影和照片拼贴。进入奥加拉蓄水层的有序组图，突出了陡坡峭壁、种植覆盖的道路两侧，与进入广阔平原时的体验形成鲜明对比。由艾瑞克·普林斯（Eric Prince）完成。

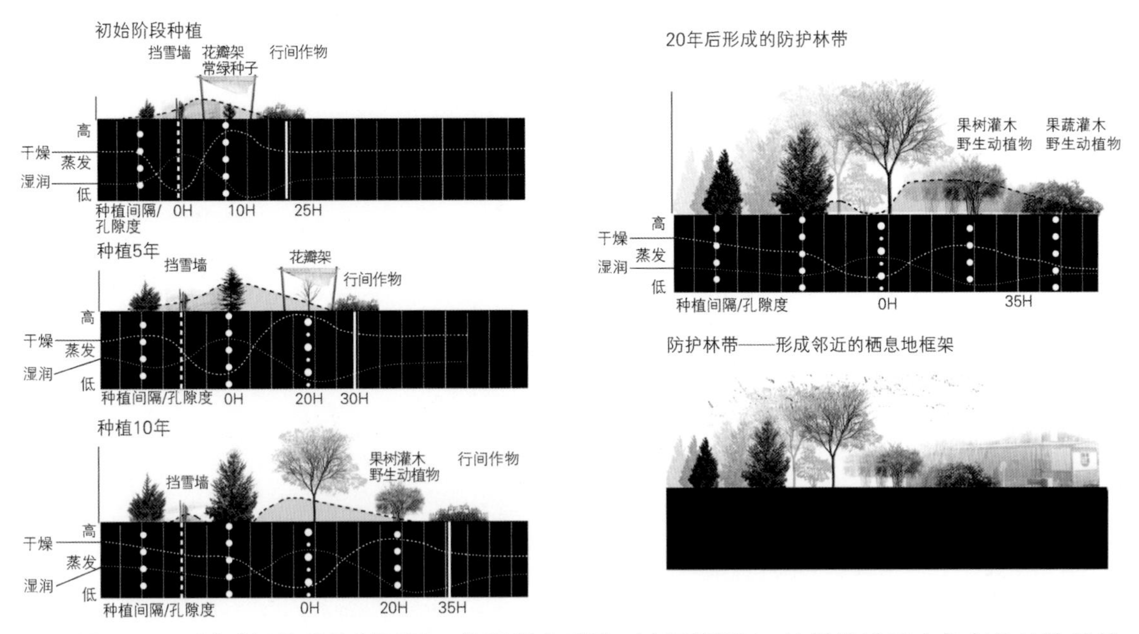

图 14.13 随时间推移的剖面图，使用混合手法（剖面拼贴）绘制描述了水位变化的防护林种植。建立随时间推移的防护林带剖面图，使用了理想间距、微气候风、遮阳罩和沉淀处理。

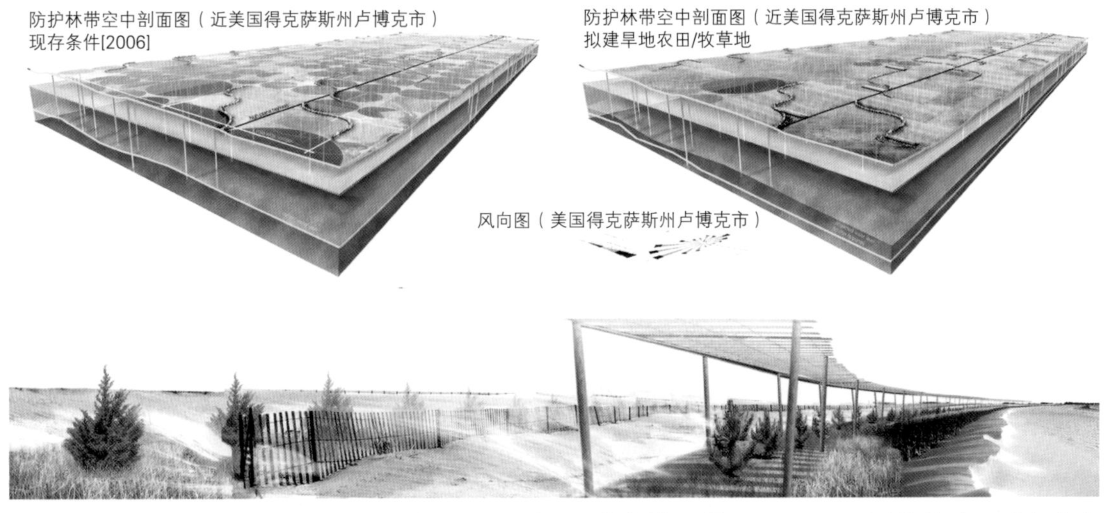

图 14.14 空中剖面和透视图，使用混合手法、数字模型以及 Photoshop 图像修改，对存在水位变化的防护林带轴线进行了描绘。关于“防护林带层次”以及它与蓄水层的关系，还有随时间推移发生的土地利用情况，都用一系列绘图进行了说明。风动能和相应的景观框架是对土地利用的弹性化和可视性的解读，这也是整个生态栖息地的支柱。由艾瑞克·普林斯（Eric Prince）完成。

图 14.15 此处使用了景观透视图、拼贴的混合手法，Photoshop 图像修改描绘了沙丘动态景观的跨公路花园透视图。设计中包括了干扰元素（放牧、火灾和风），创造出了沙丘景观和地形差异，这样可以突出蓄水层补给潜力、生态多样性，是很值得关注的大型景观微观化体验。由艾瑞克·普林斯(Eric Prince)完成。

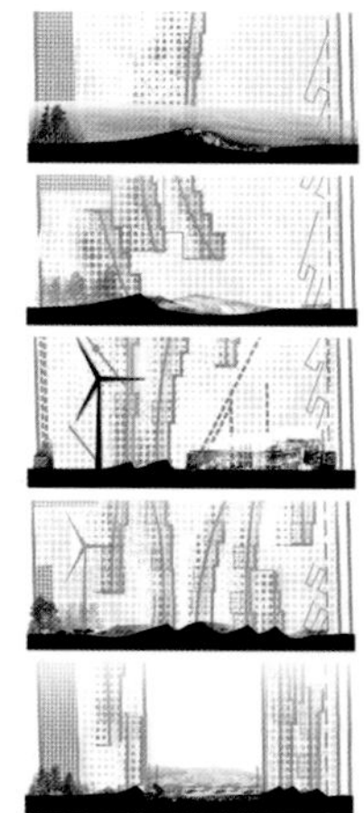

图 14.16 空中剖面图解，采用混合手法的拼贴，描绘了大沙丘中跨公路花园的空中轴线视图，展现了设计诱因下的动态，与环境（地表和地下）、地形学以及项目间的关系。

15 混合媒介绘画手法探索

布拉德利·坎特雷尔和杰夫·卡尼(Bradley Cantrell and Jeff Carney)

在着手探索里奥格兰德河谷之前，我们需要开发一种工具用于解读和勘测景观。这个工具在具备景观测量的功能的同时，还应该是简单、易携带的。最后入选的工具是由耐用的 PVC 管组成的一对伸缩式杆。每根杆子长 12 英尺，3 英寸厚，亮红色杆体清晰可辨，并且每 3 英尺有一个标记作为高度参考。

当团队在边界区移动时，会对杆体进行定位和拍摄来标记强调每个场地的重要方面。工具会跟随探索进程而演进提升，其多功能性也考虑到了对具体场地的分析和测量。在每一个场地的不同位置，团队人员都对杆体进行了拍摄和描述，比如海拔变化、耗水量、比例、植被模式、地形构造和人类活动。

从边界区回来后，我们把照片拼凑在一起进行深入分析，并加入了另外两层信息：一层是线条来突出杆体所强调的，一层是标签来代表现场所观察到的声音、气味、感觉和景象。经过对这些照片的分析，杆与杆之间的空间渲染剖面就可以做出来了。在最后的渲染过程中，我们会把观察者放入现场，实现了对每个地方的体验。

几天后，我们共同设计出一件设备或也可将其称为一件工具，来观测我们经过的景观。其不仅仅具有收集功能，还可以与环境结合，让我们能够理解环境是如何通过我们对它的了解而变成景观的。

我们都知道要真正了解一个地方需要耗费终生。我们对家乡知晓的方式并不能让我们同样地去了解其他地方。我们所处环境的基本结构造就了我们，同时我们也自然而然表达出对它的理解。要真正理解“当地的”状况就要完全融入其中，从不同的角度去看它。我们能在几天的参观中理解一个复杂文化的最基本结构吗？我们能完全理解一个并不熟悉的生态系统的作用吗？

以下的这些图像精选于路易斯安纳州立大学我们的专项课题设计研究工作室课程（Studio）和高阶数字化媒介课程。多种图片集描述了既具有诗意又具有表达力的拼贴及数字化的蒙太奇照片、框架模型、混合手法绘制的剖立面图以及几乎使用了所有数字化媒介手法构成的景观（包括 3ds Max 和拼贴法），它们都用于描绘项目活动和系统改变。

图 15.1 剖面图——采用传统手法和数字手法，蒙太奇照片和混合式绘画描绘的格兰德河皮划艇公园。由约翰·奥利弗（John Oliver）完成。

图 15.2 透视图——格兰德河皮划艇公园蒙太奇照片描绘了不同的场地条件。寻求暗色调与提亮空间之间的平衡以起到强调作用。艺术氛围的应用增加了这些蒙太奇照片的真实感。由约翰·奥利弗（John Oliver）完成。

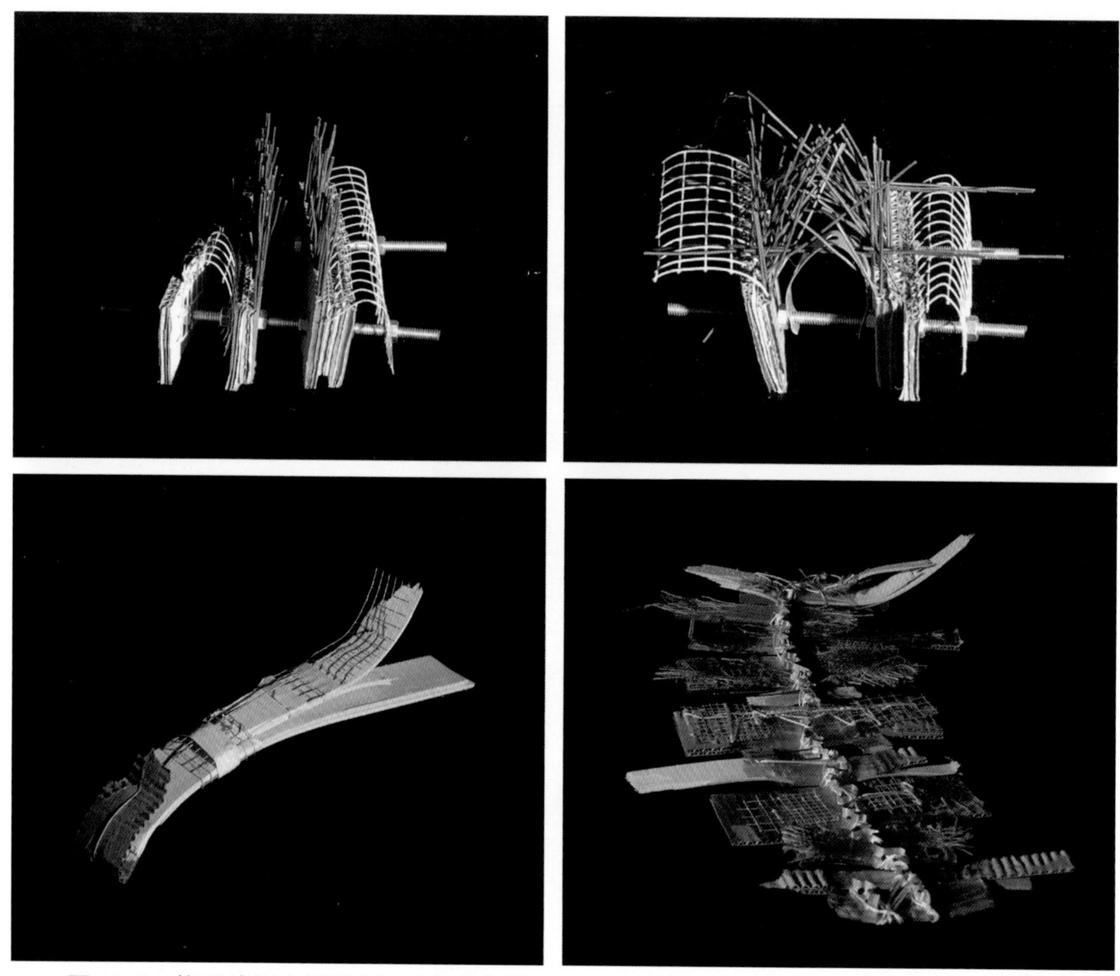

图 15.3 格兰德河皮划艇公园小路骨架模型——使用材料有硬纸板、金属和木片。由约翰·奥利弗（John Oliver）完成。

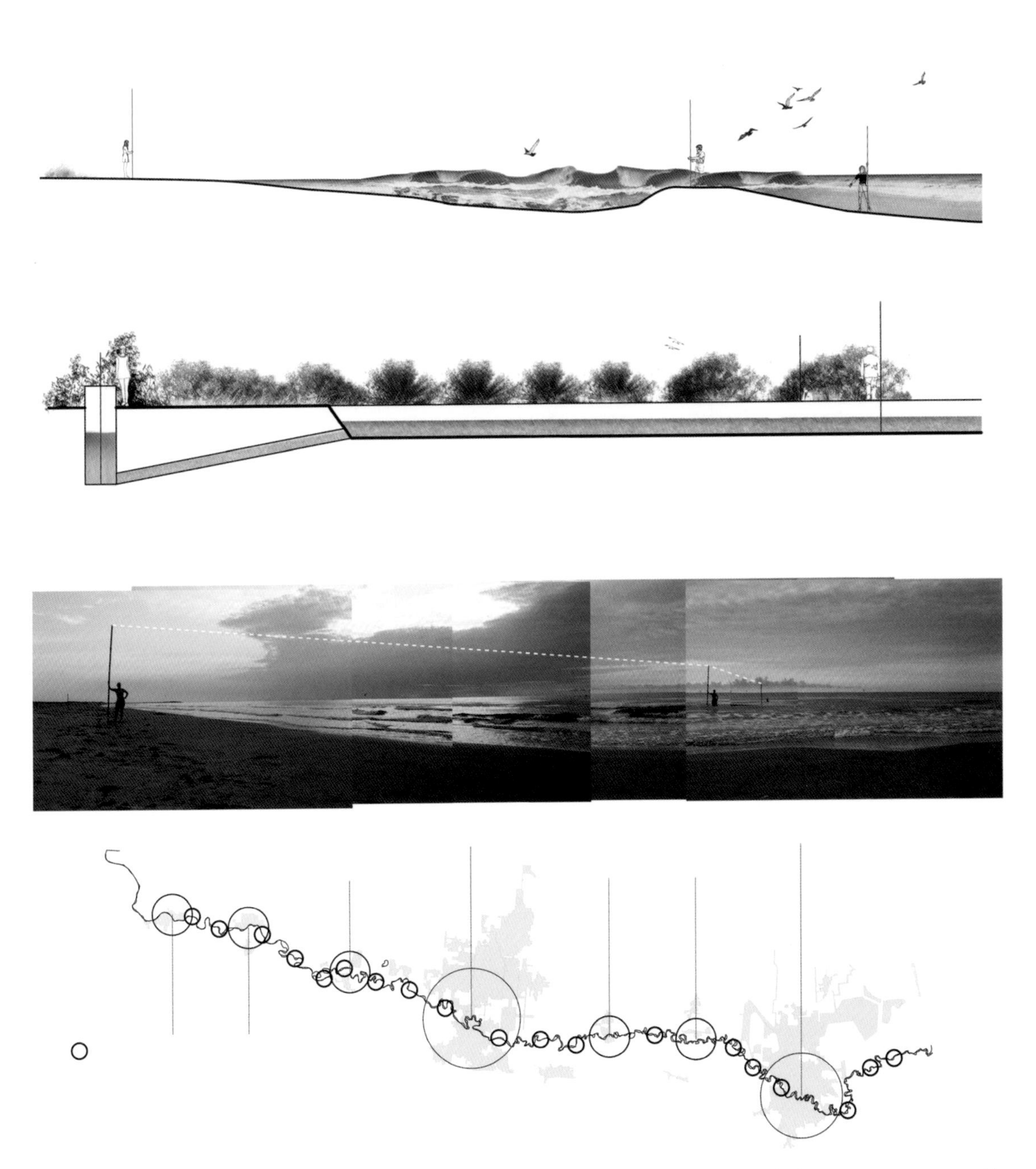

图 15.4 沙堤剖面片段，使用了 CAD 和 Photoshop 拼贴。由威尔·本奇（Will Benge）、约翰·奥利弗（John Oliver）和凯莉·斯普林可（Kelly Sprinkle）完成。

图 15.5 遮蔽所阵列，使用 Photoshop 进行照片转换，3ds Max 合成，VRay 渲染。由杰奎因 · 马丁内斯（Joaquin Martinez）完成。

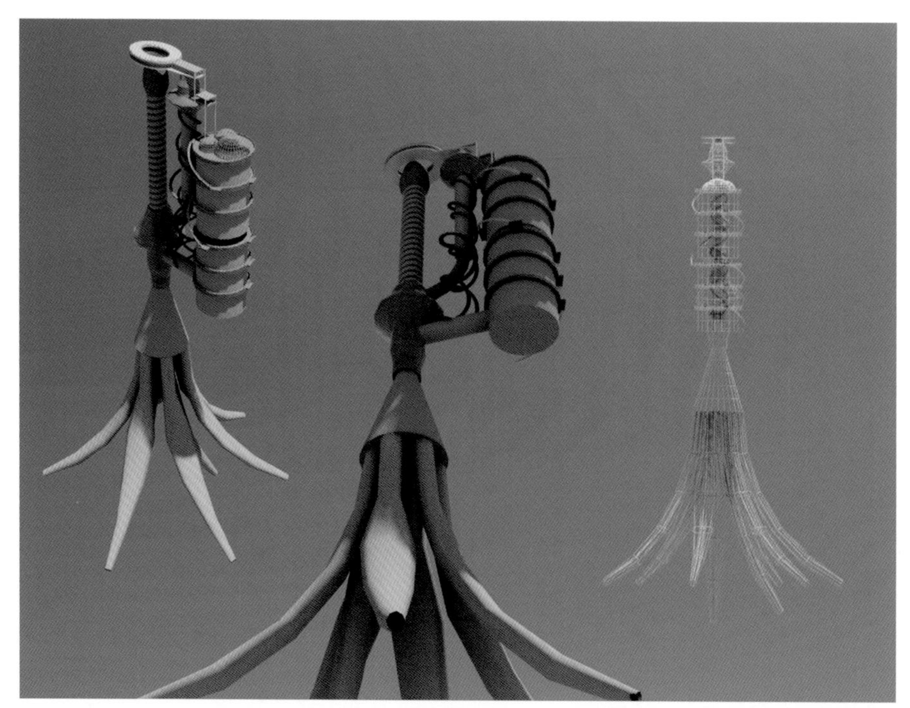

图 15.6 使用 3ds Max 和 Photoshop 制作的地源热泵。由娜塔莉 · 耶茨（Natalie Yates）完成。

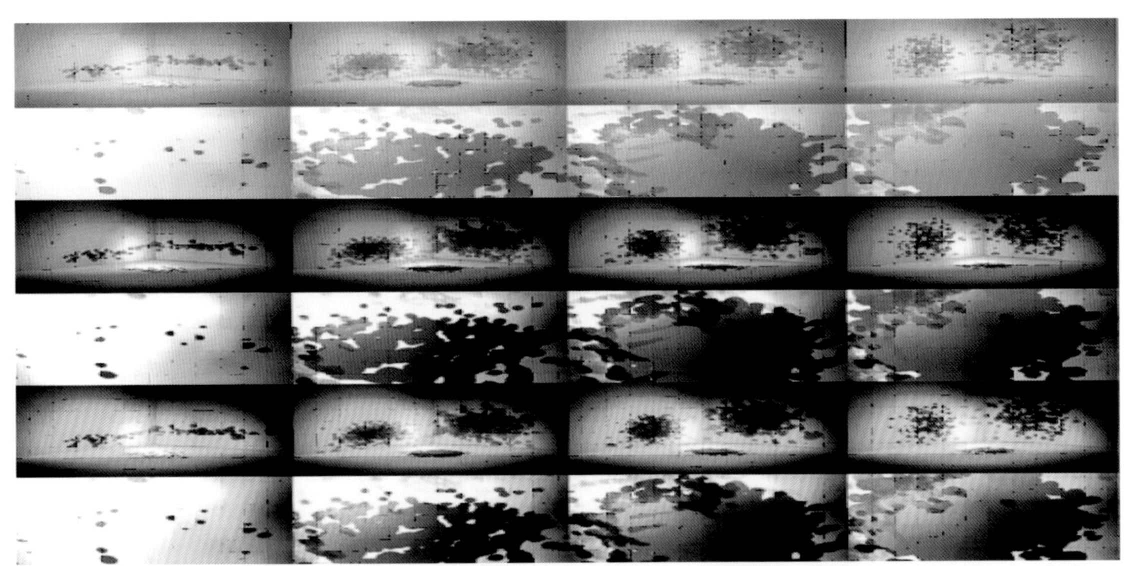

图 15.7　粒子流图解和认知视野图，使用3ds Max 制作。由娜塔莉·耶茨（Natalie Yates）完成。

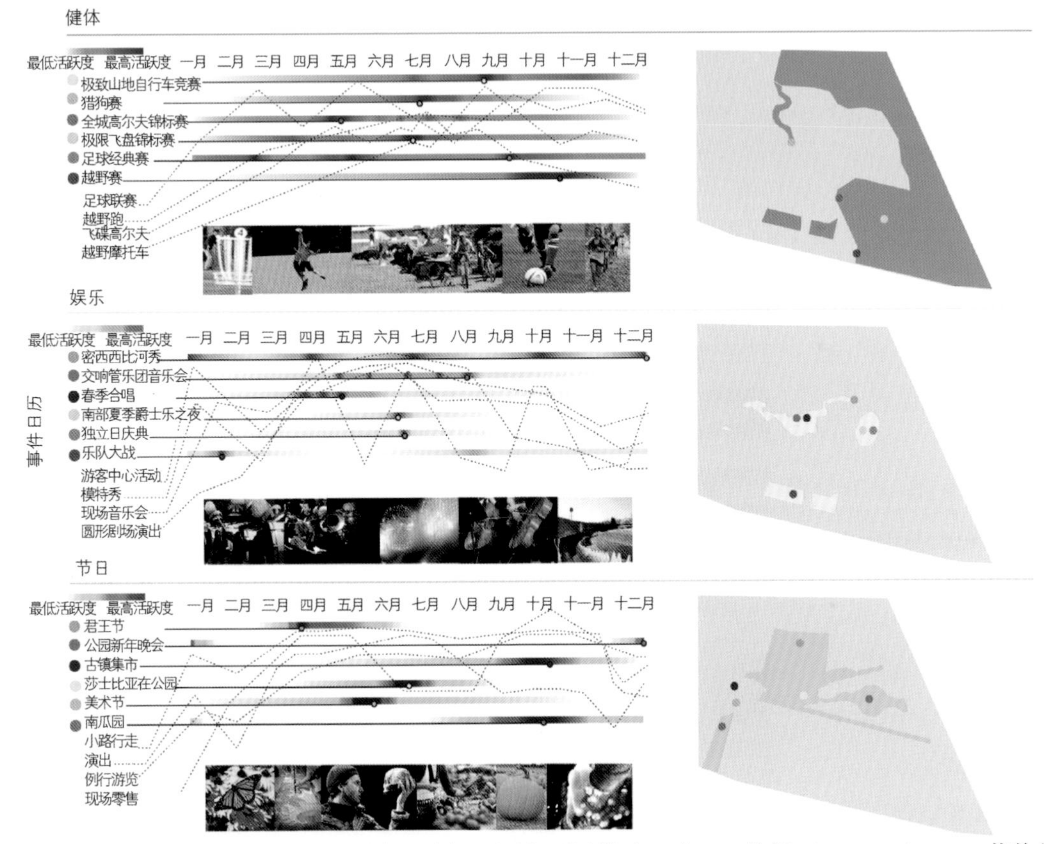

图 15.8　图片展现了公园开展活动的时间日历和项目策略。由 A·鲍姆（A. Baum）、M·艾伦德（M. zllender）、C·勒博（C. LeBeau）、K·朗能（K. Lonon）、P·梅（P. May）、P 迈克尔·麦克甘纳（P. McGannon）、S·米勒（S. Miller）、B·莫伦（B. Moran）、A·拉米雷斯（A. Ramirez）和 C·索恩（C. Thonn）完成。

小路系统故障

贯穿公园的小路系统是基于类型而建立的，并根据用途进行了分级。一共有三个等级：徒步、普通骑行和山地自行车。里程标识沿特定进入点设置，以供使用者参考。

图 15.9 公园小路系统分析。由 A·鲍姆（A. Baum）、M·艾伦德（M. zllender）、C·勒博（C. LeBeau）、K·朗能（K. Lonon）、P·梅（P. May）、P 迈克尔·麦克甘纳（P. McGannon）、S 米勒（S. Miller）、B·莫伦（B. Moran）、A·拉米雷斯（A. Ramirez）和 C·索恩（C. Thonn）完成。

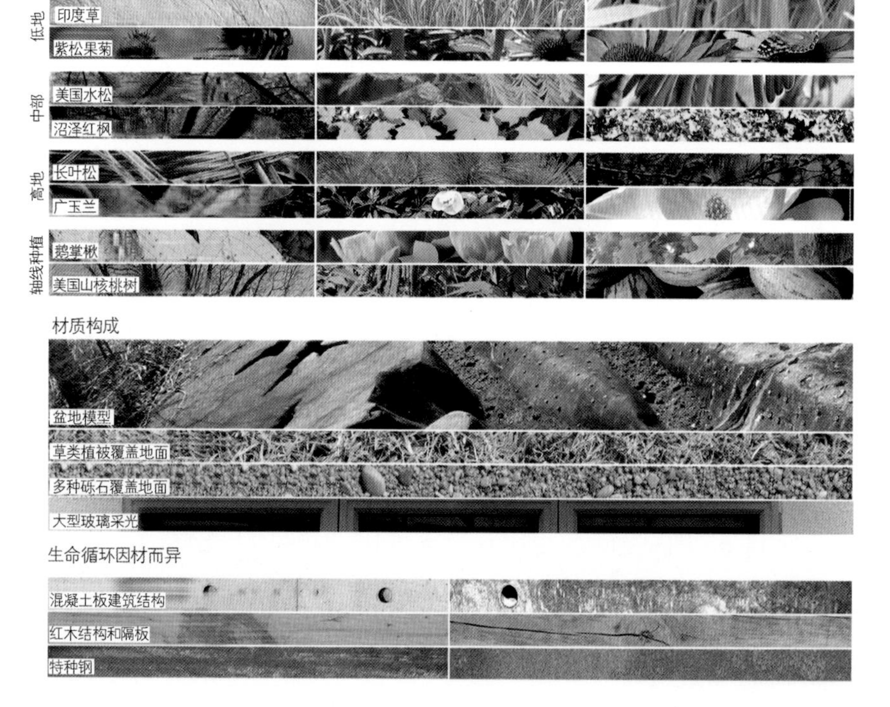

图 15.10 公园调色辅料。由 A·鲍姆（A. Baum）、M·艾伦德（M. zllender）、C·勒博（C. LeBeau）、K·朗能（K. Lonon）、P·梅（P. May）、P 迈克尔·麦克甘纳（P. McGannon）、S·米勒（S. Miller）、B·莫伦（B. Moran）、A·拉米雷斯（A. Ramirez）和 C·索恩（C. Thonn）完成。

16 混合绘图

金美京（Mikyoung Kim）

绘画是设计认知的引擎。它们让我们更接近对空间的体验和物质性的理解。在过去的二十年，不论好坏，数字化媒介已经在景观设计学领域占领了二维表达的首要地位。所使用的软件工具能有效地使成品表达更加逼真，但往往会使其个体独特性同质化。这个观察结果就引发了后来的一项研究，即通过过去八年来，罗德岛设计学院（RISD）举行的一系列研讨会，研究那些介于人工和数字化表现之间的混合状态的绘画技能。多科技绘画技能包括采用摄影、扫描、拼贴图、复印、拼凑、激光切割、Rhino 软件、木炭笔、铅笔、圆珠笔、墨水、粉蜡笔、泥土、丙烯、油画、沥青、树脂、蜡和其他一些材料，还有其他软件程序的应用（如 Photoshop、SketchUp、AutoCAD 等），它们都是进行二维表达的基础。最后一年，我们与教授数字化组件课程的斯科特·卡门（Scott Carman）联合执教开展高级研讨会，使这个研究项目达到了顶峰状态。这里展示的画作所采用的表现手法模糊了数字化和模仿体系的界限，这些作品均来自罗德岛设计学院景观设计学、建筑学和室内设计专业的学生们。

地面

从这项学习中，学生们探索了在项目中用不同的“地面”材质去开展他们的工作。他们对大量广泛的材质进行了试验，包括石头、木头、刨花板、帆布、织物、醋酸纤维素、塑料、树脂和各种购于商店的手工纸张，以找到一种方式让用于表面的颜料和材质进行呼应，进而跨越传统的纸墨关系。地面本身的特点定义了结合面的类型以及可以使用的绘画工具。那些希望使用更认真、更密集材质的学生们往往会扩展他们的工具范围，使画面中包含更激进的绘画手法，比如他们会使用不同尺寸的手电、刀具和不同速度的激光切割机。浇注材料，比如石膏和树脂，会带来更具流动性的处理效果，在这里选用的地面材质所扮演的角色更像绘画中体现的画纸表面和纹理元素。因为可以构造出流体型地面形式，所以雕刻也被纳入了绘画的范畴。学生们一直在探索纹理绘画工具与地表条件进行相互作用的方式。工具在碰到粗糙的纹理表面时，会产生一种所谓的肌肉反应，在某些点抗拒材质，在其他点却会吸附材质。这项研究让学生们看问题时超越了传统纸张的范畴，扩展了绘画线条与材质表面在表现形式上的相辅相成。

引擎

绘画过程中所用到的大量工具和材料有铅笔、木炭笔、墨水、水粉、橡皮、修正液、钢笔、马克笔、水彩、胶带、泥土、柏油、刀具、手电、激光切割机、复印机、树脂、木头和纤维。所用的软件包括 Photoshop、Illustrator、AutoCAD、Rhino、3ds Max 和 SketchUp。引擎是一种装置或工具，可以改变方案中的地表表现形式。通过迭代重复的过程，学生们开发出创新的方式，用适当的材料来进行概念研究。这项研究的一个重要组成部分就是要去发现人工和数字化工具如何在绘画中相结合，找到两者的混合手法。这些手法包括将多种过程进行分层和使用扫描仪以及复制设备作为一种方式来与丰富的绘画技巧相融合。印刷技巧包括增加纸张饱和度或者清淡印制图像图层。当两种技术进行融合时，数字化拼贴、人工拼贴以及随机化拼贴都很常见。这些项目的出发点都是在考虑绘画如何融入工作，涵盖从概念框架到使用具体材质的绘画细节的所有阶段的设计。丰富的材质层次为学生提供了一个契机去创造一系列绘画，不仅是作为个人的设计表达，而且也可以作为一个传递关于尺度、概要和方案重要性的表达工具。

通过创造有关场地、项目关注点以及学生视角的独特画面，使作品超越描述性表现的固定思维，进入通过画面来捕捉设计过程和体验的阶段。关于这些集体研究的探索是要深入研究对景观设计学模拟和数字化工具的理解以及它们可以以哪种方式混合创造出新的绘画类型。

图 16.1 深褐色调透视图。采用的混合方法和技巧有 Photoshop、Rhino、摄影、木炭笔、墨水、橡皮、胶水、复印、扫描、素描和数字化拼贴。由史蒂芬·康斯托克（Stephen Comstock）完成。

图 16.2 透视图。采用的混合方法和技巧有水粉画、黑铅、水彩，以及使用 Rhinoceros 模型作为基础，在 Photoshop 中将元素、景观以及建筑特征进行数字化拼贴。由舒士米塔·米赞（Shushmita Mizan）完成。

图 16.3 剖视轴测图。采用的混合方法和技巧有水粉画、黑铅、水彩，以及使用 Rhinoceros 模型作为基础，在 Photoshop 中将元素、景观以及建筑特征进行数字化拼贴。由舒士米塔·米赞（Shushmita Mizan）完成。

图 16.4 透视绘图。在美纹纸上使用木炭和墨水作画，垂直定向，应用明暗阴影对比营造出引人入胜的场景。由西恩·汉德森（Sean Henderson）完成。

图 16.5 透视绘图。在美纹纸上使用木炭、白彩蜡笔和墨水作画，垂直定向，应用明暗阴影对比营造戏剧性场景。引向消失点的光带和阴影区营造出深邃且引人入胜的场景。由普拉凯马库 · 波那佩（Prakkamakul Ponnapa）完成。

图 16.6 拼贴画透视图。将水彩、水粉和人物元素数字化拼贴进场景中。水平定向营造出强烈的全景式场景。景观元素中留出白框空间，给整个画面增添了一种“宽松”的氛围。由普拉凯马库 · 波那佩（Prakkamakul Ponnapa）完成。

图16.7 透视图。采用木炭笔、墨水、水粉和拼贴画手法，并带有鲜明的明暗对比效果。清晰线条引至明晰的灭点，营造出强烈的空间透视深度。由普拉凯马库·波那佩（Prakkamakul Ponnapa）完成。

图16.8 深褐色调透视图。采用的混合方法和技巧有摄影复印、扫描、黑铅画和数字化拼贴。由劳伦西亚·施特劳斯（Laurencia Strauss）完成。

图16.9 拼贴透视图。采用了摄影、木炭笔、彩色粉笔、墨水、黑铅笔和Photoshop的手法。由菲洛缅娜·里加提（Filomena Riganti）完成。

图 16.10 拼贴透视图。采用了 Photoshop 和 SketchUp 并结合水彩、彩色粉笔和黑铅笔。由菲洛缅娜·里加提（Filomena Riganti）完成。

图 16.11 透视图。采用 Photoshop 技术，用木炭笔、墨水和橡皮绘制而成。由爱德华多·泰拉诺瓦（Eduardo Terranova）完成。

图 16.12 拼贴透视图。采用复印、摄影、Photoshop，结合水粉、彩色粉笔和黑铅笔绘制。由达米安·奥格斯博格（Damian Augsberger）完成。

图 16.13 透视图。Photoshop 制作的照片，并结合了黑铅笔和木炭笔进行绘制，松散的轮廓加上细致的阴影效果。由徐博杨（Bo Young Seo）完成。

17 从结构和图解到情景

斯蒂芬·卢奥尼（Stephen Luoni）

阿肯色大学社区设计中心（UACDC）的重要作用包括为在环境建设创意发展方面有兴趣的建筑和景观设计学专业的高年级学生提供领导力角色上的准备，这触发了关于思辨性实践和“批判性从业者”思维的一系列问题。在社会环境中，设计需要从业机构在形式制作中超越传统的技能。除了简单诠释或者描述图片，绘画作为一种逻辑体现方式，是发展主观思维性的基础，它涉及框架构建、制图、复杂问题分析和设计手法以及与公众的交流方式。在阿肯色大学社区设计中心，信息通过不同的绘画逻辑得到发展和管理——例如进行纹理、图表和情景规划——主要致力于“环境生成”问题或场所营造。作为费·琼斯（Fay Jones）建筑学院的外展分支，阿肯色大学社区设计中心创立了一套设计方法论和适用于社区开发方面的可视化表达。

琼斯·雅各布（Jane Jacobs）提出对于城市和其他形式的人类定居地的设计来说，我们需要把“问题进行有序的复杂化”。每个主题，即每个设计问题要解决的，就是抛开原本符合其原始秩序和尺度的景观。比较典型的是，学生们被要求遵循从抽象到具体的过程来建立设计框架，在场所营造过程中精心制作空间体验维度一直是他们的目标。阿肯色大学社区设计中心专项课题设计研究工作室课程（Studio）定义了四项学习目标以及在每一项目标中绘画所扮演的角色。

（1）引领学生浓缩社会环境条件，让设计具有独特的传递集成化解决方案的能力。低影响力基础设施建设、郊区翻新改造、公共空间，以及社区复兴、经济适用房、城市流域规划、敏感环境高速路设计解决方案等都是对学生构成挑战的现代设计问题。绘画呈现出具体特定的增长依据；图表则可以呈现当地未得到充分开发的房地产计划的增长空间；例如，总平面图传达出连续阶段性的设计发展信息。

（2）通过相关的知识领域和各种学科知识的实践，学生在编创他们的设计提案时，可以聚焦于研究多重决策。城市设计和景观都市主义关注的是塑造建成环境中跨越多标准、规模以及私人或公共领域的人类体验。为了整合这些多样性的原则，他们需要做的是绑定设计范畴，强调互动性、时机、阶段性和连接力，而又不应与组成原则相混淆。

（3）将对先例和设计模型的分析引入设计过程，作为一项研究来深度挖掘，从而对其中的设计智慧加以利用。分析性绘画在表达观察和制作过程中的内容时，拥有更多的可能性。纹理图表开启了对多种城镇模式和城镇容量的形态学理解，也或者是对环境营造结果中缺憾之处的体现。模式是多种力量或类型条件作用的产物——城镇广场、校园、公园、棋盘式街道布局、边缘环境、城市走廊、山坡等，要根据它们的纹理、尺度、几何形式和其中的用户活动来进行研究。作为一种规则或者网络型逻辑，活动图表映射出清晰或潜在的用户活动，这对那些几何性质描述不充分的分散景观尤其有用。

（4）建立外延价值观，对信息、论据、设计主题和提案进行智能性可视化处理，这样就可以有效地与非专业观众进行交流。用这些方式，绘图避免了设计师与其他设计师交流沟通时会发生的职业风险。透视是在传统绘画中发展起来的，这使得一般人都能接受这些想法。提案中的空间通过绘画深度、尺度、光效、质地、比例和氛围等技术得到了挖掘想象，提炼出超越简单肖像画和装饰图案的关键性主题。

展望未来的发展规划是设计师的一项重要任务，能够利用绘画的力量作为一种深刻的、论述性的工具来参与这种公众情绪和政策的形成是至关重要的。在涉及公众利益的设计中，绘图需要做到的是启发和激励，而不是神秘化。

图 17.1 费耶特维尔生态城市 2030 年远景规划。数字化轴线轴测图展现了新发展模式，采用了河岸走廊和以生态为基础的雨洪管理作为新城市发展的保护罩。3D 模型由 3ds Max 生成。Photoshop 中加入了 Google Earth 底图和景观元素。由格拉哈姆·帕特森（Graham Patterson）完成。

图 17.2 景观作为手段——矩阵图解。为了让建筑专业的学生尽快熟悉生态设计中的基本原则，对景观照片中的隐藏秩序和关联时刻进行了分析。对手绘草图进行扫描并使用了 Illustrator 的 Live Trace 命令。由埃里克·邓普西（Eric Dempsey）、考特尼·冈德森（Courtney Gunderson）、凯莉·斯皮尔曼（Kelly Spearman）、李·斯图尔特（Lee Stewart）、克里斯托弗·沙利文（Christopher Sullivan）、罗莉·雅思文斯基（Lori Yazwinski）完成。

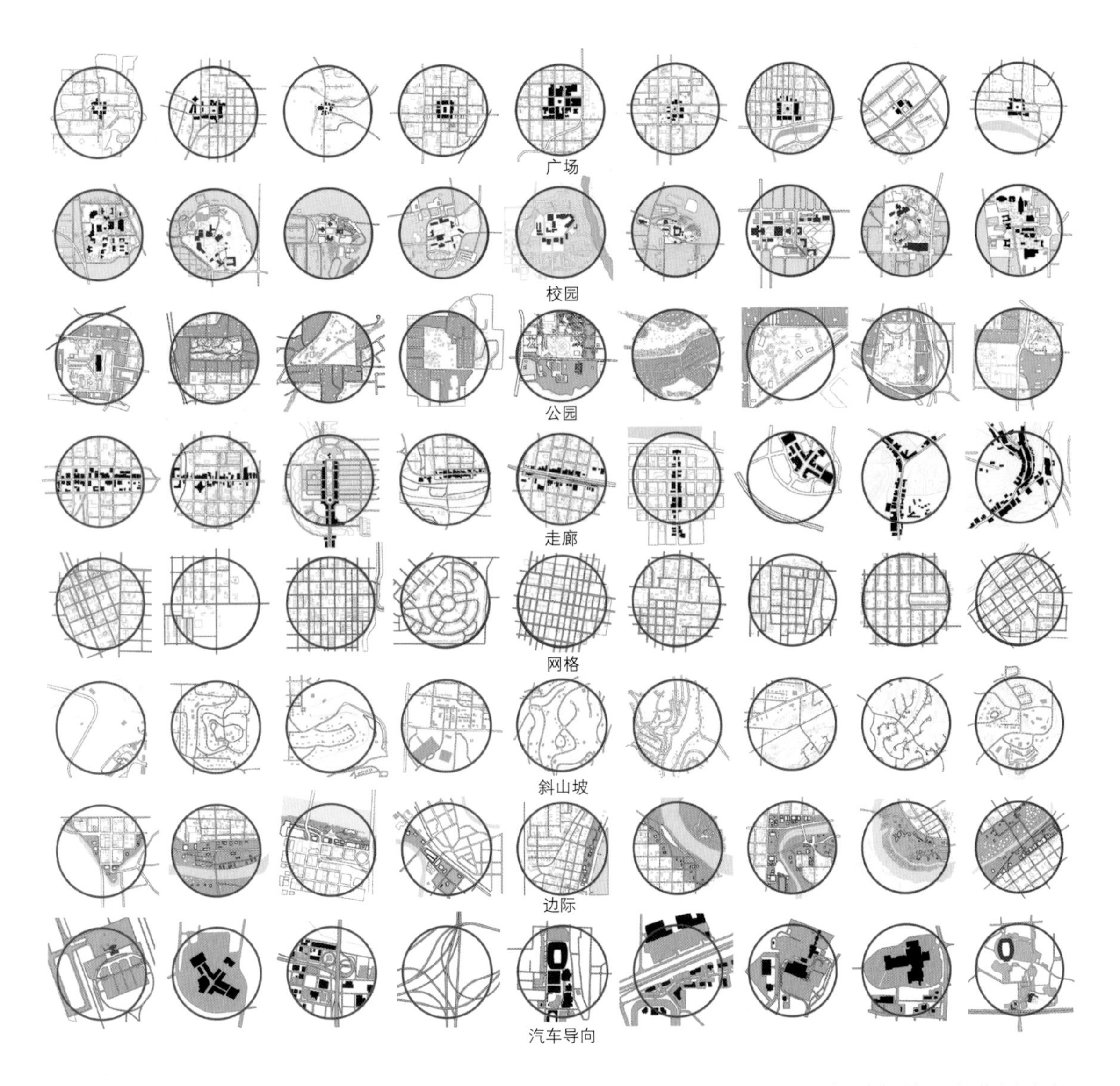

图 17.3 阿肯色州结构和图解。学生们调查并编入了比例、纹理、几何结构以及半英里步行距离内的传统城市模式。这里使用 AutoCAD 对 Google Earth 图像进行了比例测定和描绘，再将其导出至 Illustrator 进行阴影和线宽的设置。由科里·阿摩司（Cory Amos）、约书亚·克莱曼斯（Joshua Clemena）、吉米·寇迪伦（Jimmy Coldiron）、本杰明·科廷（Benjamin Curtin）、安德鲁·达林（Andrew Darling）、艾尔莎·帕坡赛尔（Elsa Pandozi）、布莱恩·珀普赛尔（Brian Poepsel）米歇拉·噶拉博（Michela Sgalambro）和劳伦·沃格（Lauren Vogl）完成。

图 17.4 没有城市的城市：贝亚维斯塔新城市中心。围绕一系列坡地公共绿地而建的高密度城市中心综合体的研究。每张透视图中的建筑元素都采用手绘并用水彩着色。在 Photoshop 中将表面材质、景观元素和人物图片叠加在水彩之上。平面图由 AutoCAD 生成，再导入 Illustrator 进行阴影和线宽的处理修正。由本杰明 · 科廷（Benjamin Curtin）完成。

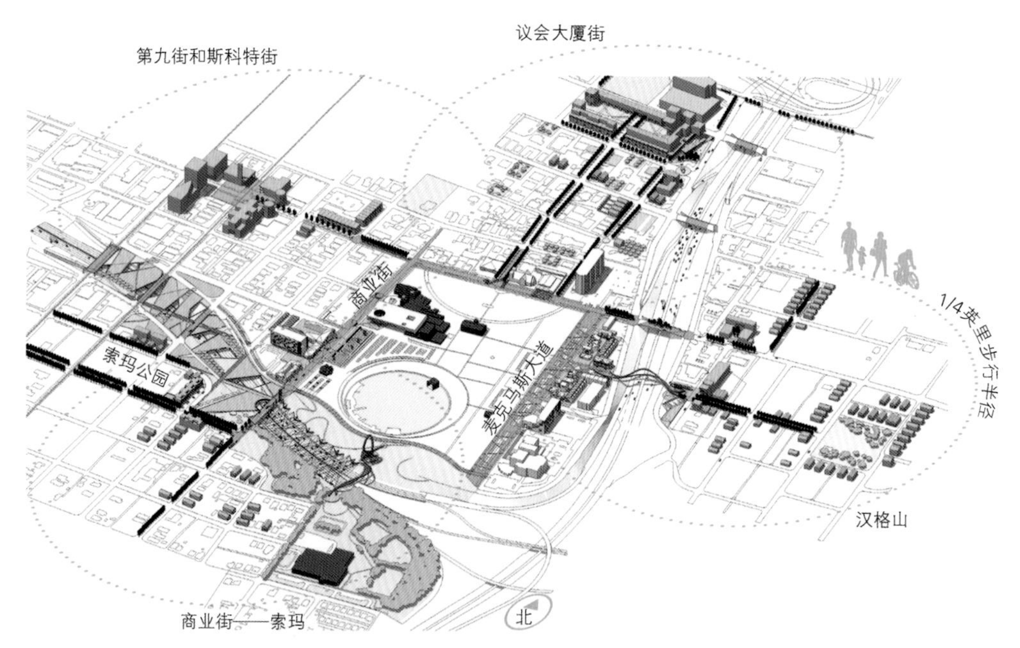

图 17.5 小石城麦克阿瑟公园区总规划图。城市公园轴测图，公园将周边的社区再次紧密连接起来。SketchUp 中生成 3D 模型，再导出至 Illustrator 进行阴影和线宽的设置。由蒂姆 · 施密特（Tim Schmidt）完成。

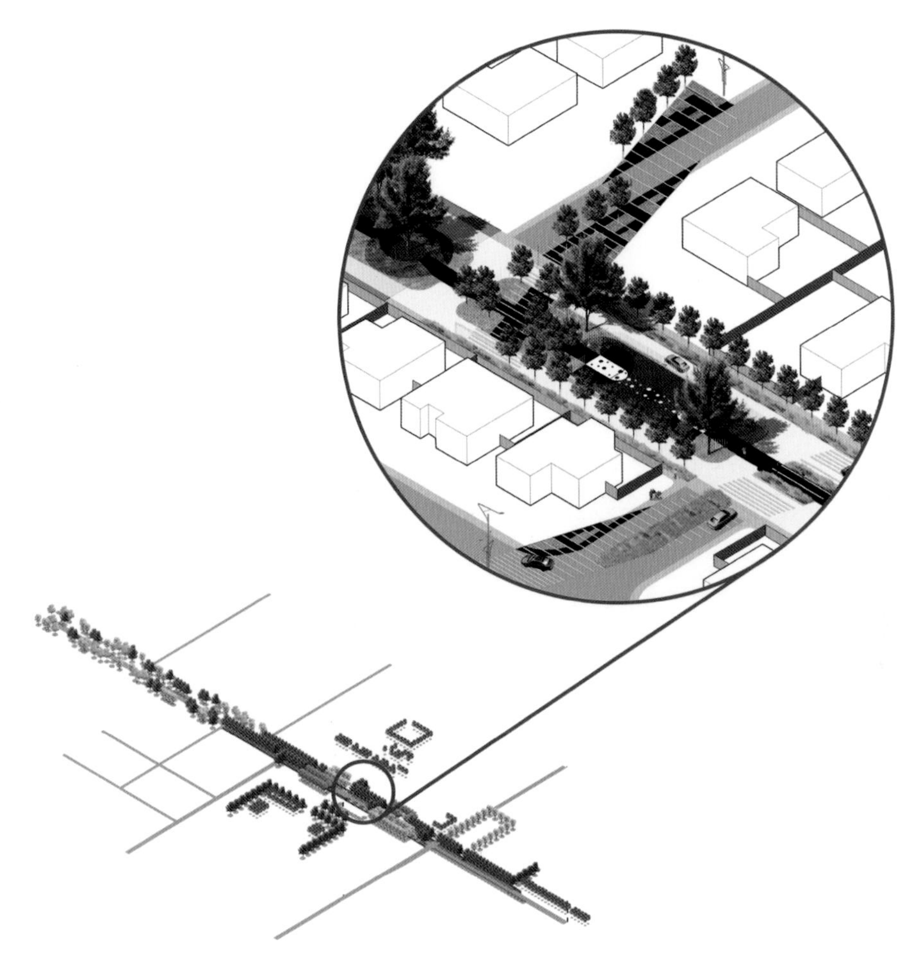

图 17.6　斯普林代尔的高速向绿道的转变。轴测图描绘了翻新后的城市主干道。低影响开发技术和绿树成荫的空间对景观平面进行了补充，通过使用这些景观平面将表面进行集中化处理，完成翻新的主干道与郊区开发的结合。AutoCAD 生成 3D 模型，并导出至 Illustrator 进行色彩和线宽的处理。使用 Photoshop 将景观元素、行人和车辆叠加进去。由克洛伊·阿摩司（Cory Amos）完成。

图 17.7 将停车场作为自然雨洪处理系统。数码制作的透视图描绘了对现存保有量为1400辆车的停车场的翻新，让其发挥生态处理系统的作用。使用 Form Z 生成 3D 模型。表面材质、树木和照明元素在 Photoshop 中叠加进去。由彼得·贝德纳（Peter Bednar）完成。

图 17.8 小石城两河公园树林的红色秋天空间。视平线透视图聚焦于照明、空间和结构效果构成的景观空间。在 AutoCAD 中建立基本透视参照。景观元素、照明和表面纹理使用 Photoshop 创建。由约翰· 麦克威廉姆斯（John McWilliams）完成。

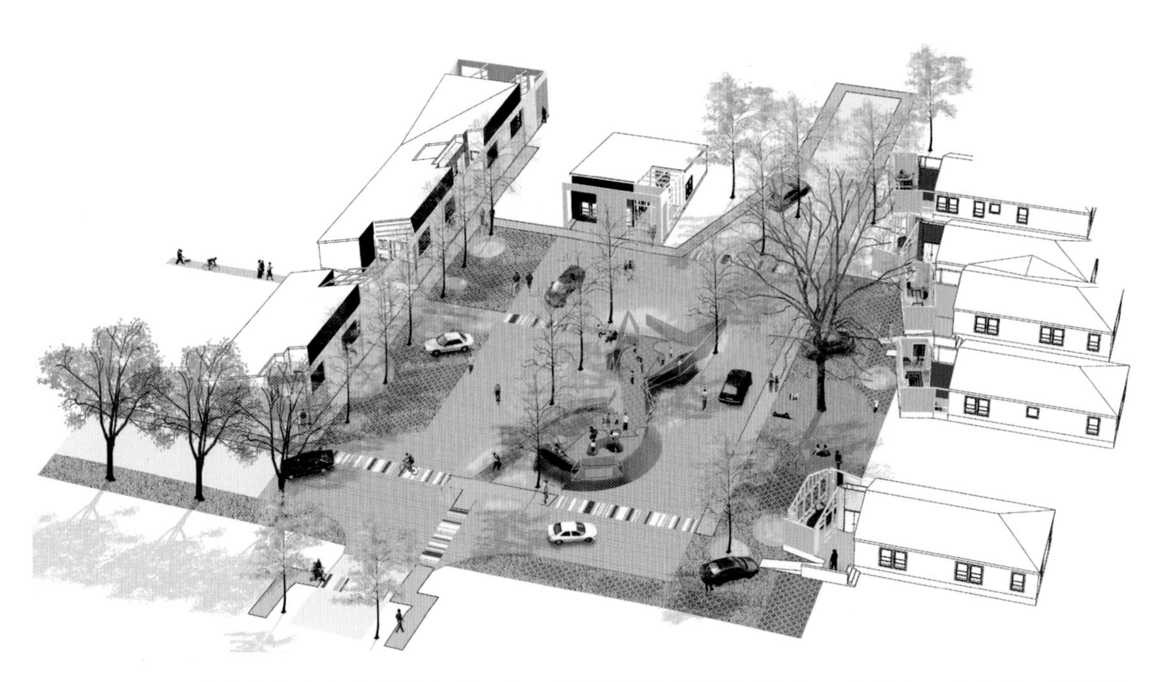

图 17.9 南共享街广场上的游廊景观房。轴测图展示了社区中的一个节点。在这里，街道的设计少了一些精致走廊的味道，更多地呈现建筑面之间的花园。使用 SketchUp 生成 3D 模型，并使用 Lightscape 进行渲染。线宽从 SketchUp 导出再叠加到渲染后的图像中。景观元素和人物通过 Photoshop 叠加。由乔迪 · 沃斯（Jody Verser）完成。

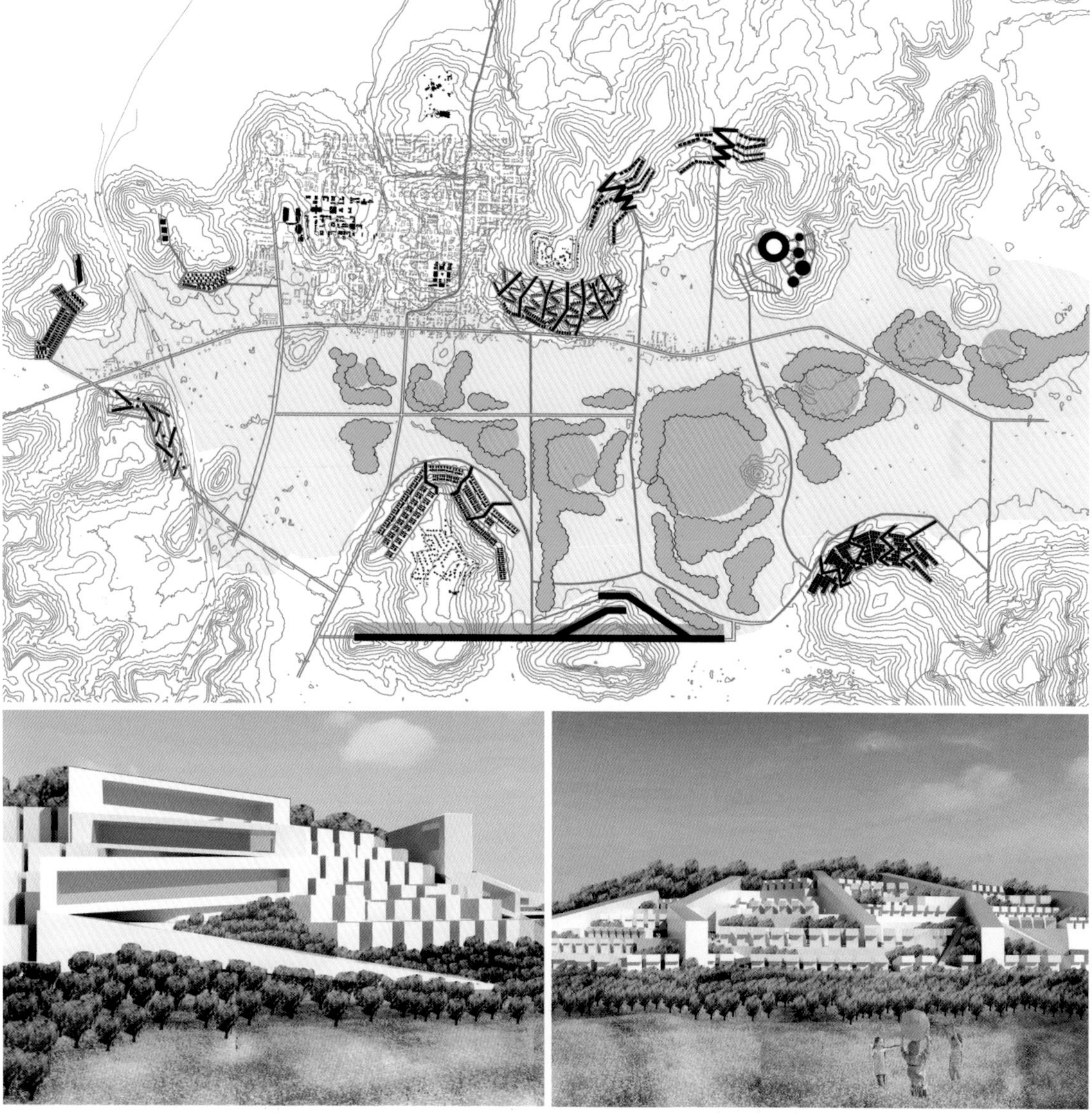

图 17.10 费耶特维尔希尔顿 2030 年远景规划。山顶开发总体规划以及集中强化下部河漫滩作为大型集水区的透视图。Autodesk Revit 生成 3D 模型。景观元素在 Photoshop 中加入。由巴特·克莱恩（Bart Kline）完成。

图 17.11 费耶特维尔 2030 年公交城市远景规划。地平面透视图描绘了交通指向的城市开发和集高密度、多用途、多模式走廊为一体的五车道主干道。使用 SketchUp 生成 3D 模型，并使用 VRay 进行渲染。表面材质、景观元素和人物在 Photoshop 中叠加。由马休·霍夫曼（Matthew Hoffman）完成。

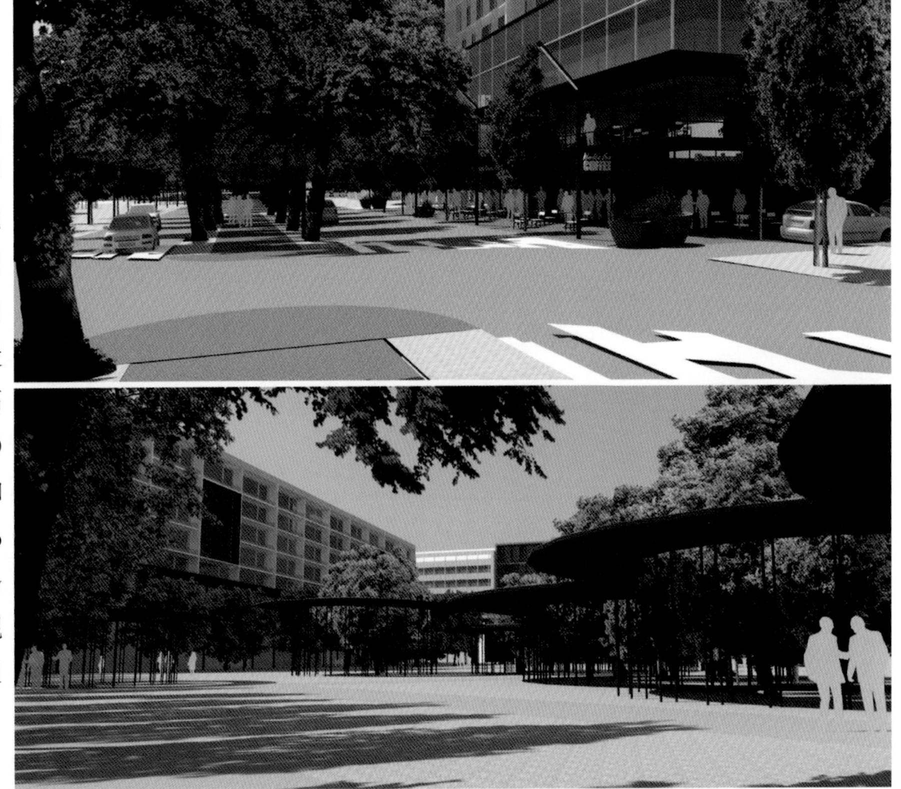

图 17.12 费耶特维尔 2030 年教育城市远景规划。地平面透视图的焦点在于中心角色——走廊的设计，力求营造出高品质步行环境。3D 模型中包括景观和人物，由 SketchUp 生成，并使用 VRay 进行渲染。由丹尼尔·库恩（Daniel Kuehn）完成。

18 构想景观

丹尼尔·罗尔和马修·比尔（Daniel Roehr and Matthew Beall）

绘画是无法教授的，只能习得。

劳里·欧林（Laurie Olin）

素描草图即从一个固定的位置，用某种特别的感知力在纸上作画。相对于其他设计理念的视觉化记录方式，很多有经验的建筑师和导师，更看重素描草图的方式。为了达到娴熟的程度，素描草图是一种不受束缚的练习，不仅记录了理念，还对理念进行验证、探索、提炼并表达。作为一种可视化思维模式，素描草图是一种过程性方法，我们用它来解决问题、探索具体和抽象事物、记录观察结果、组织数据、整理和合成复杂性、区分关系、遵循和证明直觉、激发创造力。它是一种工作方式，包含了多个层面——我们可以进行提炼、将其多样化、根据绘图的需要进行反复修正——过程中没有必需的观点、惯例、技巧和组成部分。

然而除了这些特质，素描草图的本质特性是很难习得的。主要存在以下两方面的挑战：首先，富有成果的素描草图需要手、感官以及大脑之间发展成熟的内部联系；其次，素描草图很难教授。

在与学生一起工作的过程中，素描草图学习的首要目标就是要传递一种集速度、多功能和以素描为基础的开放性视觉化思维为一体的便利性。在不列颠哥伦比亚大学，我们鼓励学生观察、玩耍、冒险并且在这些过程中寻找乐趣，最后我们希望这变成一种内在习性，让他们满怀信心地表达、在设计中进步，在表现过程和他们的成果中做到全情投入。为了达到这个目标（也可以说是无可否认的野心），我们的策略很简单：在一开始就鼓励学生去绘制丰富、复杂的主题——并不断地重复。通过最初在密集的城市环境中进行速写或者观察建筑和景观杰作，学生不得不对他们所观察到的以及后来绘于纸上的内容进行过滤和解释。当学生们开始工作、挣扎，再投入工作，最后看到结果，他们的信心和野心几乎一直在增强——他们会观察得更仔细，分析得更深入，以争取更多的机会并全情投入到他们的工作中。而这样的速写作品强调的是手绘能力，学生脱离了具体的数字化工具而想要成功是很难的，因此我们对学生所采用的媒介是没有限制的。我们鼓励试验和使用混合媒介手法的作品，尤其是在学生使用数字化工具非常便利的地方，会让他们的工作更快速和灵活。这种策略的最大成功常常会体现在学生的作品中，通过拓宽的视野和手绘过程中观察能力的提升，他们会变得越来越有信心，慢慢地他们对技巧的质疑和不安全感就会烟消云散。

从呈现绘画作品到精准地开始动手工作，我们一直提醒学生们用他们的草图作为指引。以我们的经验，能将草图作品中表现更佳的部分转换到绘画模型中的那些学生——无论是清晰程度、大胆程度、概念力量、试验过程还是简单却醒目的手绘渲染技巧——势必会创作出更具信服力的新奇作品。其中有些优秀的表现作品常常会是使用平板扫描仪完成的手绘和数字化工具结合的成果。学生将手绘作品带入数字化空间，也是在给予他们机会去挖掘其手绘作品的潜力。一旦被转换，学生们可以对手绘作品进行复制、操作和分层，以利用它们作为其数字化工具的输入内容或者数字化表达的补充与扩展。我们看过 CAD 绘图、3D 模型、数字化上色、摄影以及动画和手绘作品相结合后，常常会产生震撼的视觉效果。在数字作品中（在专项课题设计研究工作室作品中逐渐普遍），可以对每一个物体进行操作——线条可以随意删除或者加粗，层次可以翻转，一天中的时间可以瞬间改变。将手绘作品融入数字媒介中进行操作的学生常常会让自己和别人都感到惊喜，因为这些学生手动输出的内容所呈现的设计发展以及最终的成果所体现的质量是非常让人吃惊的。

在当今许多的景观设计学专项课题设计研究工作室中，老师都要求学生们在复杂的城市环境中工作。在这些现场，设计师的任务就是处理好景观设计学、生态学、建筑、城市规划、基础设施发展、文化现象和政治环境之间的关系网络。对场地需要进行多元化分析，并生成大量的图表数据。对于从事这些项目的学生来说，挑战并不仅仅是过滤和分析复杂的输入内容和约束条件，还要在他们的作品中用有意义的方式表现这种复杂性。在这一背景下所产生的特别成功的画作都是那些层次明确并带有相关信息的传统画作，处理过程中总能体现出新的视觉策略，将非空间数据混合进空间进行表现。这种类型的作品让学生能更好地明确手中项目的关系，而且也能掌握不同绘画类型和技巧之间的关系，最终实现完美表达的目标。

图 18.1 法国南部一处私人别墅。采用 SketchUp 模型绘制，结合 Photoshop 渲染，用高亮区域体现落日氛围。

图 18.2 左上开始的顺时针图：按照 SketchUp 线框轮廓进行木炭笔速写；Photoshop 渲染的夏季场景，天空使用了手绘；Photoshop 渲染的夜晚，点缀了白色光点；Photoshop 渲染的冬季场景。由詹姆斯·琼森（James Johnson）完成。

图 18.3 自上而下：使用木炭笔在美纹纸上绘制；使用霹雳马克笔在白纸上渲染；使用黑铅笔在高品质纸上素描。由希娜·宋（Sheena Soon）完成。

图 18.4 黑铅笔速写以及定向笔画。由詹姆士·戈德文(Jame Godwin)完成。

图 18.5 ~ 图 18.9 不列颠哥伦比亚大学建筑景观专业学生参观意大利中北部时的草图作品集。学生们集体参观了大量丰富的历史场所和当代场所，这些作品是他们第一次经过非常认真的观察分析过程后的部分手绘作品。

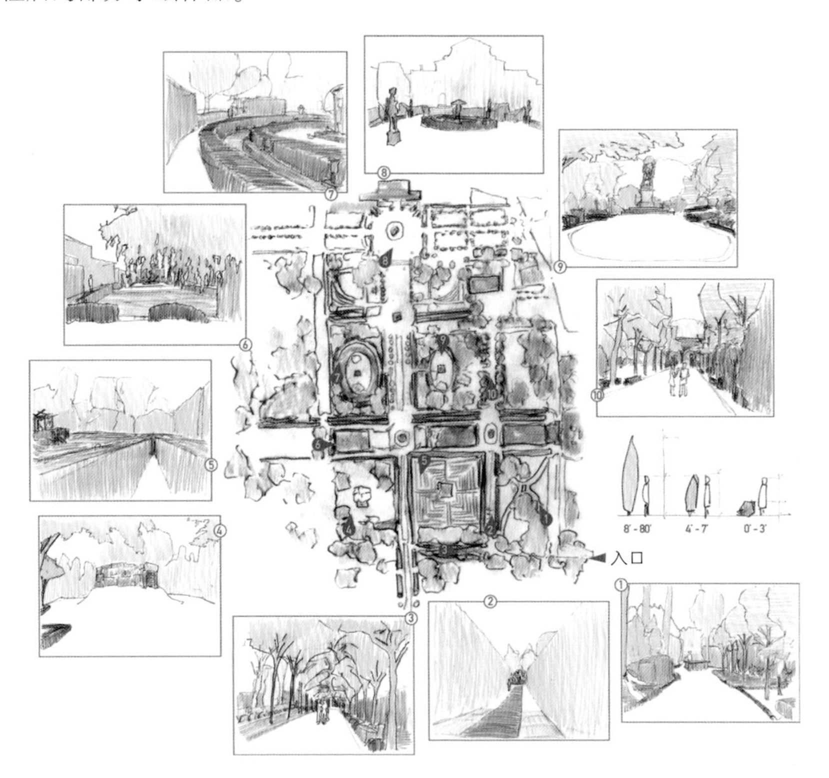

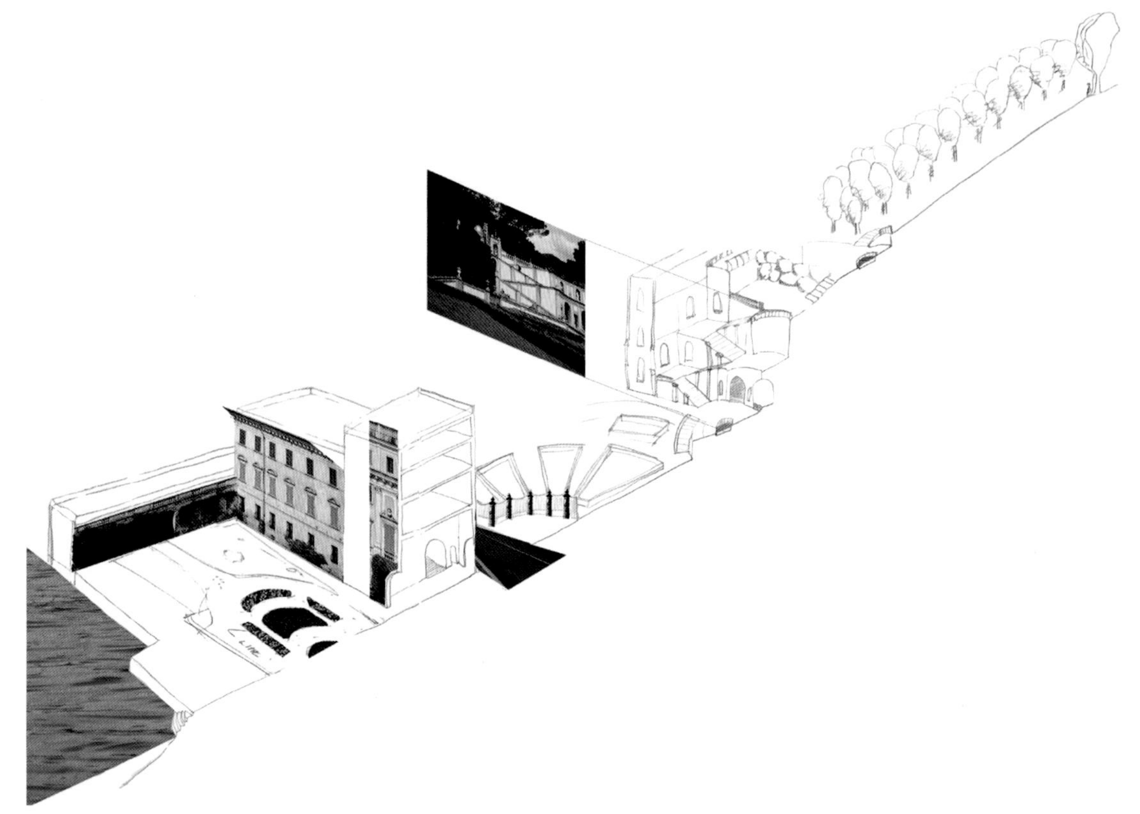

图 18.6 意大利加尔尼亚诺贝托尼别墅。使用了钢笔和数字化拼贴。使用简单的照片拼贴，在剖面轴测草图中加入了大量的趣味性表现手法。这个技巧展现了混合手法草图的潜力。在这里，草图素描的探索性和生成性特质并没有因为对数字化工具的特殊性和科技性的需要而减弱。由亨德里克·古利克（Hendrick Guliker）完成。

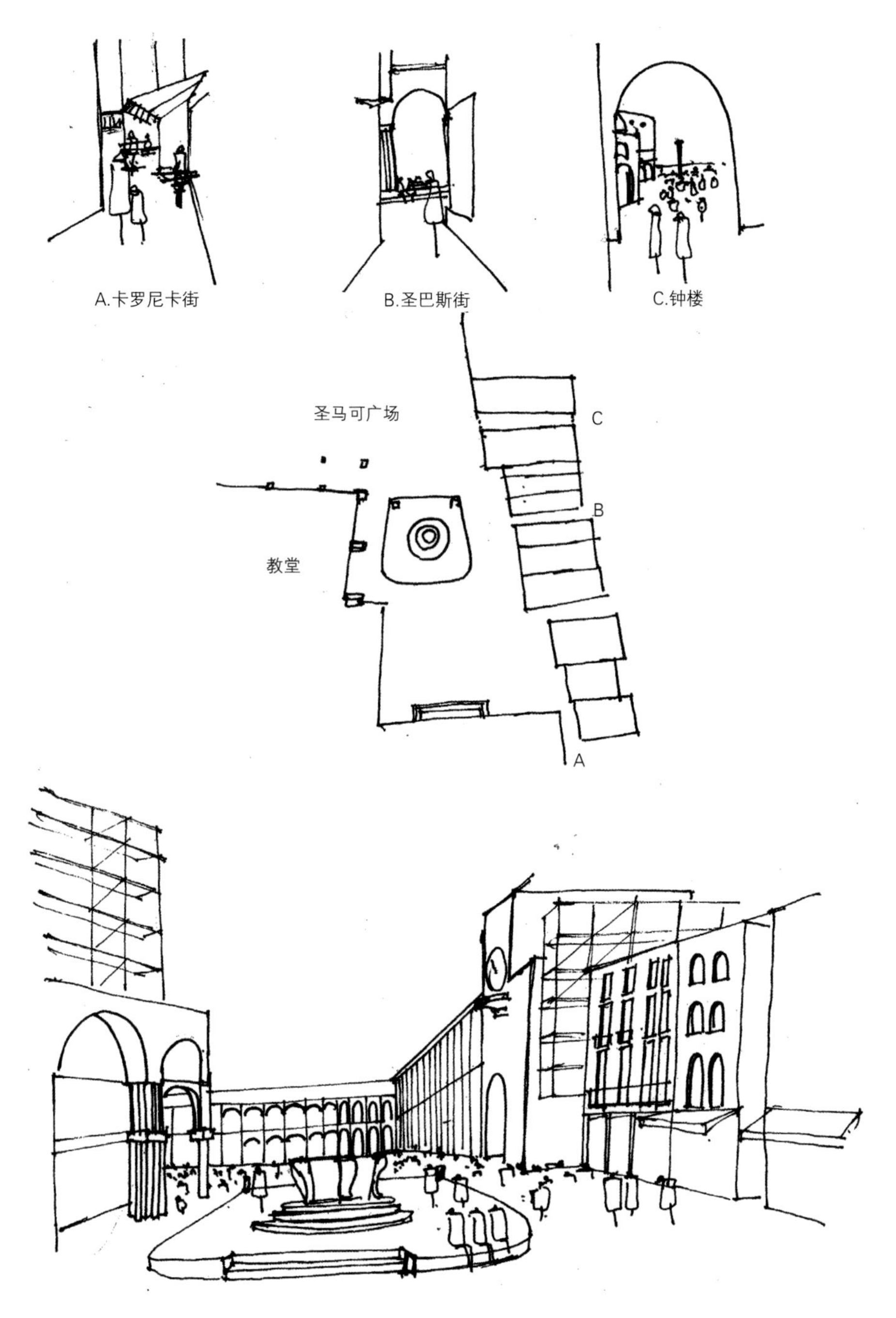

图 18.7 意大利威尼斯圣马可广场钢笔画草图。该学生采用了简单的构造透视草图，进行了对城市转型中的广场的分析。由莎拉·开塞（Sara Kasaei）完成。

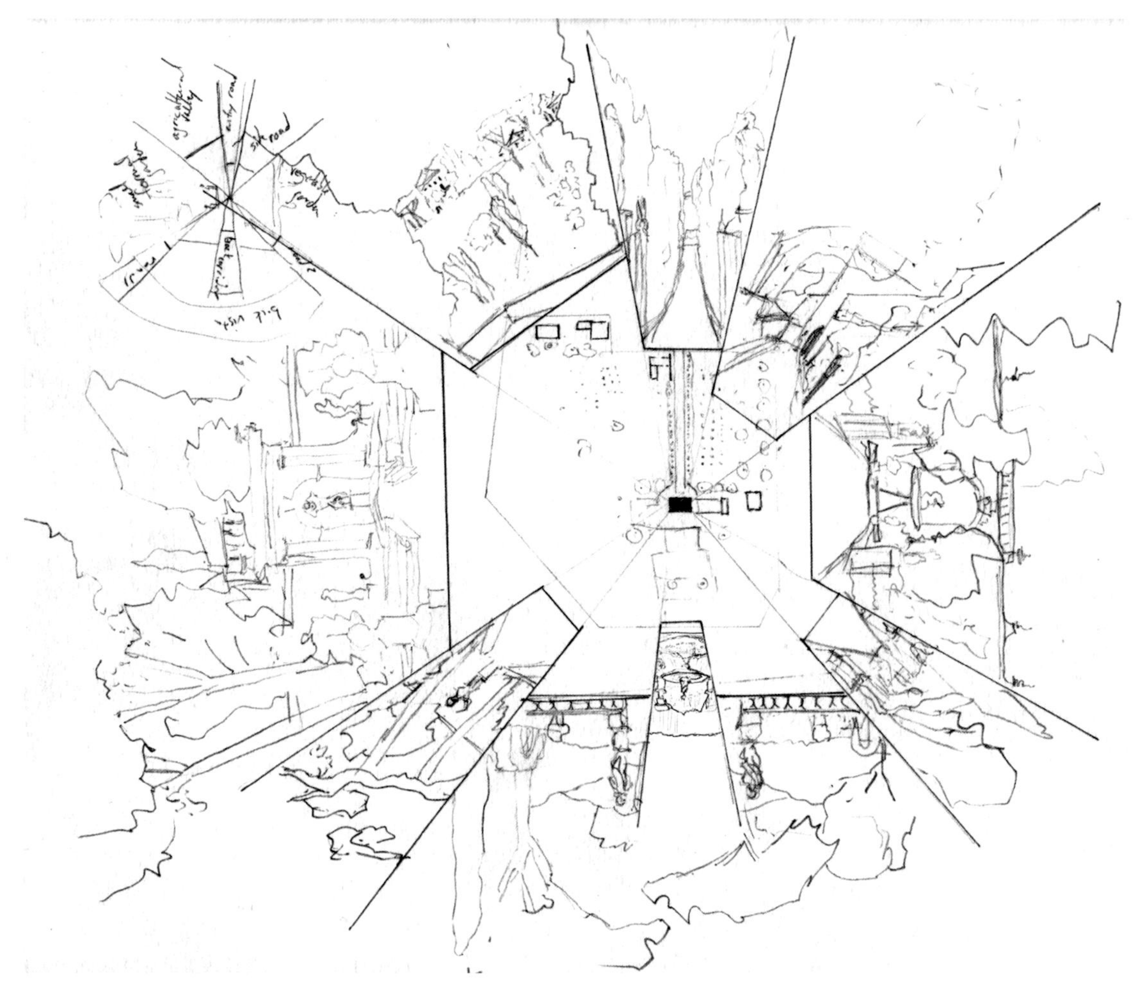

图 18.8 意大利佛罗伦萨皮耶特拉别墅铅笔画草图。这幅草图是对皮耶特拉别墅基本视图进行非常具有说服力的观察。它由多个草图组成，以放射线的形式进行布局，比例则按照它们与别墅平面的关系进行选取。由马休·比尔（Matthew Beall）完成。

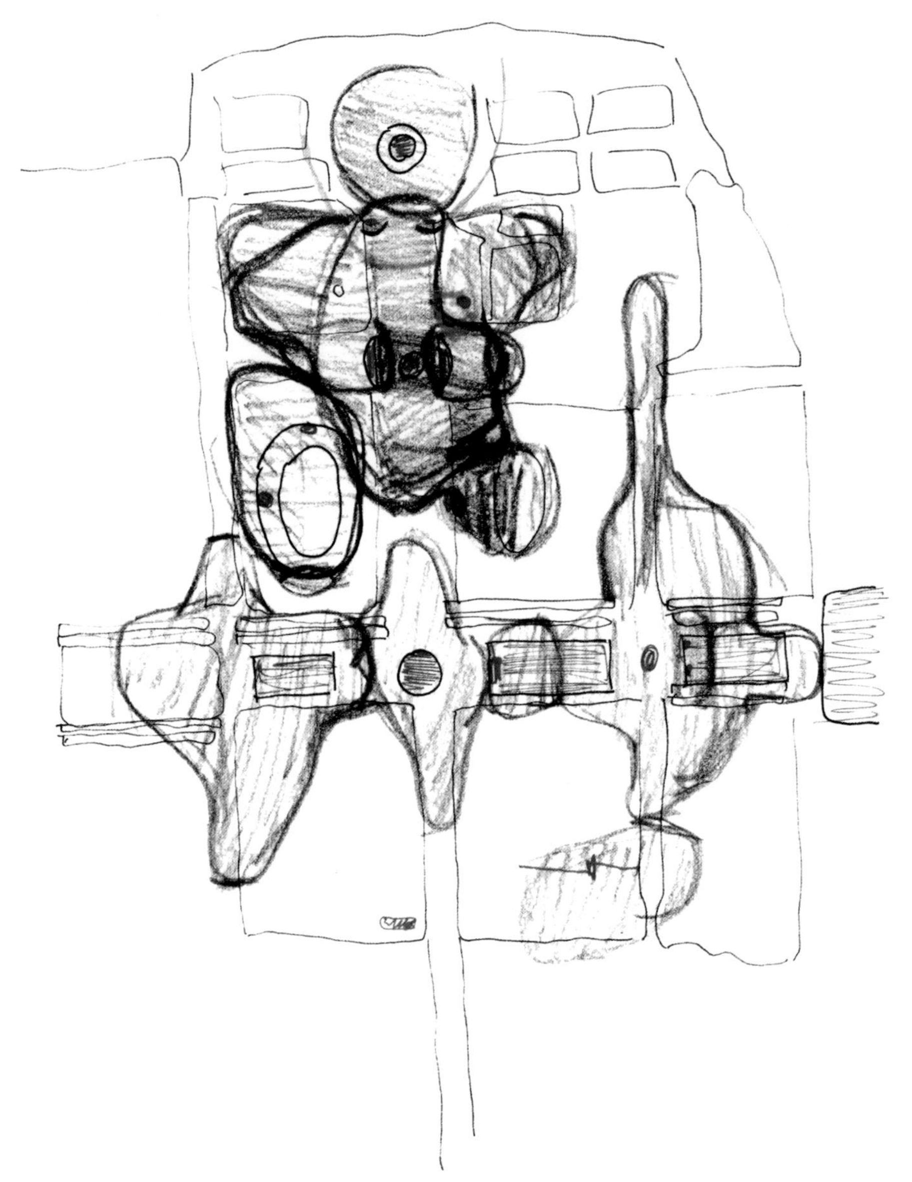

图 18.9 意大利帕多瓦附近巴尔巴里戈别墅瓦尔桑比奥花园钢笔彩铅草图。这幅图绘制了巴洛克花园中动态水景的声场，让人们更好地理解花园设计中听觉体验所扮演的角色，以及其材质和特色的运用。由阿里尔·弥林（Ariel Mieling）完成。

19 景观表现的艺术性

奇普·沙利文（Chip Sullivan）

绘画的第一要素就是要用可表达的形式和最初想法来展现你的意图。

莱昂纳多·达芬奇

我之所以精选了这些项目（由加州大学伯克利分校环境设计学院的学生们完成），是因为它们对于景观设计学表现领域来说，展现出独特且创新的手法。这些手法令人振奋，将景观设计学的边界推向一个艺术层级。这项工作涵盖了包罗万象的设计问题，从传统的到当代的花园、废弃铁路、生物修复和节能景观。有趣的是，近期学生中的大部分都有着强烈的愿望想让他们的作品表达得更加富有艺术气息。他们采用新的表现手法，例如手造书、故事板和3D建筑物，他们的设计项目使用多种不同的媒介工具娴熟地进行渲染，这些工具有铅笔、墨水钢笔、水彩和数字化工具。

我一直相信景观设计是一种艺术形式，也应该被作为艺术形式而接受。我通过艺术镜头来教授学生，鼓励每个学生去追寻自己的直觉、灵感和想像的来源。用每个项目摘要建立起一个框架供探索，推动学生挖掘他们各自的创造性过程。我尝试促成一个专项课题设计研究工作室课程（Studio），它的作用就像文艺复兴时期的画室——它是一个自发的团体，促进理念的交流，图形技巧、音乐、理论和哲学的分享。我的教学法的一个重要基础就是人体素描的并入。我相信它对设计者去理解一个人物是如何运动并使景观富有生气是至关重要的。我的课堂形式的独特性在于会组织学生们去艺术展览和画廊参观以及远行，还有学期末的公众展览，这一切能带给我的学生们一种真正的成就感。

每个项目摘要为了最后的呈现效果都对表达媒介有具体的需求。最初，项目是用黑白色（铅笔，然后墨水钢笔）进行渲染；接下来使用色彩（彩铅，接着水彩）进行渲染。每一种表达媒介的引入都需要亲自示范并且需要实践练习。每项练习的难度随着学期的进程而逐步加深。我要求学生们持有一本草图本，在我的课上画出图像，为每次作业记录他们的思考过程。这样做的目的是要他们能连续地记录他们的想法、灵感和周围环境。

我的教学稳固地把绘画变成了为视觉化设计过程服务的工具。草图研究存在于创作过程的所有阶段。每个项目都开始于对概念的快速缩略研究，在接下来的阶段，这些内容都会被融入故事板、主题和感觉的诠释。通过使用覆盖手法，对手绘的画面进行缩放和提炼。当一个具体的概念从成堆的描图纸中浮现出来的时候，接下来就要通过剖面图、立面图和透视图进行深入研究和开发。设计过程的有形展示是评估过程中的一个主要元素。期末报告作品必须由具有图形交流性的整个视觉系统组成。

只有画画才能表达我心中所念。

梵高

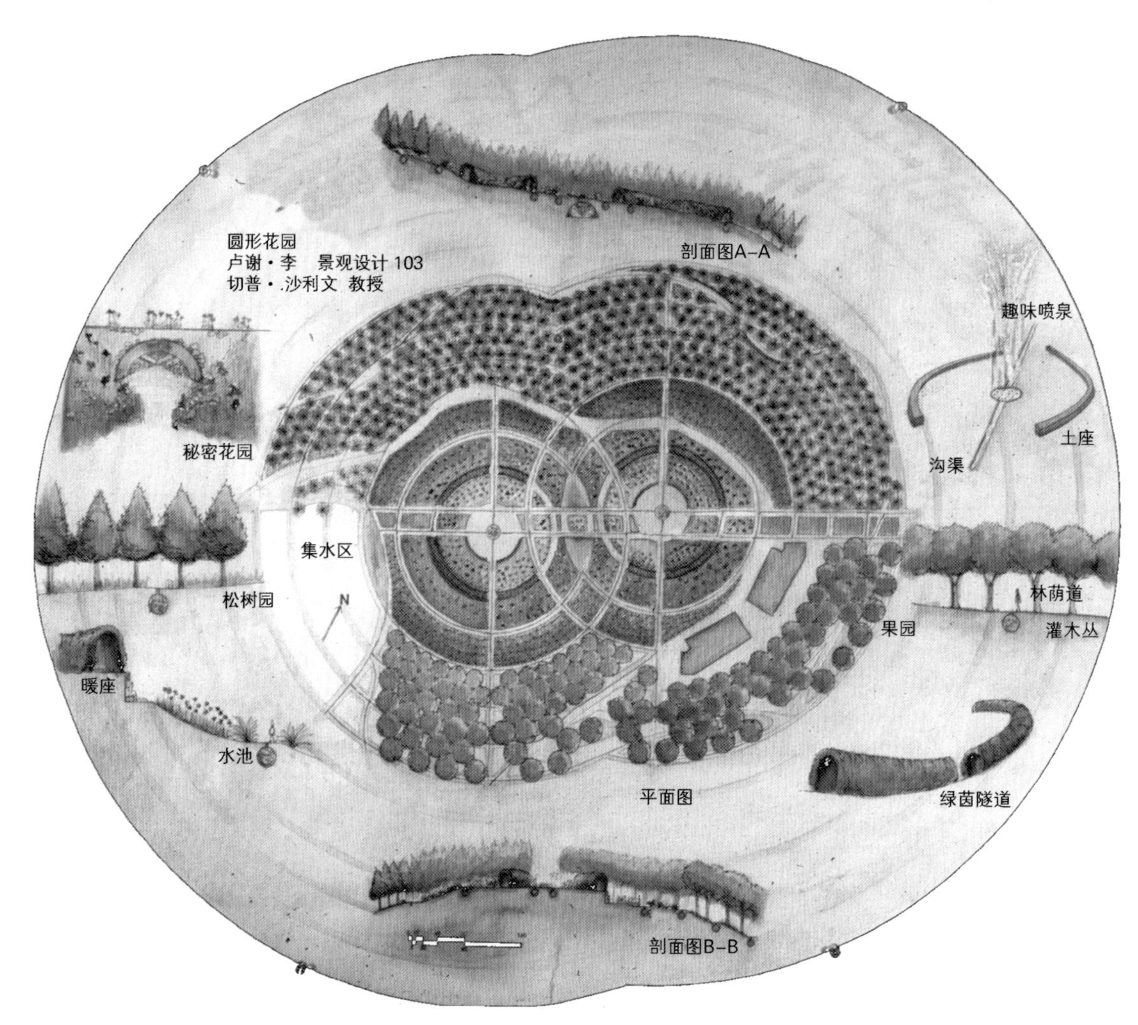

图 19.1 圆形花园是加州伍德赛德山上一处可持续性景观的独特呈现。页面的构成反映出总平的地势。另外，页面黑色的背景有助于突出设计的与众不同。俯视图中水彩的不透明化突显了平面的图案模式和水资源收集分配的循环模式。沿总平面图圆周进行的渲染非常醒目。由卢谢·李（Lucie Lee）完成。

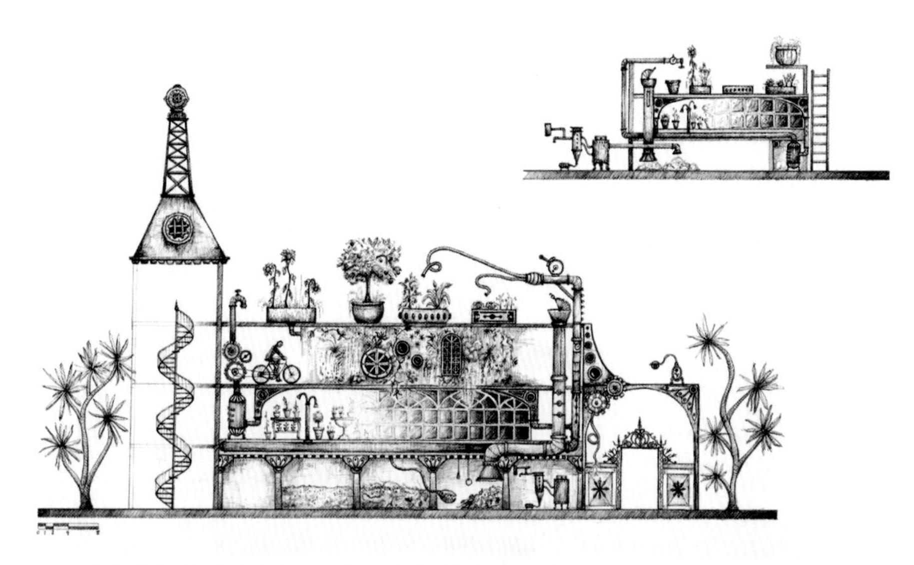

图 19.2 垂直蒸汽朋克花园。这座垂直的蒸汽动力花园顶层是蔬菜园和堆肥系统，为花园进行动力供给。水彩纸首先用深褐色调背景进行仿古处理。这幅画采用优雅剖面线笔墨。这是一种表达性非常丰富的诠释，大量的细节值得花时间进行研究。立面具有景深的真实感，呈现了维多利亚时代的氛围，是一个值得探寻的有趣之地。由贾斯汀·赫兹曼（Justine Holtzman）完成。

图 19.3 卜公花园红书。采用先辈莱普顿的红书，学生们手制了一本大书（12 英寸 ×12 英寸）（1 英寸 =2.54cm，下同）来诠释其为种植园设计专项课题设计研究工作室所做的提案，展现了其前后期的视图。这个项目中整合了高级景观绘画课上教授的制表和编册技巧，显示了手绘、水彩与数字化手段整合工艺的潜力。随着对纸品工艺、剪贴画和行人覆盖层的运用，学生们描绘出了前后期的视图。由阿历克斯·哈克·塞西尔·豪威尔（Alex Harker Cecil Howell）完成。

图 19.4 景观故事板。黑白故事板用来探索在提案的设计中一个人会展开的不同移动方式。故事板技巧用来帮助学生在绘制平面图、剖面图和立面图之前，将他们的设计可视化。这是非常清晰的情景设计，用强烈的黑白对比来渲染，结合了流畅的视觉流和精致的细节。这里也通过对远景、近景、平移、褪色、推位镜头和全景手法的纯熟运用来捕捉发生在设计中的位置变化。由艾瑞思·张（Iris Chang）完成。

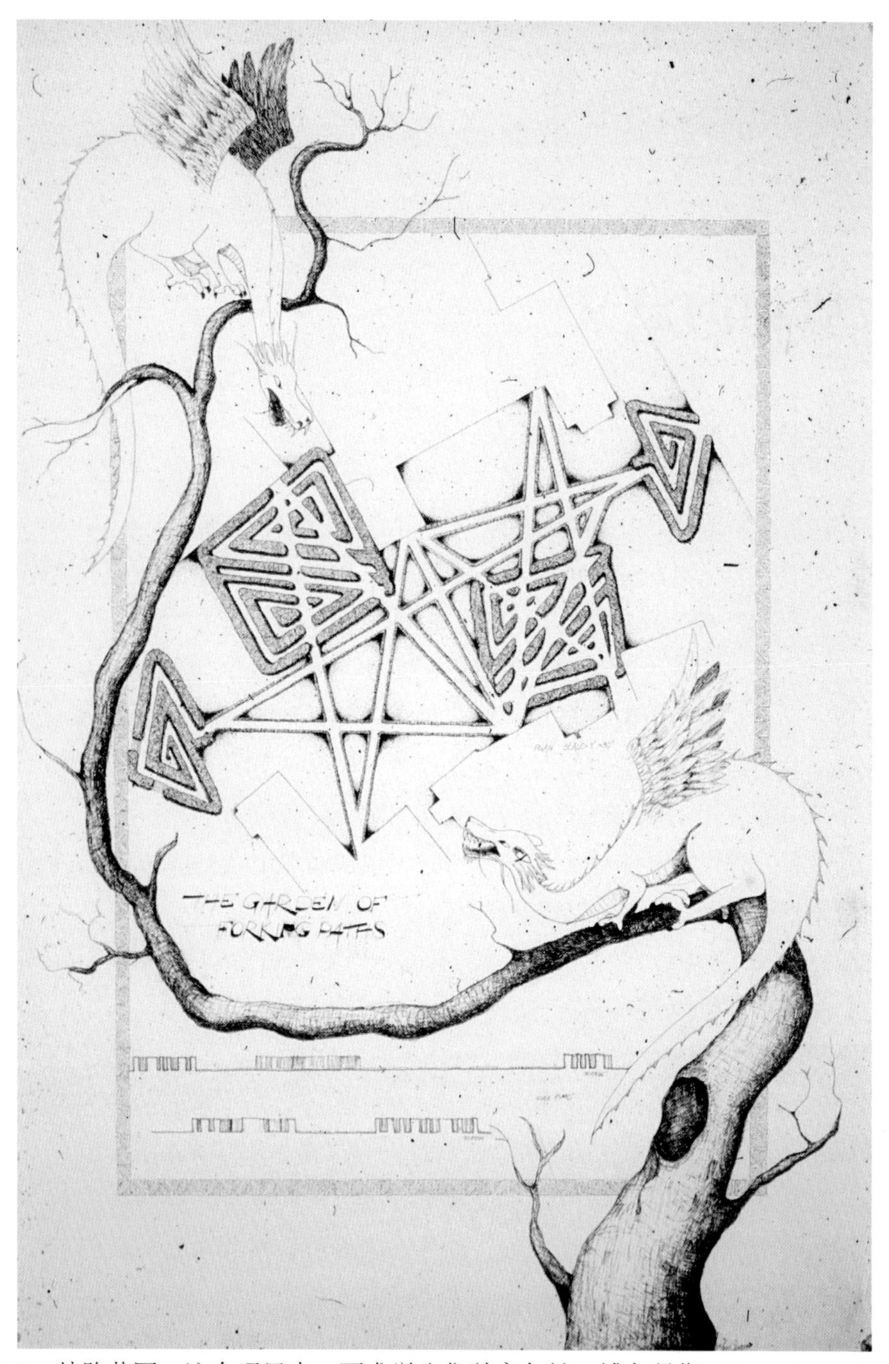

图 19.5 歧路花园。这个项目中，要求学生们以豪尔赫·博尔赫斯（Jorge Borges）的短篇故事“歧路花园”为基础，设计一个迷宫。这是一个结构醒目的精湛图形设计。边界强调了迷宫的结构本质，树木和龙形成了明晰的对角线以捕捉观众的注意力，将他们带入其中。迷宫经渲染后，引导人们的视线跟随巡回路径前行，仿佛真的置身其中。由马里·卡森（Mari Carson）完成。

20 肌理的意义

安东尼·马萨奥（Anthony Mazzeo）

景观设计学教育的基本原则是绘图和场地之间关系批判性理解的发展。景观设计师常用于绘图（平面图、剖面图、透视图）规范的绘画形式要素（线条、色调、肌理等）在如何实现设计师的理念时起着举足轻重的作用。设计师如何发展、展示并传达设计想法与所使用手法息息相关。当然，潜在的偏差也会一直存在于绘图媒介与真实景观环境之间，但缩小这种偏差的方式也许就是要把绘图本身看成是可替换性地带，对过程和结果进行不断调和。多年来，在帮助有抱负的景观设计专业学生学习绘画的过程中，我已经注意到，有一种说法其实是不存在的。这个说法就是介质比探索肌理的意义更深刻，而应该是绘画和景观世界存在着一种共享的部分。

已故法国解构主义哲学家雅克·德里达（Jacques Derrida）认为视觉受损的人通过空间感知方向的方式就像绘图员用于绘图的方式，犹如把盲人手中拐杖换成了画笔——用手去观察世界，有预见性地观察，用手和木棍，用铅笔和纸张感知空间，而不是用眼睛。

在德里达的观念中，“绘画就是让自己做到真正的失明，来挖掘出内心感知的存在，为原本就诞生于黑暗的世界交出笔和纸”——对景观设计师来说，无法看到的即是要去实现的。这尤其会让人想到有关景观设计的绘画往往都发生在着手建设之前。

德里达的绘画类比是一件有用的教学工具。首先，设计师往常认为的体验模式的主要方式受到了挑战。其次，它指向存在于我们触觉和视觉之间的关系。

根据爱德华·凯西（Edward Casey）的理论，通过“场地表面所呈现给我们的感官品质”，我们的身体体验到了景观的直接特征。感官品质有很多种，包括首要和次要的品质。首要品质包括情感、形状和颜色。谈到次要品质，大家则可能会有些生疏，包括密度、发光强度和尤其重要的肌理。

与景观建造相关的肌理意义在于（爱德华·凯西），它同时存在于景观中和绘画媒介中的特殊的可触知性。

肌理体现出了对荒野之地特殊的可触知性，或感觉。在重要时刻，荒野之地的表面感官性触觉本质则居于其所有可触知性之上，这也是了解一个场所的特色结构、地理外貌的最有效的基础。心跳感、视觉和运动知觉往往杂糅在一起，这种了解也有可能通过听觉和嗅觉进行连接：我们会感知到从某些表面反射的声音，以及附着在上面的气味。只有通过表面肌理，我们才能对野外景观有全面的感知，感受它丰富多变的环境面貌。

绘画中特殊的触知性或感受是因为拓印的使用获得的——景观绘画中，捕捉纸面之外的含义的关键就是关注土地本身。另外，它也通过制图临拓的方式，让空间从景观和绘画手法中脱离，跃然纸上。凯西在接下来的内容里将临拓的意义描述成“织造的意义”：

表面的可触知性是对可视化痕迹一种高度的触觉感受，其中没有任何一样具有可标注性，更不用说象征符号了。几乎可以看成是一个只专注于自己本身的图标。需要注意的是，说的是“几乎”。事实上，在绘画层面之外存在着对其他事物的暗示，也就是指作品中存在的由绘画过程自然而然追踪到的大量固态物质，也在绘画中被描述了出来。它会是岩石或者沙粒或者一些其他的物质——一些属于自然界的东西。

肌理是一个既属于景观的物质世界又属于绘画的视觉世界的特质。因此，与绘画景观相关的肌理意义就在于它推动了记忆，并且激发了作者和读者的想象力。

接下来的这些作品都来自于丹佛科罗拉多大学建筑规划学院的学生。

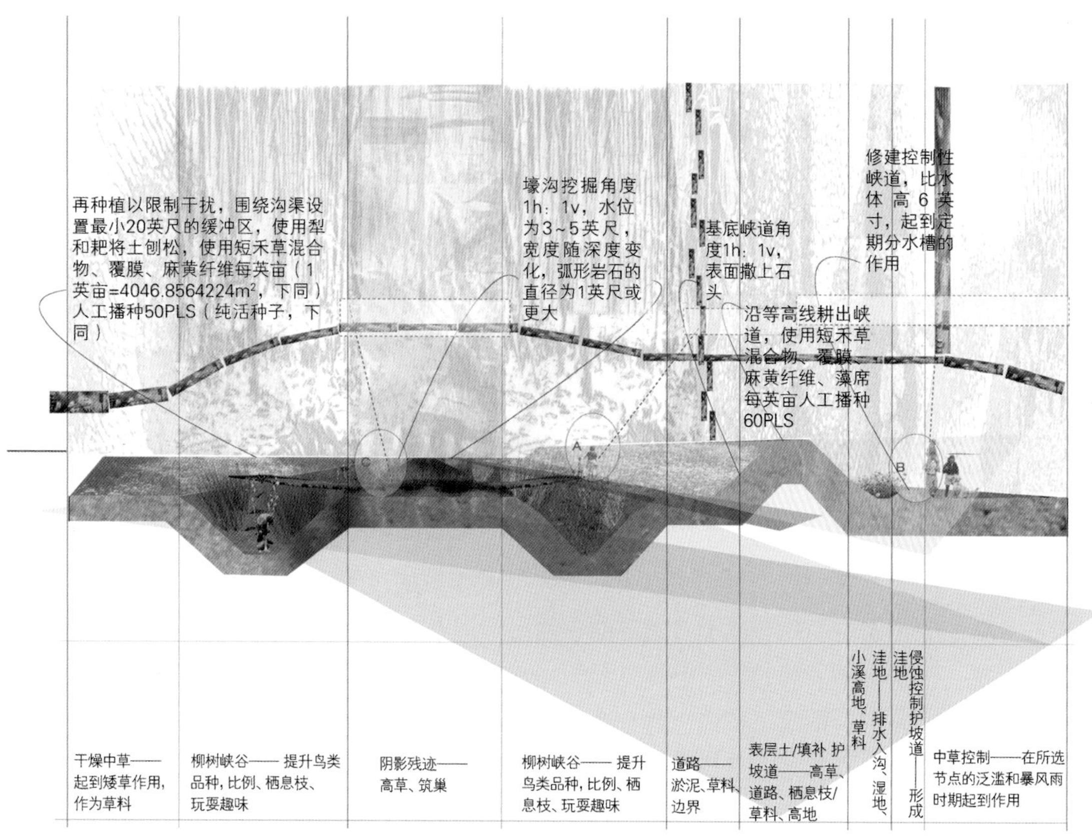

使用挖采作为现场开展进一步处理过程的开端，会存在多种新型状态的可能性。挖采本身改变了现场西部的水文，成片流动转变成更直接的传统排水模式。这有效地使草地干燥，完成了中草草原向矮草草原性能表现的转变。通过集中水资源，挖采之处也可以帮助柳树林延续下去。柳树林为鸟类提供了栖息之所，为孩子们提供了玩耍与探索之地，也因为它的色彩和围合性，给人们带来了舒适与乐趣。填料是挖采的副产物，创造了新栖息地的同时，也将田地的北部从南部分割开来。这保持了北部的水文特征，使那里的草得以往高长——对筑巢非常有利。护坡道因为沙丘鹤草原物种得以再生，成为景观改变的标志。整个处理过程产生了大范围的影响，带来了新一轮的播种，通过干扰占主导地位的高化感小麦，悄然刺激了演替。这项处理也引发了对私密和暴露地带大量的前沿事物的接近、探索与思考。这些都是为了明确一点，即任何一个项目都有可能因为一个极小的决定而产生巨大的影响。在哪里挖采，在哪里填土，再种什么，多高，多宽等，这一切加起来都可能形成一个全新而有趣的景观，一个发展的副产品。

图 20.1 示意图——混合手法，拼贴图，剖面图——透视图像。由林西·卡特勒（Lindsay Cutler）完成。

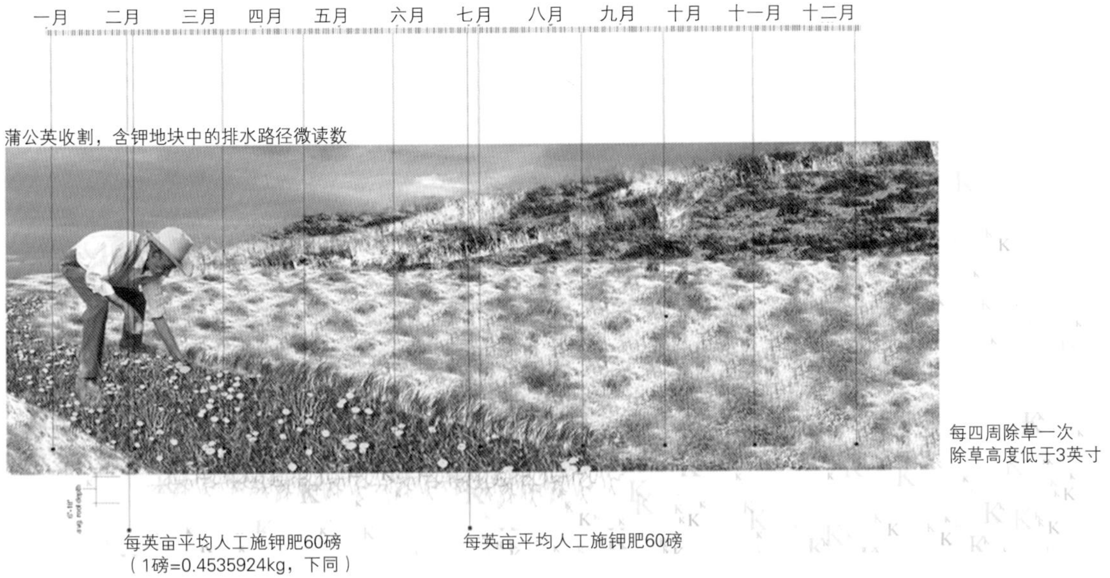

一月 二月 三月 四月 五月 六月 七月 八月 九月 十月 十一月 十二月

蒲公英收割，含钾地块中的排水路径微读数

每四周除草一次
除草高度低于3英寸

每英亩平均人工施钾肥60磅
（1磅=0.4535924kg，下同）

每英亩平均人工施钾肥60磅

图 20.2 通过转换不同的情节及拼贴透视图，探索创造图案（种植图案）的理念。带有色彩元素的黑白画面和指数标注。由凯莉·史密斯（Kelly Smith）完成。

图 20.3 湿地透视图。使用 Photoshop 将凸版模型的照片与场地图像进行拼贴。由艾琳·迪瓦恩（Erin Devine）完成。

图 20.4 凸版模型表现花园地块。使用了木头、树脂玻璃、展览板雕刻，通过计算机数控过程（CNC）制作。由艾琳·迪瓦恩（Erin Devine）完成。

图 20.5 通过多种绘画技巧，包括木炭摹拓（擦印画）丙烯酸涂料、树脂玻璃和电线，试验性地绘制、拼贴，试图模仿土地形成过程。这里，学生们试图创造大量图标、衍生物到不同的景观过程中，比如侵蚀和沉积，以此作为手段来唤醒场地的特征。由道格·凯（Doug Kay）完成。

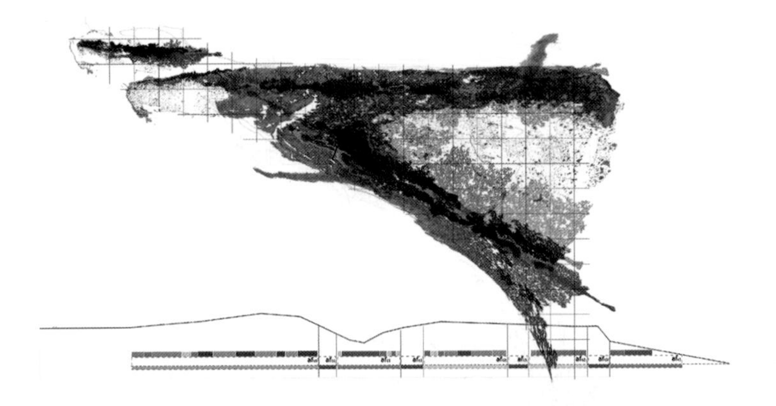

过渡期和最终稳定期

1. 场地干扰：场地发生的所有物理性改变。

2. 整地，引入生成于培养箱的土壤混合物。用量和放置因场地要求而异。这种材料的并入必须保持与场地轮廓的平行，以拦截所有水源和径流。

3. 播种方案：固氮豆类在播种时干扰到这些区域。当植物经耕种大量繁殖后，混合进入土壤。绿肥作为有机原料使冲击扇变得更肥沃。下一生长季播种时，还会包括其他覆盖性作物，比如小麦和大麦。这片庄稼的耕种方式就像耕种之前的庄稼一样。在这个阶段，覆盖作物也会被建议当作牧草来使用。

4. 现在，土壤已经做好供养苗木的准备。这些苗木在后来会被移植到其他完善的冲积扇场地中。

冲击扇的介入，以及现存冲击扇和原生土壤的结合启动了地形处理的进程。冲击扇的工程类建设产生了多种水分条件。这是对重新定殖和努力重建的支持。沿城市冲击扇走廊而建的苗圃台则呈现出大手笔的气魄。

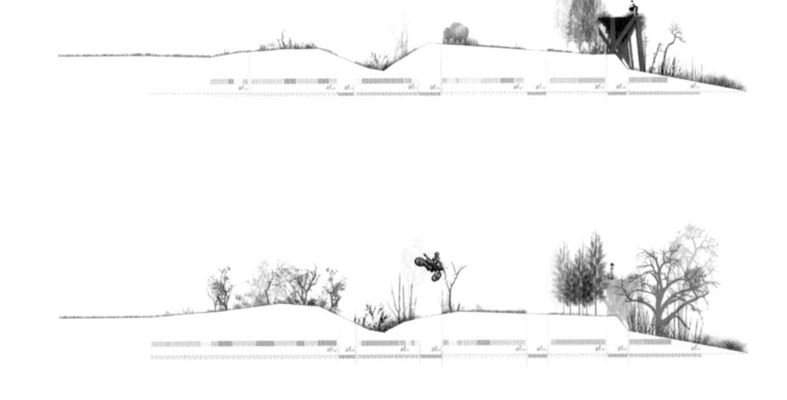

图 20.6 期末演示简报，绘画组合，包含平面图，与透视图相连，摄影图和剖面图、立面图。由乔·库克（Joe Kuk）完成。

21 视觉提升

席恩·凯莉（Sean Kelly）

我相信要使绘画变得容易就是要让表达变得容易。如果提供给学生主体的概念、过程和信息，然后在他们进行过程开发和试验的时候加以监控，会很容易获得信心，因为他们学习并实践了手绘、计算机辅助绘图、渲染和表达技巧。而我也相信科技在很多方面既辅助又牵制了学生的理解和表达过程的学习，这里要感谢圭尔夫大学环境设计和边远地区发展系的学生们所做的贡献，感谢他们一如既往、无比珍贵的耐心协助。他们的坚持、建议、意见以及批评精神，无论是在技术层面还是个人修养方面，尤其是技术方面的日渐精湛成就了很多真正杰出的作品。

书中包含了太多的图片，景观设计学专业学生的作品也在其中，本科生和研究生阶段的作品都有。这些作品让我们看到了一些近期风格多样、手法和技巧丰富的成功之作。总之，图片中的大部分都利用了科技的优势，先进行项目创建，接着渲染项目，再精选特别的视角或者进行层次组合——所有的这些都需要学生去思考哪些是有必要展现出来的。圭尔夫大学的图片中绝大多数都是城市景观，因此选择使用的媒介就要是能有效展现场地内涵的“多面手”。另外，对不同的程序软件（包括开放资源或免费资源）进行明智的专业性结合，并专注于细节，把控可行的创作时间跨度，这样才能实现真正有效的绘画表达。值得注意的是，每个学生呈现在这里的作品，在“手绘图形”上都表现出高超的能力，并且都运用到了作品的故事板中。

在我们的专项课题设计研究工作室课程（Studio）中，绘画和图形表达被看成是两个独立的活动。学生从进入圭尔夫的最初就受到指引，在他们的绘画技能和计算机技能达到一个量级之前，指引他们提升图形理念。许多老师都运用了一些专门的练习。在“思考”设计和想法形成方面，这些练习能做到快速地见到成效。因此，更具挑战的有关图形表达的观察与练习的过程对取得进步是非常必要的，这些在项目早期就开始进行了。针对受到束缚的学生的指导的标准是“让绘画看上去不错”(学习软件和技能)，以此代替守旧的想法，但往往在实际过程中很难做到，而在专项课题设计研究工作室中又是一个必要的活动。

这里众多画面的关键是所诠释的信息，或者是一个学生想要表达什么：这决定了画面的所有方面，它的视点、尺寸、优先度或重要性、质量，以及最重要的一个方面——需要花多长时间来进行创作。一旦学生建立了每一幅画面的信息，下一个目标就是决定这一系列的画面如何相互作用结合在一起形成一次展示。在表达过程中，随着对地点对象各方面初始内容的确定，学生接着就可以专注于准备最后的陈述图表，因此要选择最合适的媒介来传达信息。带有技巧的图表中的最重要的概念或风格使这些绘画通过附加处理得到了改进；通过加入一系列层次连续的媒介和特性，图表得到了深化，直至达到合适的优先等级。

从我的个人角度出发，我从1984年开始就正式成为一个学习图形图表的学生。我相信我在教学道路上取得的成功和众多人息息相关：拉里·维斯特（Lari West）和他的《景观设计师的设计表达》（Design Communication for Landscape Architects），麦克·林（Mike Lin），迈克·道尔（Mchale Doyle），泰德·沃克（Ted Walker），格兰特·瑞德（Grant Reid）和吉姆·莱吉特（Jim Leggitt），不胜枚举。我投身于促进图形图表媒介和风格学习的热忱多来自于我当时作为景观设计专业新进学生时的畏难情绪和挫败经历；我要感谢很多人，这些人中大部分是我的学生。

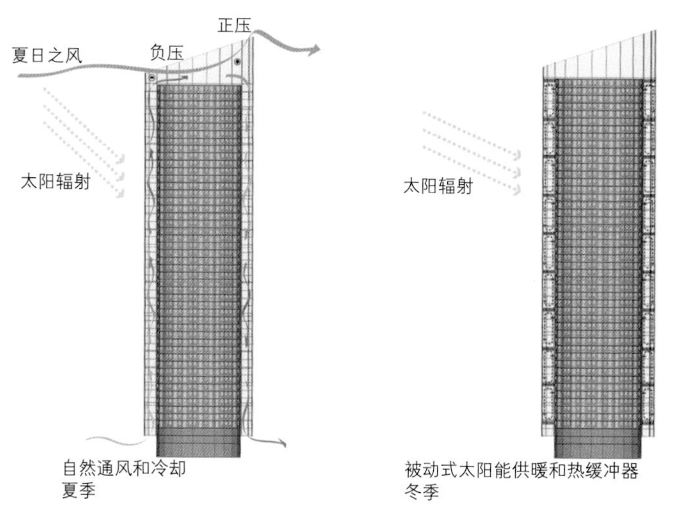

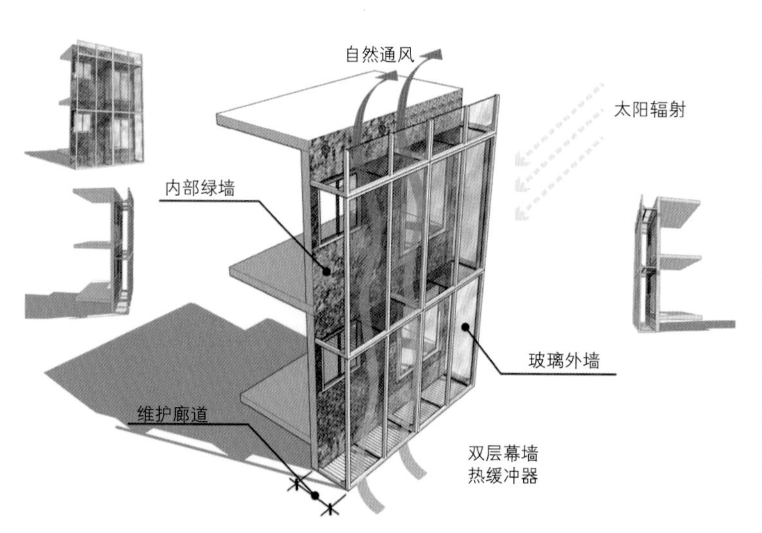

图 21.1 ~ 图 21.6 关于多伦多城市滨水区的景观硕士论文项目，东部湖湾区再开发策略。所有图解都以 AutoCAD 为基础和 SketchUp 3D（建筑）生成；前景公园场地和湖面渲染采用 e-on 的 Vue 6 Landscape Visualization。这个软件能够使 3D 树木和植物看起来既逼真又精致。高级渲染工具通过精准的透明度、反射性，表面和深度色彩以及可调明暗度呈现出逼真的水面。它们还用大量的云层和逼真的阴霾感呈现出震撼的效果。由黄杨（Yang Huang）完成。

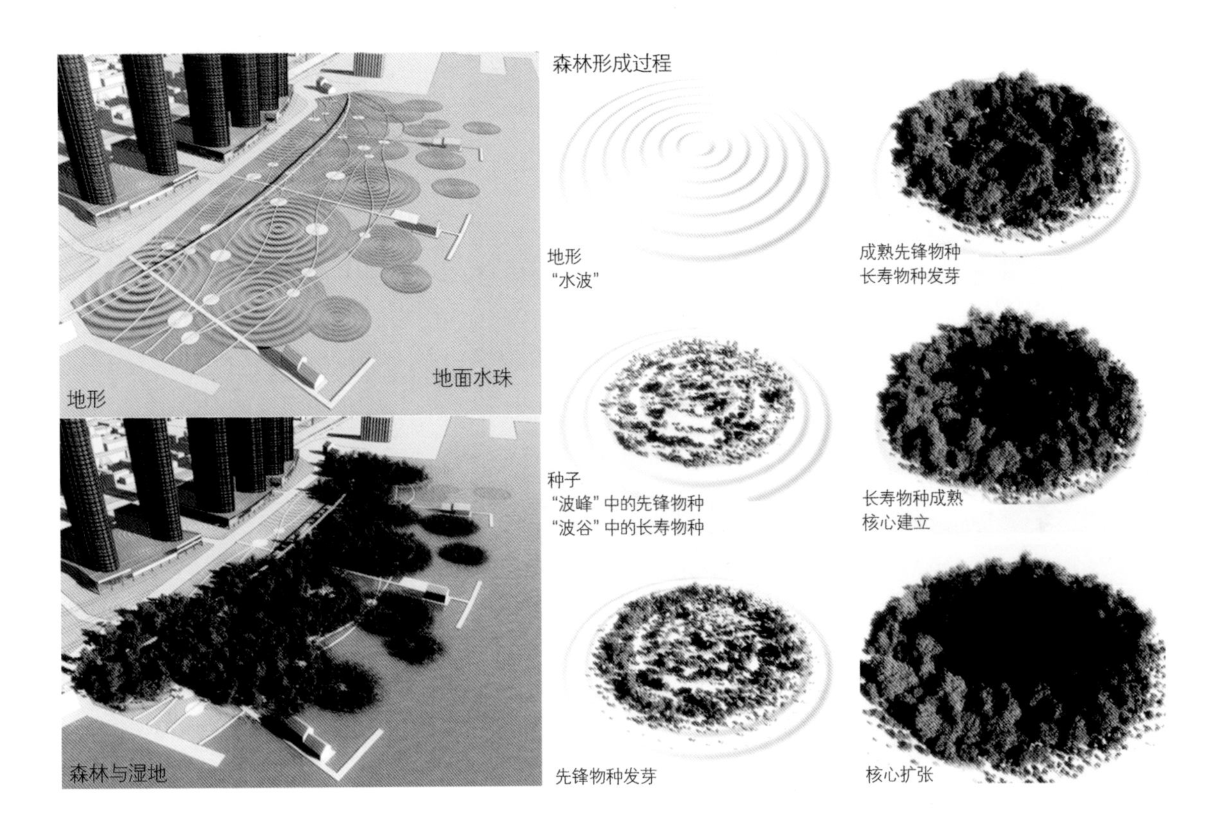
森林形成过程
地形
地面水珠
森林与湿地
地形
“水波”
种子
“波峰”中的先锋物种
“波谷”中的长寿物种
先锋物种发芽
成熟先锋物种
长寿物种发芽
长寿物种成熟
核心建立
核心扩张

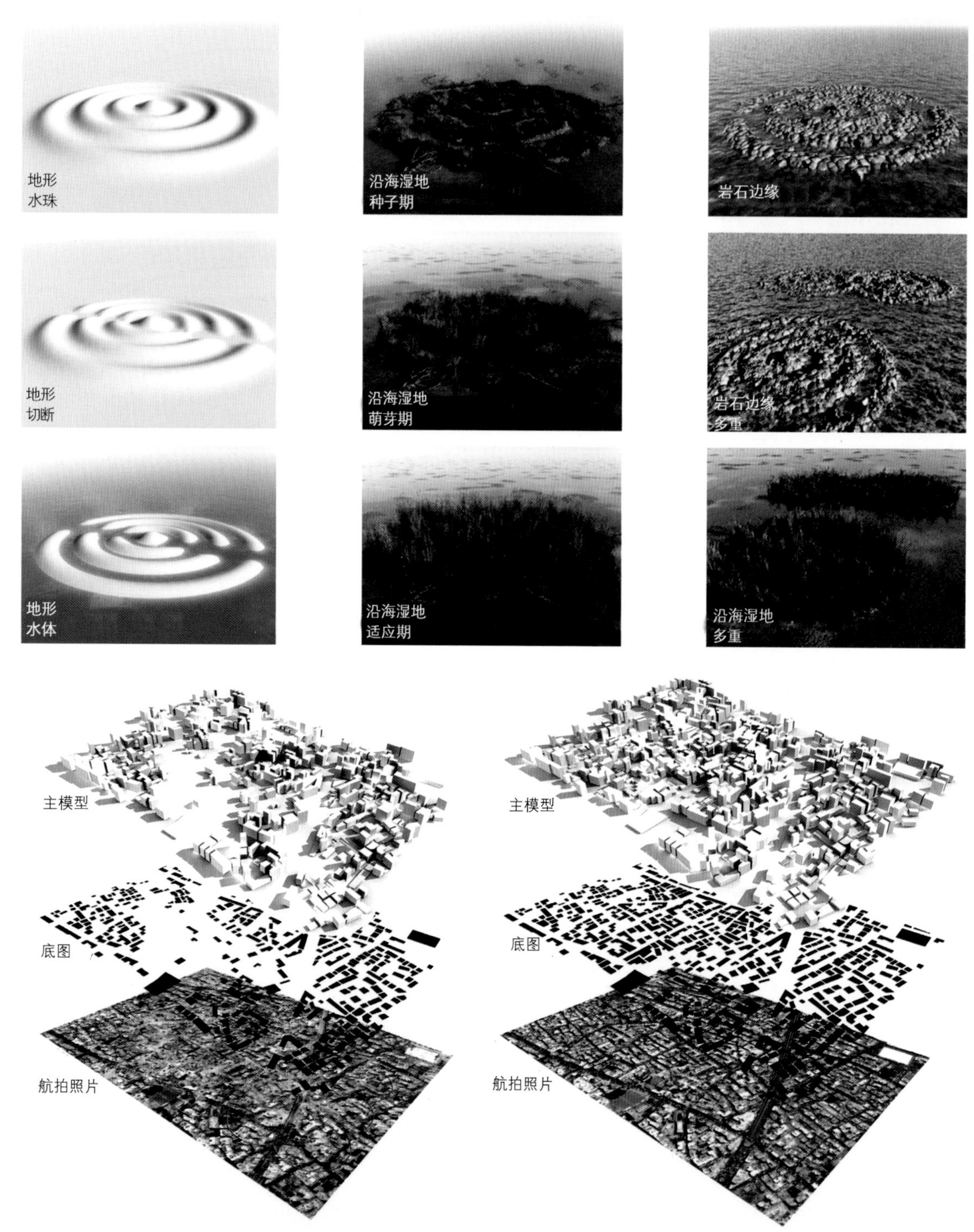

图 21.7 和图 21.8 贝鲁特哈瑞特区高密度开发的城市规划。“分解图”由航拍照片、AutoCAD 中图底和 SketchUp 3D 模型渲染建筑体块组成。平面视图图解在 SketchUp 3D 中生成，用 Photoshop中的数字化水彩进行渲染；特点塑造在 SketchUp 3D 中完成，用 Photoshop 中的数字化水彩进行渲染，呈现出“手工艺制作”的外观。由布莱恩·卡西奥（Brian Caccio）完成。

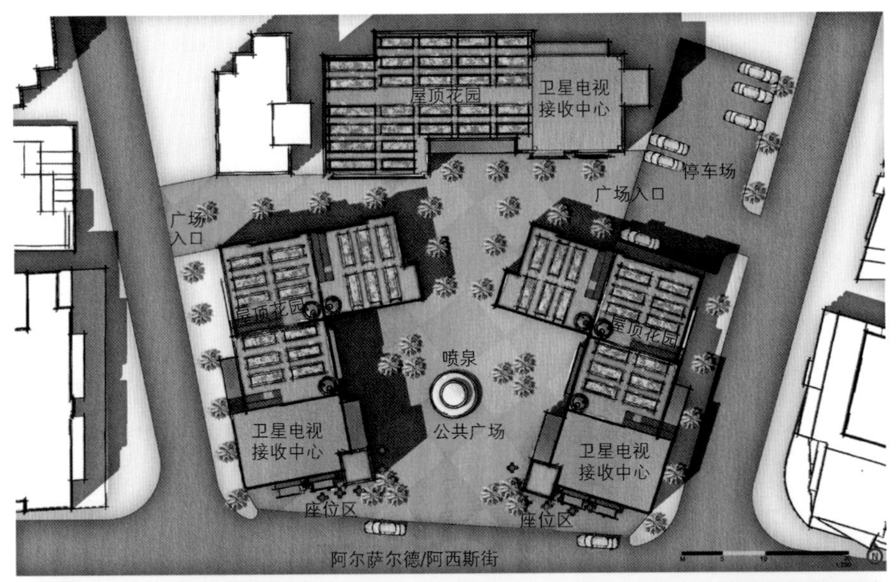
屋顶花园
卫星电视接收中心
停车场
广场入口
广场
入口
屋顶花园
屋顶花园
喷泉
公共广场
卫星电视接收中心
卫星电视接收中心
座位区
座位区
阿尔萨尔德/阿西斯街

SUBWAY

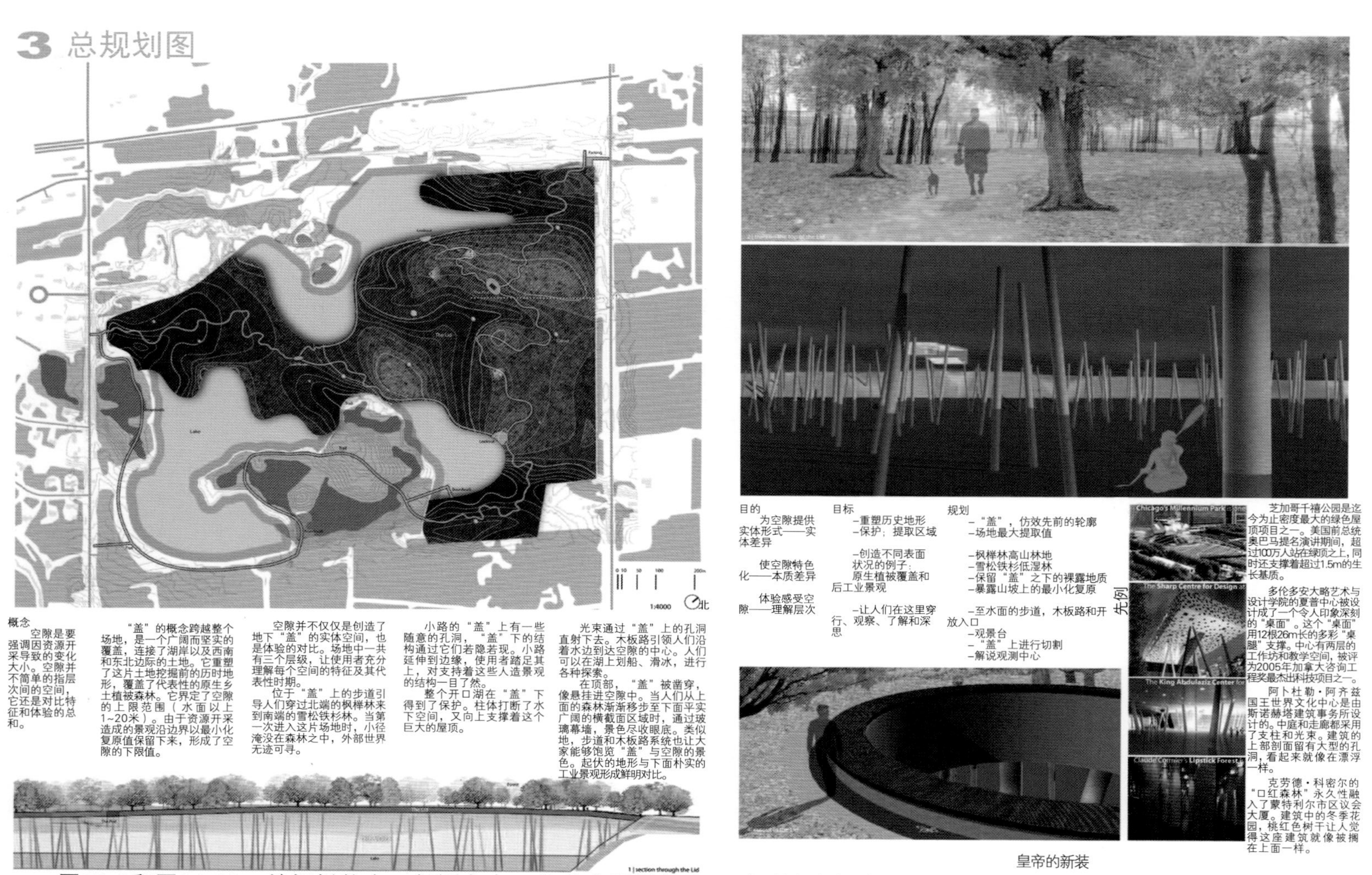

图21.9和图21.10 总规划整合、复原方案。从整合到提炼的一系列活动打造出了"皇帝的新装"中的空隙造型。这个空隙不是简单的层次之间的空间，它涵盖了对比鲜明的特点与体验感。平面视图图解由AutoCAD完成，由Photoshop进行渲染。对应剖面和特点塑造由Google SketchUp生成。由简·尤尔根森(Jan Jurgensen)、奥德里克·梦图诺(Audric Montuno)和艾琳·布扎(Eryn Buzza)完成。

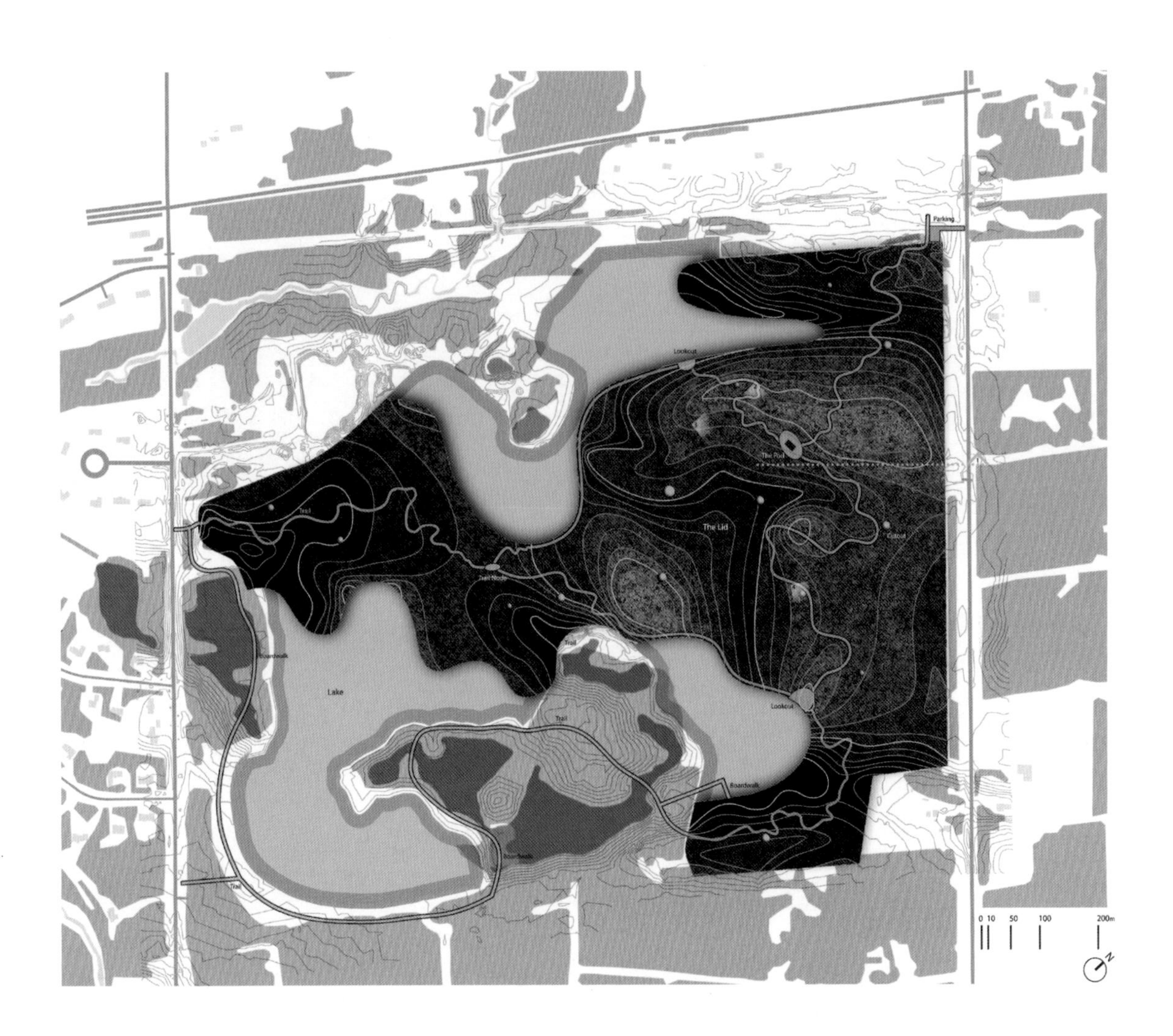

Parking
Lookout
The Pod
The Lid
Cutout
Trail
Trail Node
Boardwalk
Lake
Trail
Trail
Lookout
Boardwalk
Boardwalk
Trail
0 10 50 100 200m
N

图 21.11 和图 21.12 多伦多城市广场核心。以 AutoCAD 图为基础制作的鸟瞰图和透视草图，导入 SketchUp 3D 建模再导出至 Kerkythea。Kerkythea 是一个免费开放的渲染程序。背景建筑渲染来自于参考照片。由史蒂芬·海勒（Stephen Heller）完成。

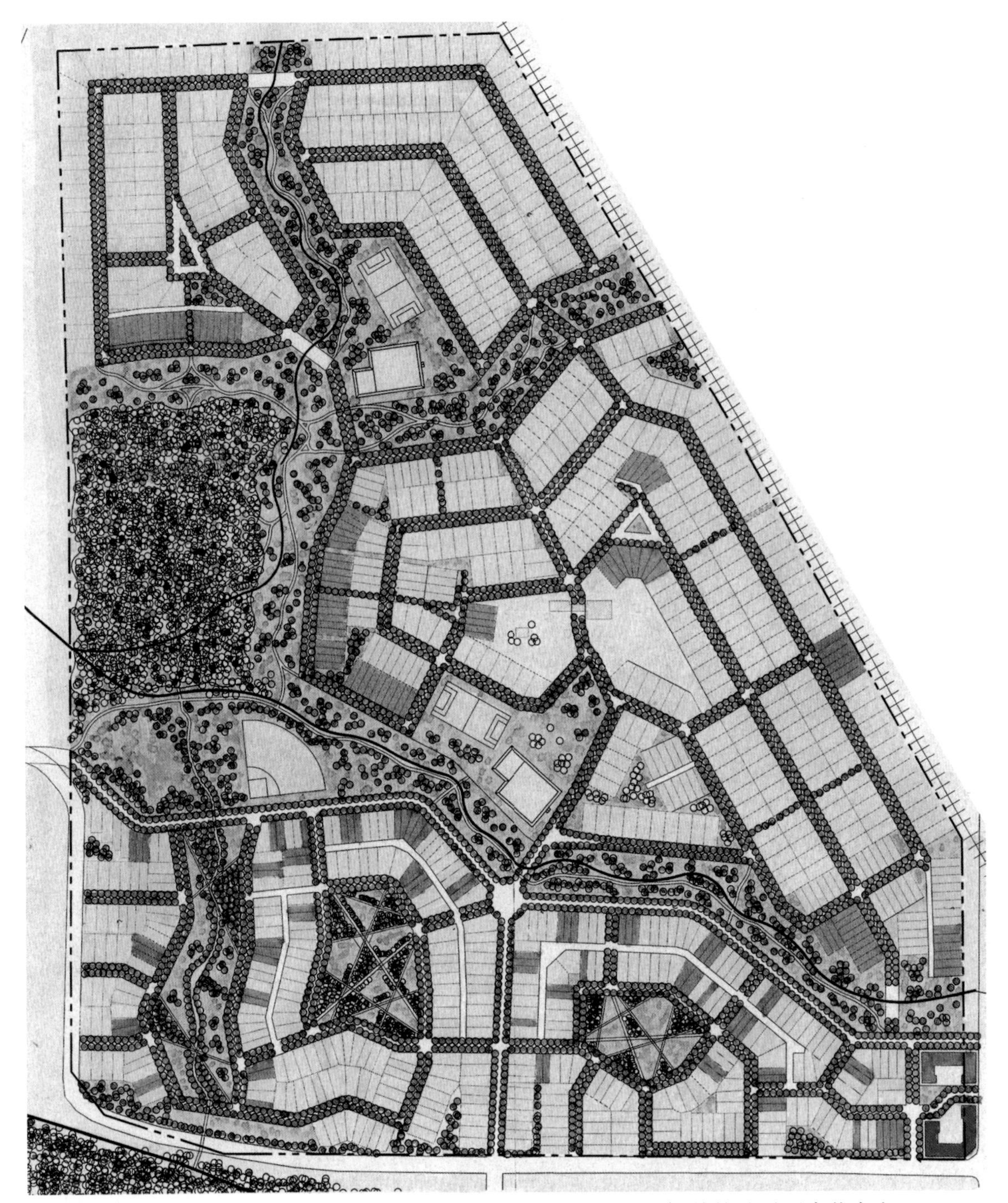

图 21.13 社区设计，偏远农业环境总规划图。平面视图图解以基础平面为蓝本在 AutoCAD 中生成，描图纸上绘制，马克笔手工渲染。由马特·威廉姆斯（Matt Williams）、黄杨（Yang Huang）和丹尼尔·欧文（Daniel Irving）完成。

图 21.14 UG图像：工业、仓储区。基齐纳城的绿灯区：城市蜕变(2011)对集功能性、艺术性和自然于一体的后工业区域的再设计，人与环境都将从中获益。钢笔绘画上使用了彩铅。透视图来自于描图纸上对现场照片的描绘。再将此透视图影印在铜版纸上，接着加入了彩铅。最后完成的图画经过扫描，用Illustrator软件组合，再进行渲染和润色。由贾科·琳马什（Jaclyn Marsh）完成。

22 关于景观设计学，从过去到现在的节点设计与绘图

马塞拉·伊顿和理查德·佩龙（Marcella Eaton and Richard Perron）

景观是一个动词吗？在某种语境下，建筑可以被理解成动词［副词］，而不是一个名词。建筑不是指我们所建造的，而是我们所要做的。这样的理解并没有减少建筑行为所创造的产品或场所，但它确实将注意力转移到了教育学上。这是一个包罗万象的理论吗？也许。而这种思维指向着老师、学生和事物的网络关系中的每个角色——当然还有场所、记忆和愿景之间的关系。

我们专项课题设计研究工作室鼓励学生们（曼尼托巴大学景观设计学专业）把可视化表现当作设计过程中思维过渡的环节。让作品超越用原有规范解决方案的期望，帮助学生超越他们自己的期望是我们很感兴趣的事情。学生仔细推敲后，将他们想法形成的过程展现在了其画作中。

景观设计学教学中有一部分是关于寻求积极的方式来处理发生在每一天中不同阶段的复杂性，全面考虑的不仅是每天人类的具体活动，还要考虑人类以外世界的变化和活动，一个欲望纵横的世界，也是一个美丽快乐的世界，这世界有着它的特点并发挥着它的功能。在工作中，我们寻求的是使用可以融合、相互关联、可靠的设计解决方案来处理移动的空间条件和那些可以为我们定义景观的事件。从景观自身的特点来看，它是多变的。绘画行为能颠覆表现的固定性质吗？有没有一种绘画的方式，不用去固化对世界、空间和地方的想法。在设计和接下来的绘画中，我们努力营造氛围、心情和热情，这就是我们所要做的吗？或者我们只是在简单地固化一些无形的东西？我让学生们去问他们自己这些问题和他们的创作有什么样的关系，并试图瓦解他们一直以来所相信的——那些无论是模仿的还是数

字化的绘画技能不仅仅是简单的表达技巧；其实，它们更可以提供可以进行探索发现的机会，绘画往往就是对场地中各种机会的寻找和挖掘。我们所主张的绘画不是简单的对物体的描述，而是一种寻找表达方式的行为，而我们所要表达的就是一种可移动转化的状态。移转型绘画是对无形的和不确定事物的审视，以揭示景观变化的条件和景观过程。

为了这个目的，我们可以用布鲁诺·拉图尔（Bruno Latour）的话，说到“表现”非人类和人类的关注点时，景观设计师可以作为人类与非人类之间交流的可靠见证者，设计的不仅是景观，还有对景观表现手法可靠性方式的测试。

在景观中，易变性和选择性糅合后，主题和环境同样也是要被考虑其中的。场所会随着每天的愿望、变化和改善而循环。场所并不是我们简简单单造出来的，更重要的是我们用什么造，循环于主题和交叉叙述的记忆中。景观设计是一种记录形式，记录兴趣趋向和愿景、记录实体和场所的功能以及可见性产生的影响。景观设计学不是要把观察到的时刻封存记录；而要看成是在过程中捕捉潜在的特性，挖掘潜力所有方式的集合。景观设计学是关于在空间和社会流中的生活。景观设计从来都不是固定的或稳定的，而是开垦再利用过程中连续性的结果。我们除了看到景观设计中对空间可能性的构想外，还有对场所的潜在生态形式的批判。

生态批判可以建立起场所身份特性的集群形态，包括了其他物种和这些物种所在的世界，真实的和可能存在的。它有可能颠覆人类所掌握的他们所生存的环境的固有面。颠覆固有面是一个激进目标，是一种要带着浪漫的愿望去探索的幻境……对固有特性的颠覆正如阿兰·巴迪欧（Alain Badiou）所说，是一个真实的过程，残酷又无情地将事物从它原有的特性中剥离出来。新环境恰恰就诞生在当它成为一个要解决的问题时。人类会把对“事物”的理解依照他们的感觉进行还原。在社会中，大家都认为我们与世界息息相关，这一点没有必要特别指出来。

我要求学生们不要置过去于不顾，要站在过去的角度去审视其与现在之间的差别，这种中断的意义取决于占主导地位的工业类别。我现在所做的是一种调解，它常常通过把过去的固有的秩序框架交织进新的分类组合中而建立。把工厂当成玩耍的地方，新型工业废地当成花园基址，把工业的力量和自然的力量融合在一起。这是一种源于中断之处的思维发展和工作方式。

我们也考虑了诗化手法、韵律分析。当我们考虑把重点放在哪里的时候，这就可以被转变成对空间相关的考虑，比如街景的选择，画面调节，魅力所在和快乐的氛围，甚至是庄严肃穆的气氛。空间中的活动可以看成是对高光、色调和纹理的综合运用，从而营造出惊喜感，奠定空间纹理的开篇感。另一种考虑韵律分析的方式是设计过程的绘制，绘制设计行为和记录你在做什么。必须要问的问题是在这个支离破碎的中断之处，在不削弱创造性举动的情况下，如何开展工作？当我们受到批判时会分散在创造性上的注意力吗？被过多的批判时，会让我们停滞不前吗？答案可能与影响、原因以及不断汇入的自我发现有关。回到例子中，后工业化可以看成是过去与现在融合的建构，不仅开启了“设计化产品”的可能性，也让我们思考设计方式上更多的可能性。我们很好奇这是否会帮助学生变得对景观、场所和生活更有兴趣。当我们在做的时候，如何来为我们所做的标出适当的格律？

有时候格律的概念也被用来评价一首诗：如果一首诗能控制好语言和节奏，让它们很合拍，又有着优雅且令人信服的意义，那我们就会说这首诗“很有韵律”；同样，如果一首诗的语言和节奏磕磕绊绊，音节在节奏上显得很沉闷，或者词语之间停顿的拍子很尴尬，那它就是一首“没有韵律”的诗。这样的感觉通常会在“打油诗”里出现。

我们如何让一个地方变得有韵律呢？我们如何赋予一个地方诗意化的韵律呢？许多成功的景观设计师都会对这些地方进行清晰的审视，审视对它的保护，理解它们的环境。亚历山大·谢墨托夫（Alexandre Chemetoff）的文章参观者就是这样一个鲜明的例子。我们会问学生，这里打动你的是什么？有什么样的感情力量？影响是什么？

詹姆斯·科纳（James Corner）提出过有关操作的清晰逼真性理论和映射作为中介的理论，这些对我的工作产生了深刻的影响。高品质的清晰逼真度具有强大的表现力量，但是当我们对画质的着迷程度超越了理念表达本身时，它反而变成阻碍我们的力量。无论表述的形式变得如何有活力，它们永远都不足以表达出场所本身的丰富性。如果我们要处理变化过程的复杂性，把抽象概念、内在关系和过程转化成具体形式、物质、规则和周围环境，那么对清晰度的追求是可以实现以上目标的方式之一。表现方式本身很少会就形成过程的本质为我们提供观察视角。在设计院校中，学生的理解程度和设计想法可以从他们的绘画中得到体现。绘画既留下痕迹，又产生影响。把景观当作目标对象以及打破景观对象的固有性就是一种把模糊性进行具体化和非具体化的手段，这样做就是要从固有的可预见性中脱离出来，把一张白纸变成内涵丰富、气氛十足、充满感情的丰富画面，这就是在对空间进行营造的过程。我们很少会对绘画中那些空间和对象固定的视图产生兴趣。我们所推崇的画面感应该是对场所表达的一种释放。实际上，绘画、制图、模型都不是静止的，只是变幻莫测的时空状态中的某个过渡状态。绘画影响着设计师的思考过程，使观众可以跟随着画面对内容进行一番体验。

科纳在表现手法上更偏好运用成像的概念。虽然体现的内容与绘画看上去类似，而若要理解它们的不同之处，则需要从它们是如何做、如何执行以及它们各自在用的媒介工具和特有的设计潜力来入手。因此，图像成像是一个连贯的相互作用的概念，设计的时候则需要停下来作出反馈以确定与接下来的景观图像之间会产生的碰撞效果。对科纳而言，这不仅是具有能动性的建造世界的素材，也是成像的设计过程。成像过程不是简单地表现，而是应用成像过程来唤醒我们的某种思考方式。在成像过程中，我们可以置身其中，并发现和理解设计本身。成像过程包含大量的技能运用，包括制图、编目、划分阶段和层次等，重要的是我们还应去思考这些技能的作用，它们能做到什么——图像可以用来对不同的理念提出疑问、进行探索、认识并进行综合，达到与其他设计规划行为共同作用的目的——比如运用图像图形的表示功能、组合功能、集合功能、合并功能和替换功能等。

我偏好用自己熟悉的内容领域来对景观进行思考，这些内容包括土壤研究、地形学、生态系统、土地利用、土地覆盖问题、聚居地、循环概念、类型学、视方位概念及暴露问题等。接着再描画出这些内容以不同的运动状态交织在一起时可能会发生的情况。作品构建基于可描述性和可预测性建模练习。这些练习使用了空间信息系统科技。漫游、关联、组合和移动的行为并不只局限在人类身上，在植物群落和动物群落以及其他自然界组合中也是如此。有内在关联性的景观会让结合紧密的领域更有秩序感——社会、文化、自然。这可能是包含多个层次的过程，包括对运动系统和流动系统的净化与再关联，这里的运动超越了人群、货币和物资的运动，是把景观解读成一种媒介，可以让包罗万象的物种与材质进行流动并相互作用。土地、空气和水都是形成景观流潜在的媒介。设计师所面临的挑战之一就是当结合紧密的领域出现时，进行诠释以帮助找到方法来同化吸收人群、材质和其他物种之间存在的多重又相互冲突的路径与交汇点。

根据阿努拉达・马瑟（Anuradha Mathur）和迪利普・达・库尼亚（Dilip da Cunha）所提到的动态景观设计，这些应用于地表的策略就可以被理解了。这其中包括动态规律设计和曲折空间状态，又包括景观中的生物体与非生物体的变化流动性及其连续的位移。地表的策略设计用来揭露和（或）诠释具有变化动态性质的地表状态。

景观设计学的构成中，首先也是最重要的，就是绘画。绘画在它们的景观作品和形成行为中是很有力量的。因为我们学习绘画，我们发展了一系列功能性和象征性的约束。在成为设计师的过程中，理解和行动的能量即等同于绘画成果的能量，共同作用。

对景观的构想应该是动态的而且常常是不可预知的，就设计而言，对潜力的释放、营造一种情境让新的活动、用途和相互作用在其中发生要胜于对具体细节的精心描述。我们一直在问自己和学生，绘画是一种有意义的方式吗？或者每一幅画从开始就是为了达到目的的一种手段吗？与表现的过程相比，绘画更会是个发现的过程吗？自由和解读仅限于手工艺品、实体画作本身、设计思维的结果，或者自由和解读是隐含在绘画的能量之中的吗？建筑学的原动力暗示着其所含的意义，或者在绘画的过程中允许出现象征符号吗？

我们常常倾向于把自然、生态看成一些“其他”类别，一些人类领域之外的东西。而在专项课题设计研究工作室中，我们努力抵制这种倾向来具体化自然与生态。相反，自然、生态被看成是系统和网络，它们内部存在互相关联的过程，可以通过协同依赖性和相互作用来对它们进行梳理和理解。景观是多变的——这是因为生态系统的不停作用，土地占有的多变性、日常生活中不断动荡。设计、绘画、学生、教育者都处于不断的运动变化状态和连续的形成状态中。

环境是不可能被直接呈现的。我们可以用否定的方法来定义它。它不是位于最前端的前景。它是在与前景的关系中呈现的背景，我们一旦注意到它，它就转变成了前景。环境是“它所是的那样”，是我们处理问题的客观版本。“它一旦变成一种让人感叹的事，那么它就已经消失了。”

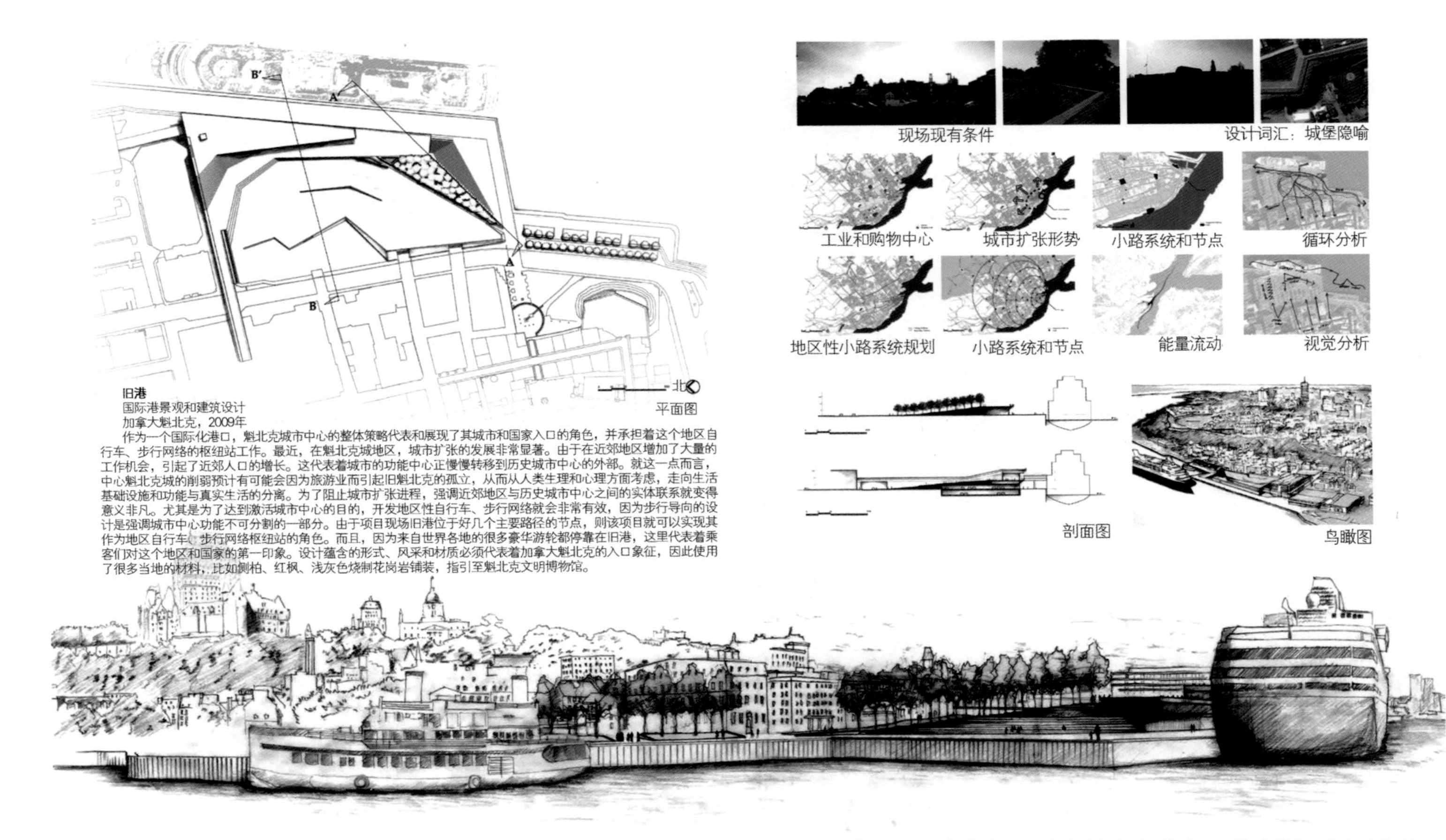

图22.1 组图，平面纵切面透视、图解，照片、剖面、3D空中视图（空中透视）都被很好地安排在展板上，并为耀西的旧港项目配备了描述性文字。由耀西矢步（Yosh Yabe）完成。

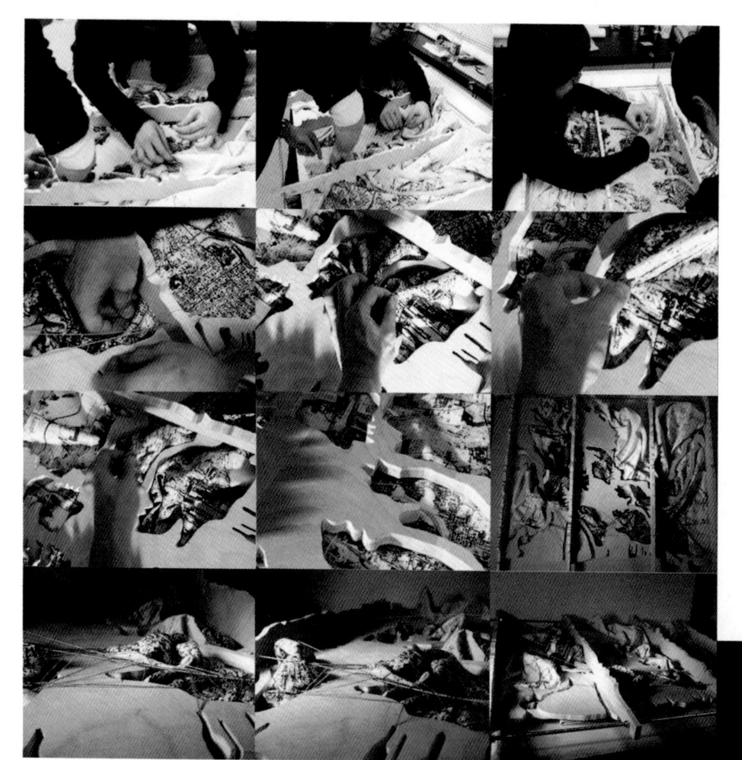

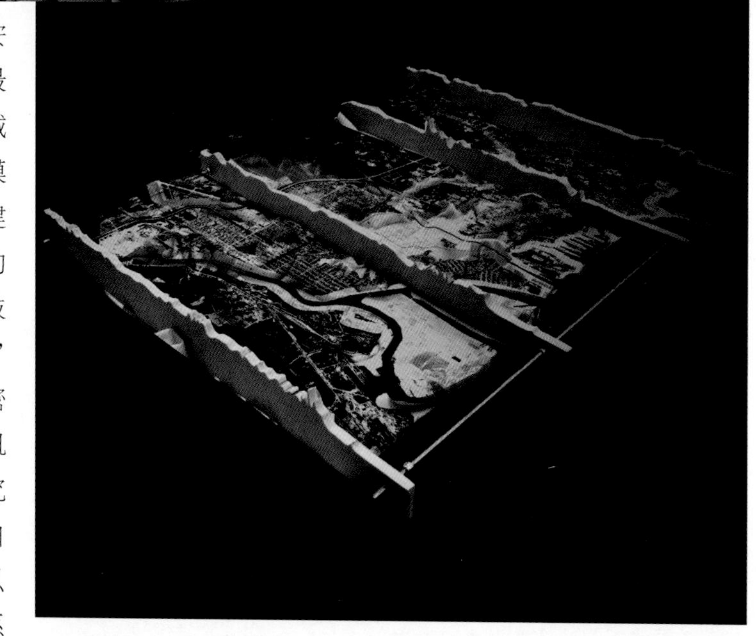

图 22.2 加拿大桑德贝安大略湖项目复合型研究模型和最终模型（模拟）。为了这个区域项目，学生们制作了桑德贝的模型。大家觉得现在很有必要重建退化的城市肌理来保持住繁荣的文化和自然的氛围。这个模型鼓励并明确地诠释了“自然框架”和必要的城市功能性之间的紧密融合，借此发掘潜在的设计机遇。学生们制作了复合地图研究模型来帮助视觉化这个区域的自然框架。这种模拟学习模型可以让学生们更好地理解区域性联系和地方性干预。带有丝绢桑德贝地图的木质“自然框架”开始了试验性的城市再造，转化他们的规划思想，让城市状态融入景观，而不是“景观”植入城市状态。自然框架则变得具有刚性与支持性，城市肌理因为文化和自然的融合而呈现出弹性和多样性。由贾斯汀·诺伊菲尔德（Justin Neufeld）、特蕾西·廖（Tracy Liao）和耀西矢步（Yoshi Yabe）完成。

图 22.3 渥太华安大略湖项目大尺度透视图。在这幅画中，此学生使用了摄影、3D 数字建模、黑铅笔的结合，用 Photoshop 进行渲染，采用了其空气刷功能。他还试用了不同手法的结合，将一定的深度和运动性带入渲染过程，反映出设计的本质。他还测试了草图“柔软”的自然过渡和计算机“需求”的精度是如何共同和谐作用的。由贾斯汀·诺伊菲尔德（Justin Neufeld）完成。

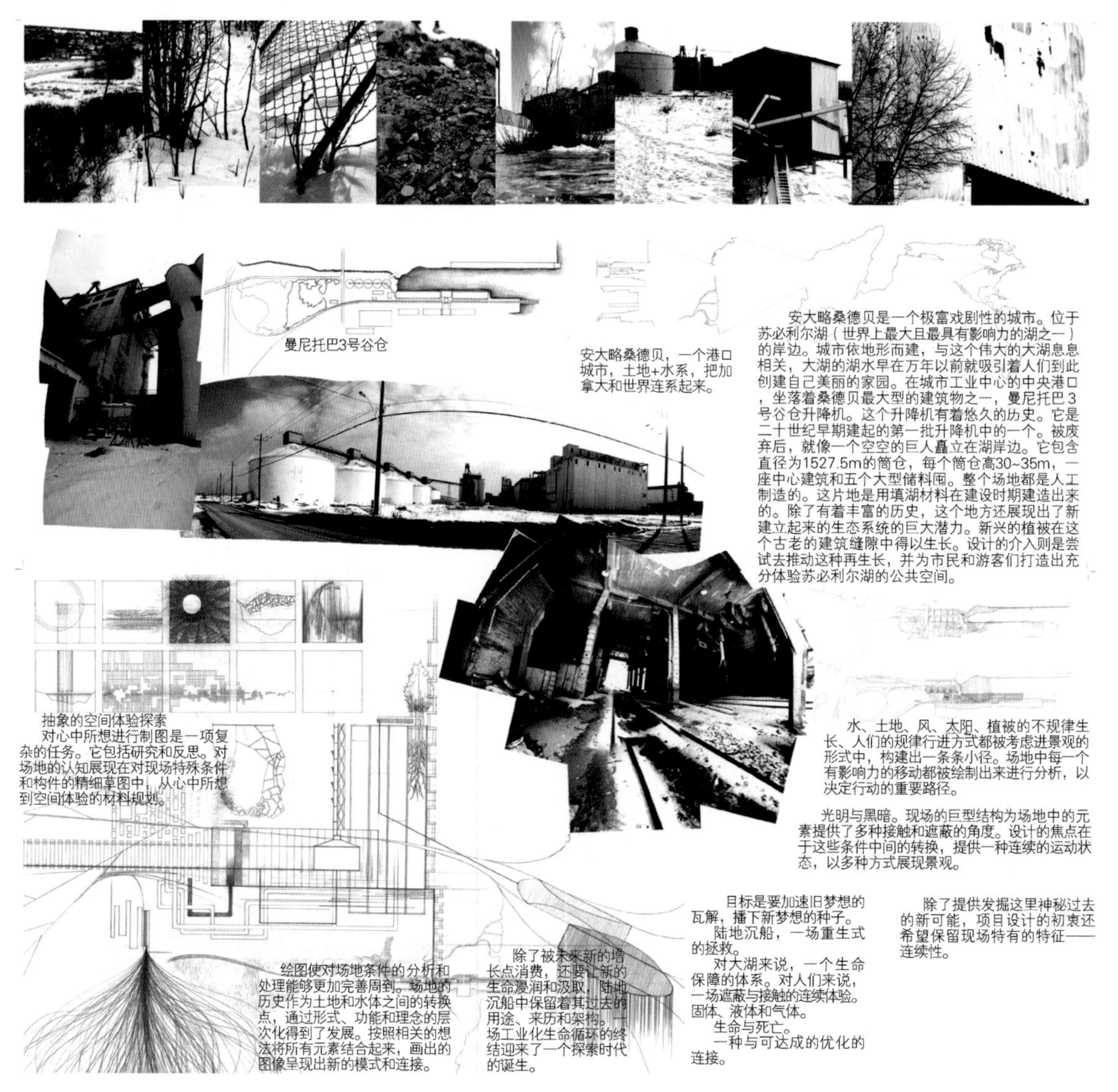

图 22.4 环境设计项目——桑德贝地区序列图。完美的序列图组合。桑德贝专项课题设计研究工作室课程（Studio）中，学生们使用2H、4H和6H在描图纸上绘制。学生还补充道：“在作画时，我很自然地想到用画出的线条创造出视觉层级。当我们带入不同程度的硬色调在对追求组合中的支配和从属性元素是很有用的。绘画中的渲染元素也可以通过对进行了统一覆盖的黑铅处理的创作区域的缩减来完成。描图纸对绘图来说是一种柔性底衬。其粗糙程度足以保证绘图进行，而又不会太过粗糙，从而使线条脆度和清晰度难以保持。描图纸的半透明质地对描绘和分层非常有用。材料越柔韧限制性越少，可以用在绝大部分项目上。对于这样特别的绘画，层次信息变得非常重要，展示了场地条件随着时间的推移在转变。铅化和描图纸的运用非常有助于使绘画随着时间的推移演进，将图画折叠，描绘早期的元素来创造出交织的画面肌理。因为其中的一些图像会比其他更加重要，通过使用非常硬的铅，悄悄融入特别的剖面是非常有利的。与选择不同粗度的墨水线条相比，铅的不同硬度更能为绘画创造出全新的感觉，这就要求在作画时非常个性化、机械化和方法上的转变。”由肖恩·斯坦科维奇（Shawn Stankewich）完成。

图 22.5 城市沿海地区剖面满潮的描绘。由米根·亨特（Meaghan Hunter）完成。

图 22.6 透视图，新奥尔良项目拼贴透视图。美丽的黑白色调。第二张透视图加入了精致的色彩拼贴，描绘出深入的设计干预。由克莉丝汀·斯特拉瑟斯（Kristen Struthers）完成。

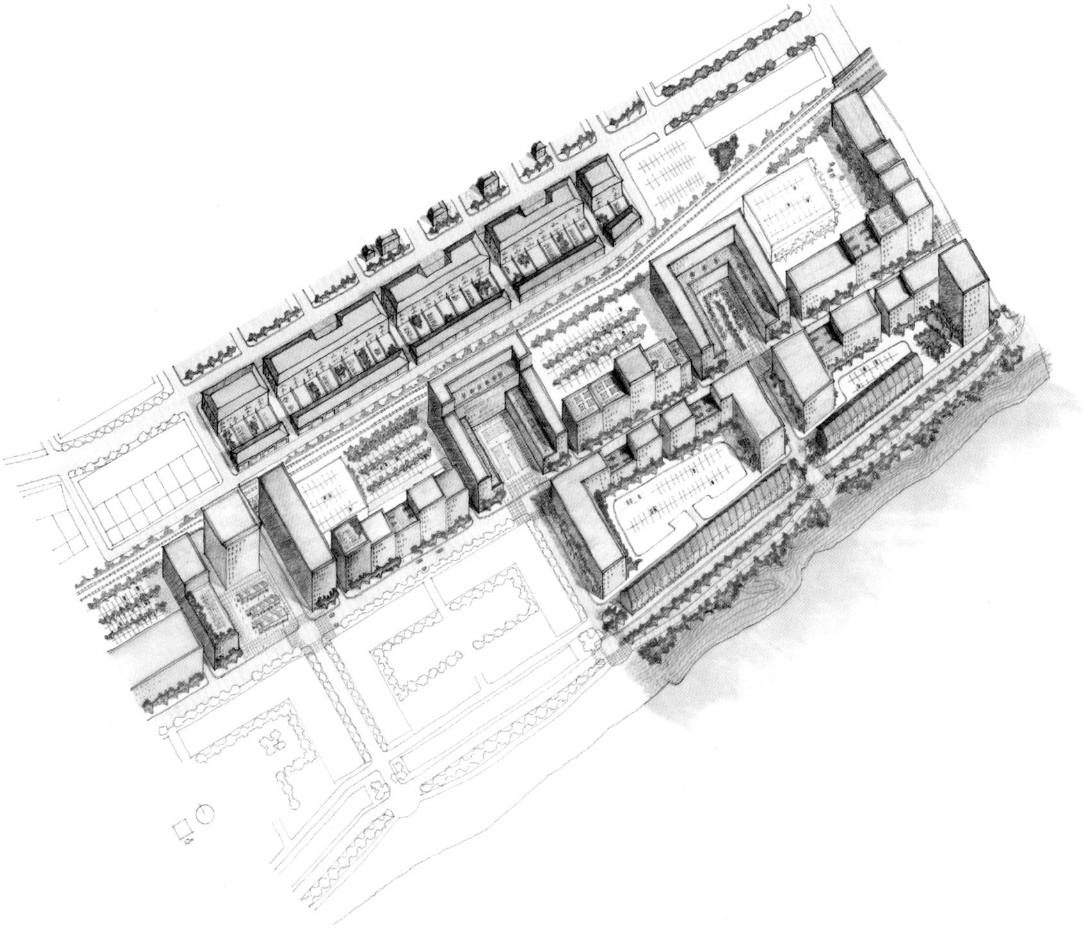

图 22.7 大型轴测图。在这个专项课题设计研究工作室课程（Studio）中，学生们检查了这个城市环境中的基础设施问题。他们一起研究社区规模，接着独立解决环境中的问题。学生用墨水在描图纸上手绘了轴测草图，再用铅笔渲染。一些城市街区在平面图中保留了黑白色调，与全彩渲染的3D街区达到了完美的平衡。由朱迪斯·张（Judith Cheung）、凯尔·李森科（Kaleigh Lysenk）、沙瑞·克林（Sarry Klein）和利亚·兰普顿（Leah Rampton）完成。

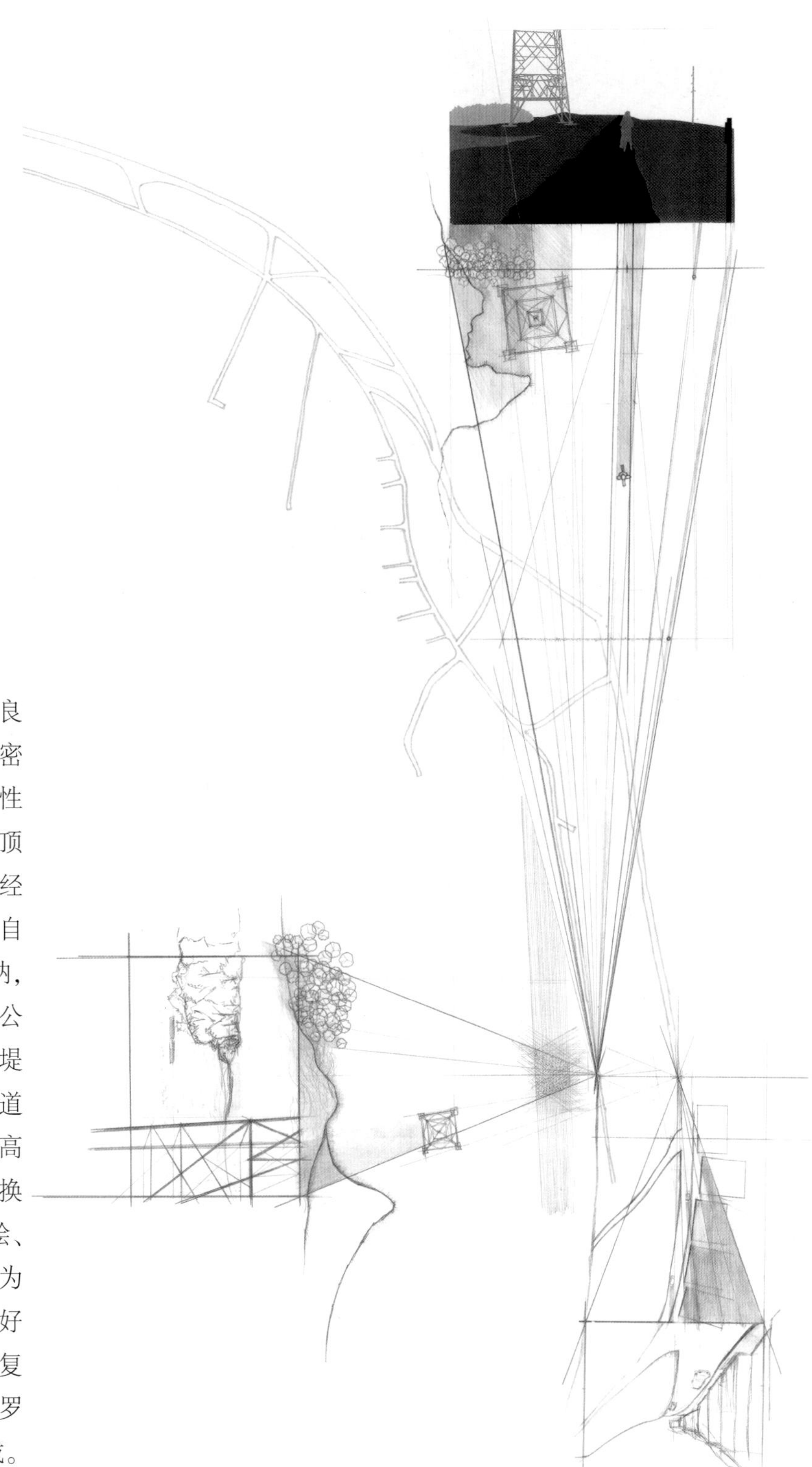

图 22.8 新奥尔良项目表现图。学生沿密西西比河和几处框架性视角从一个点到堤坝顶部，绘制了他的个人经历体验。绘画灵感来自于麦格拉斯和加德纳，通过重新定向从平行公路车道到河流以及堤坝，再到堤坝顶部的道路，接着到河流和淤高河床，场景快速地切换着。学生使用了手绘、制图和摄影，他们认为这些手法和技巧能更好地表达传递出场地的复杂性。由米根·保罗（Meaghan Pauls）完成。

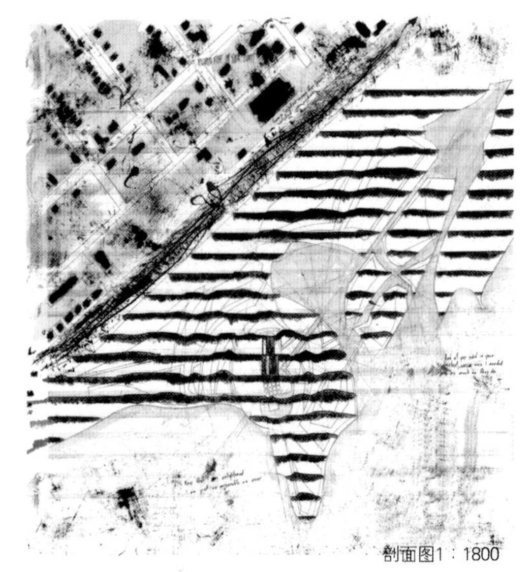

图 22.9 桑德贝项目中的“启示剧院”。在这个为获得环境设计学位的最后阶段，专项课题设计研究工作室要求学生们设计他们自己的简报，并鼓励用他们觉得最好的方式表达作品的精神所在。在这幅画中，学生成功地做到了采用废弃的谷物升降机来建立一个剧院以鉴证世界的尽头。这幅作品完全由手工完成。“主要墨水画，我用了 Arches 90 Ib 的水彩纸，将我的钢笔和铅笔画草稿印制在上面，接着用印度墨水来冲洗和涂抹。过程中的任何一步通常都是用印度墨水还有一些油画棒描绘完成的，我还用到了孔泰硬蜡笔。”这里，学生使用了大量不同的技巧，包括制图、绘画墨水、黑铅笔和很多试验技巧。由艾登・斯特勒（Aiden Stothers）完成。

23 景观设计学视觉表现

凯伦·麦克洛斯基（Karen M′Closkey）

通过地理信息系统的发展，景观设计一度成为数字化变革的先行者，同时也是艾略特、曼宁和麦克哈格手绘层次手法的延续。很多数字媒介新发展在用于转变工作方法并产生成果的能力方面还不能很全面地用于景观设计学，以转变其工作方法并产生成果。除了把数字化工具看成是收回副本的替代品，新媒介还应根据景观的构思能力来考虑它们能做到的和不能做到的。将新近的科技与早先的创新区分开的是使它们完全融入设计与施工的所有阶段。非常明确的是，这种多重角色让科技通过改变模式和制作标准深深地改变了当代实践。

成像和想像

视觉工具（如 GPS、卫星影像、Google 等）和表达形式（比如曲面建模、参数化和数字机器）已经大大扩展了当今所能使用的设计技巧范围。前者提升了获取信息的能力，后者提供了大量的新方式来探索和表达设计。同样地对景观绘画来说，没有普遍适用的方法。它完全取决于图像的用途，因为形象构建和概念内容是不可分的。有一点似乎是不证自明的，对数字科技正让我们与观察行为本身渐行渐远怨声载道；然而，数字科技和设计并没有减少我们有目的地使用和构建图像的需要，它们也无法取代手工绘图。

数字科技会改变我们如何观察并构建图像，因此也会改变我们如何观察和构建景观。问题是：这会给我们带来什么样的机遇？我认为它为景观领域所有相关的形式与过程之间的关系定义提供了所具有的巨大潜能。我们今天对环境的理解与三十年前相比已经大不相同；我们接受了更多复杂的但又不太好控制的事物。数字化工具让我们能够用新的方式去看待和展望这些复杂事物。

可视化与可见

今天存在着对逼真化蒙太奇过度依赖的趋势。这已经导致了在观察景观时的某种标准化景观描绘。手动绘图之所以能一直保持其魅力，是因为每一笔中都融入了设计师的情感，就像是个签名，因此，线稿就有了更直接的特性。绘画传递了一种情感或情绪，而不仅仅是一种喜爱之情。这对数字化作品也同样适用，也是使用像 Photoshop 这样的软件时需要努力追求的。图像要去传递设计意图，而不仅是反映“真实”。

地形学和地表

与之相关的是，硬件和软件都是用来进行项目制作的设计工具，而不仅仅是用来表现。我鼓励学生使用数字技术进行项目创作和探索，并且特别强调用实体模型的形式输出。数字化作品是一项工艺，虽然人们并不常常这样想。当虚拟空间绘画通过计算机数控装置制作并输出时，这显得尤为真实。假设设计信息与构建信息之间直接的连接由这些设备提供，那么在虚拟空间中的精确性则与实体的手工作品有着千丝万缕的联系。

以下是来自宾夕法尼亚大学设计学院景观设计学系学生的作品。

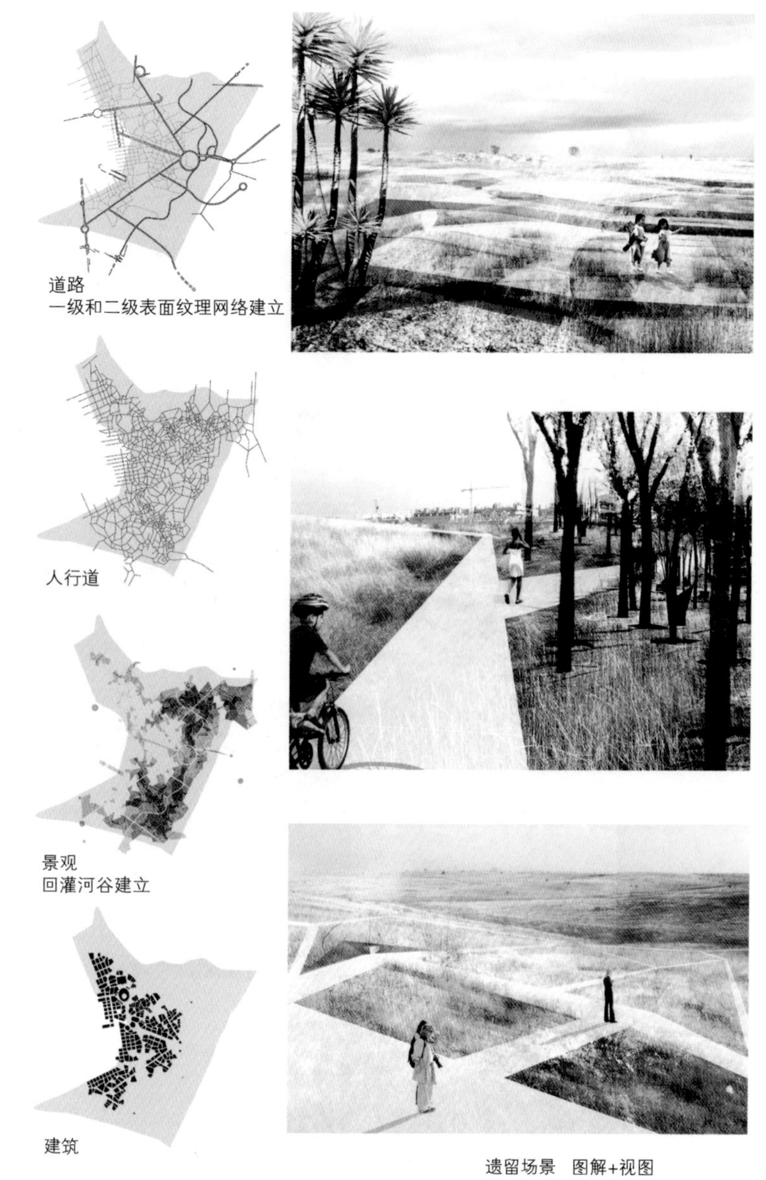

图 23.1 奥运会和赛后遗留场地规划的图解及拼贴透视图。利用奥运会赛事，学生们研究了大型活动可供景观设计学习的独特环境，尤其是在大片土地上的特定场地进行快速建造。鉴于快速开发和未知的未来用途间的紧张局面，以及人口估算上的差异，要求学生们考虑景观如何既可以表现比赛的面貌，又具备结构上的可开发性。因此，需要将“标志性”与“遗留性”相结合。这些图中，学生们清晰地表达了奥运时期和赛后遗留景观之间的区别。这不同于使用 Photoshop，简单地除去人物或增加树木尺寸来显示时间流逝的问题。它表达的是两种不同的感觉。显然，图像不是逼真的。我们过多地依赖于“精确性”描述一个地方，而不是用图像来传达想像、文字和可能性。由蒂芙尼·马斯顿（Tiffany Marston）完成。

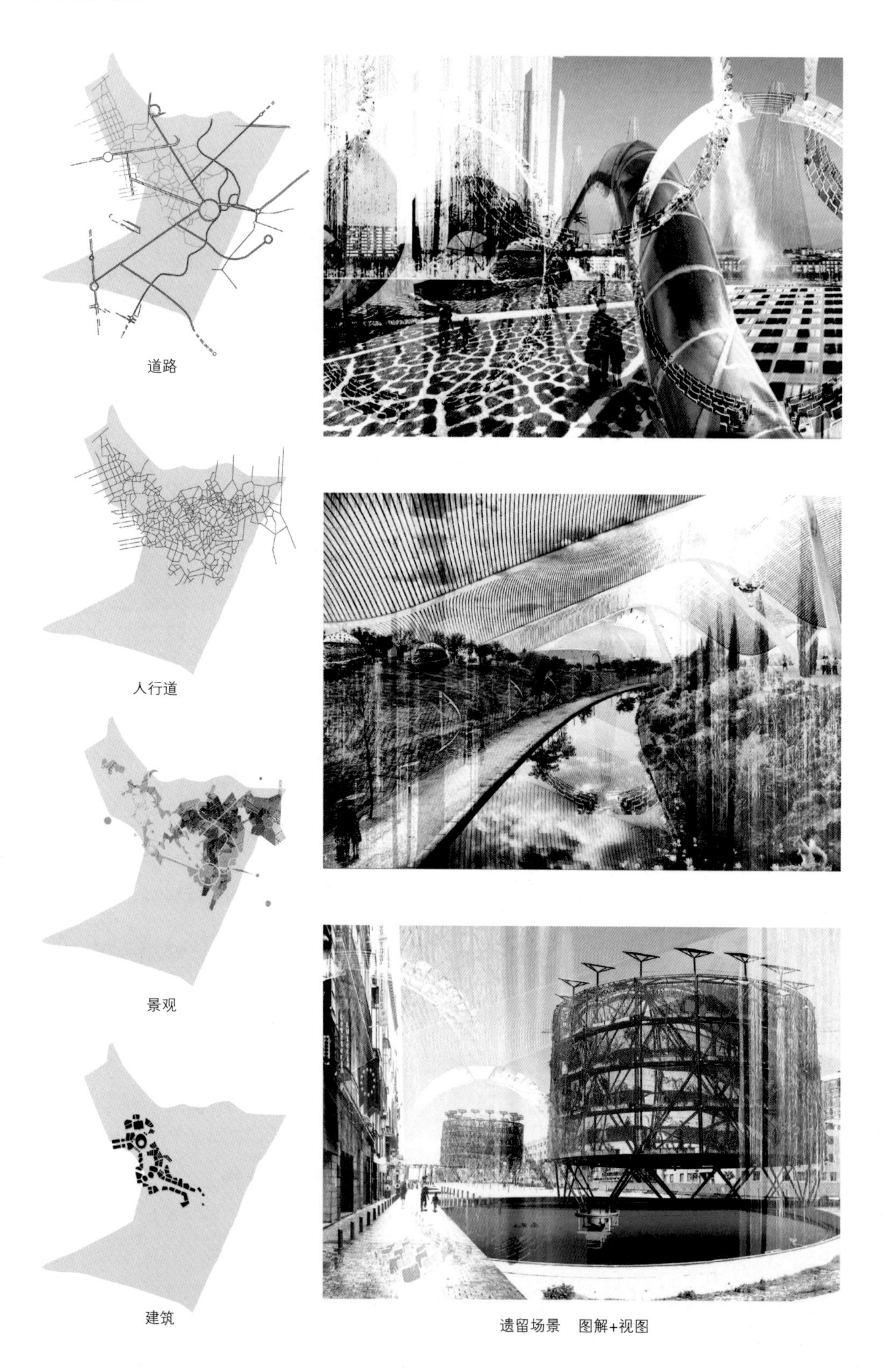

遗留场景　图解+视图

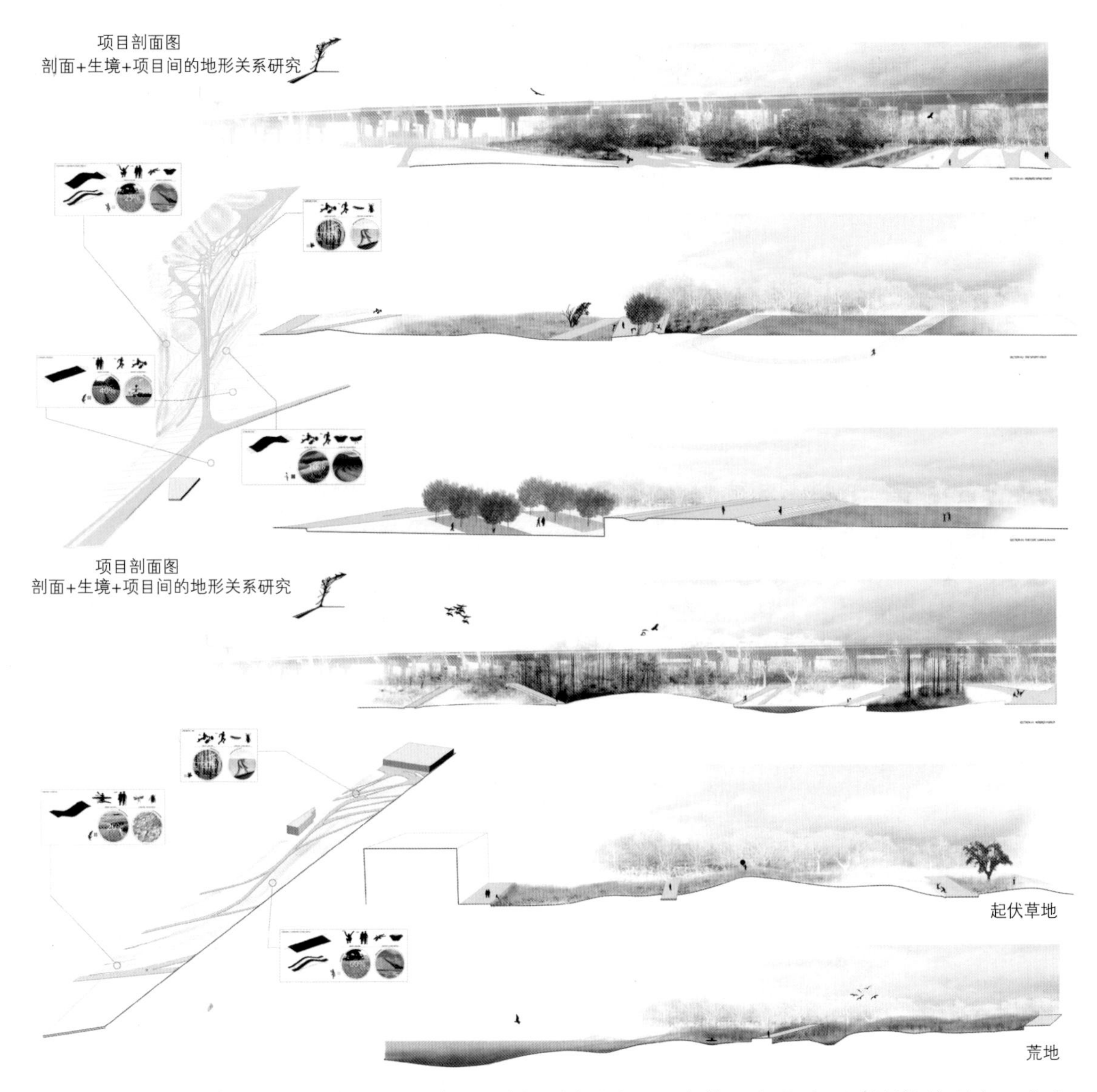

图 23.2 图解和剖面，偏远地区大面积景观剖面透视。在第一年的专项课题设计研究工作室课程（Studio）中，要求学生们为一处 130 英亩的场地做设计，重点是要建造一个可变的地平面。这些绘图有效强调了地形学和栖息地循环之间的关系。黄色样条曲线标明了平面图和剖面透视图上的小路系统。着重于循环平面图的小图解标明了生境类型、相关地形和它所支持的各种活动。这种绘画与组合的关系在表达学生理念时比综合的规划更有效。由亚历杭德罗·巴斯克斯（Alejandro Vazquez）完成。

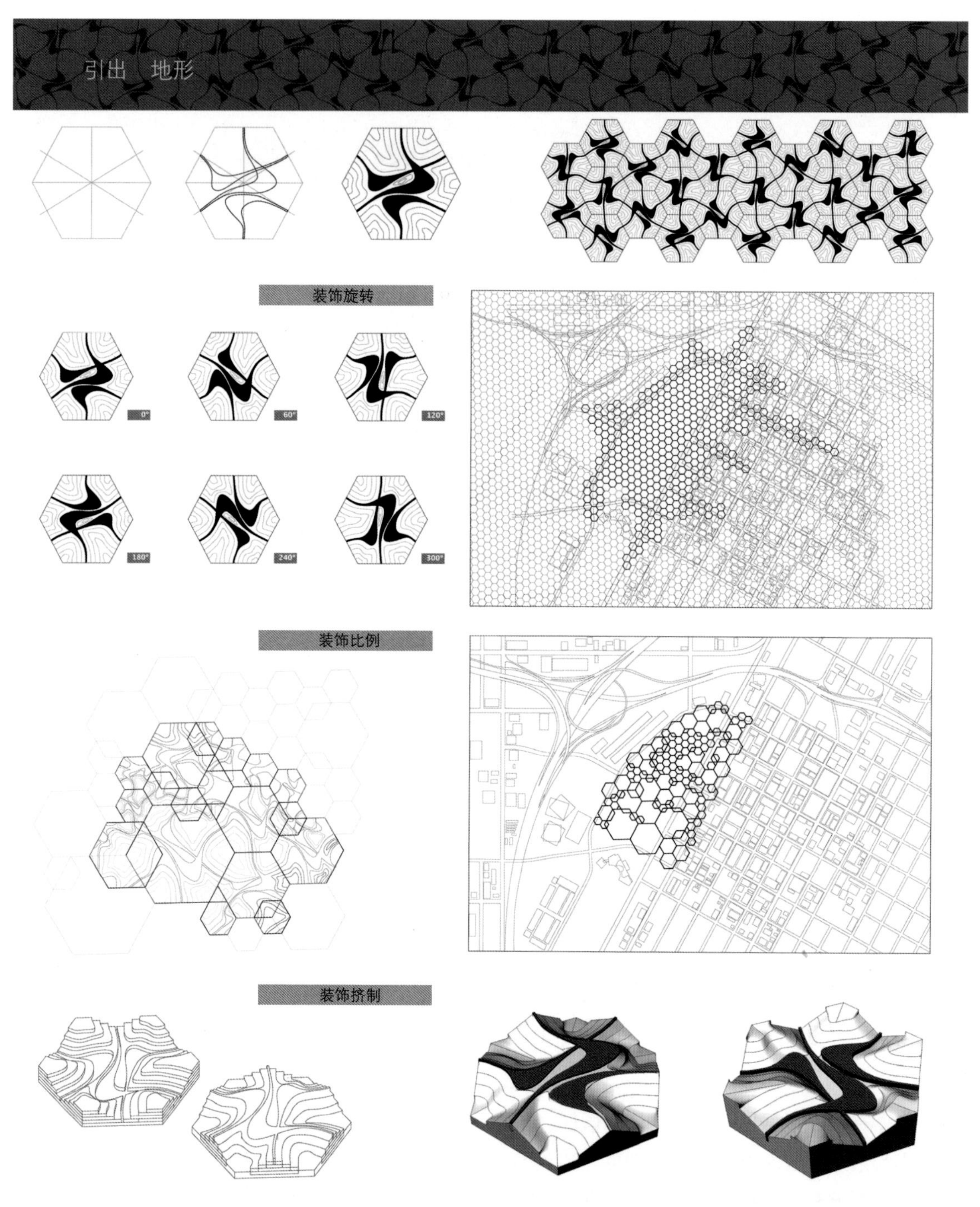

图 23.3 数字模型探究（在面板上印制）——形成以六边形为基础的封闭模块化单元，以及两个可能的场地选择。由弗朗西斯科·阿拉德（Francisco Auard）完成。

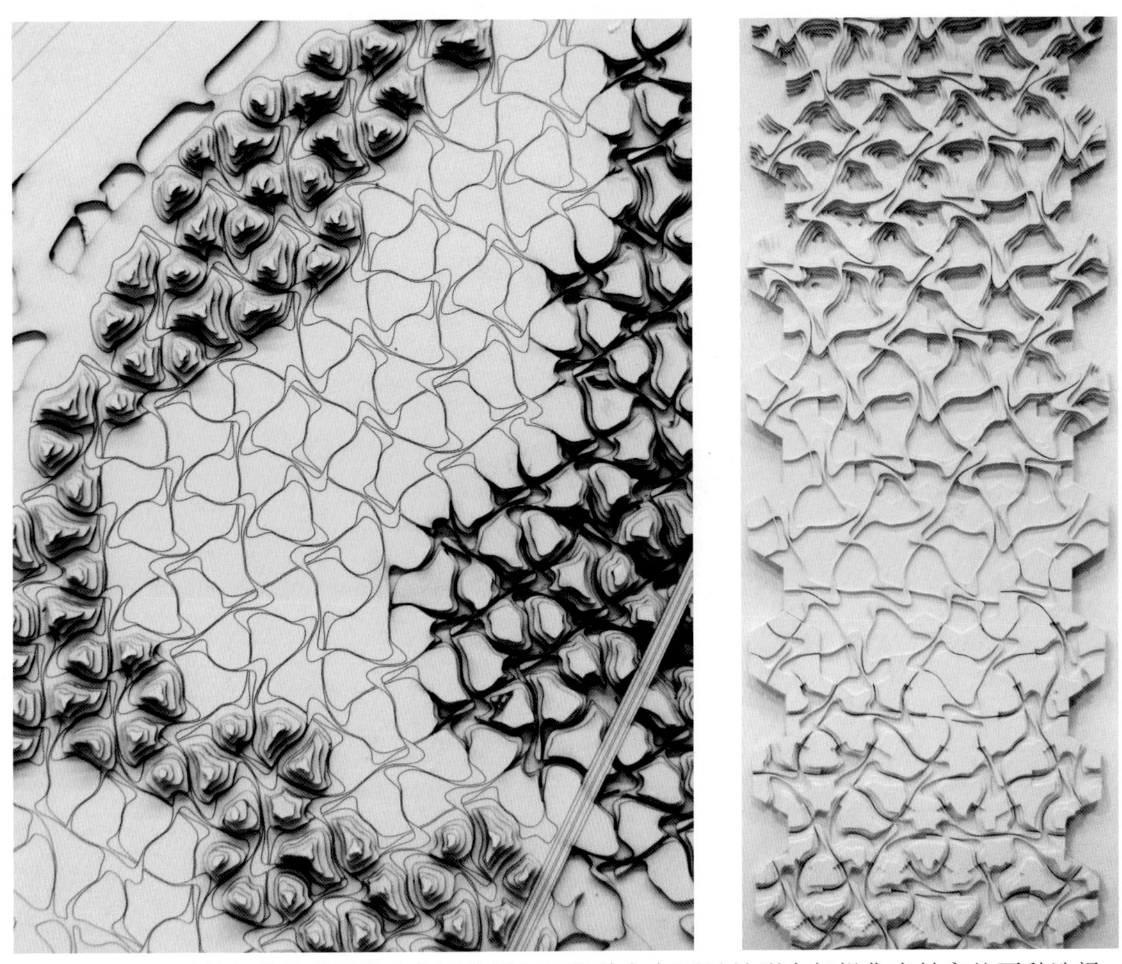

图 23.4 计算机数控装置数字化图片展示了模块如何通过地形内部操作来转变的两种选择。这些模型展示了对单元（画面）进行整合的方法，以及可能形成的多样化的地形（研究模型）。Rhino 软件和激光切割技术的使用成就了精确的地形研究。这个专项课题设计研究工作室项目有独特的方法论，它强调通过装饰技巧（即模块重复）对地形进行创造。最初，通过一系列的练习，学生们可以学到实现这些组合的方法论。他们从使用封闭形状的模块（x-y 轴对称，通过不同的操作方法进行重复，但形成的配置数量是有限的）或开放形状的模块（x-y 轴非对称，用非常态化的方式组合以产生数量无限的配置）入手。在以上两种形式中，z 轴作为第三个维度引入，因此组合单元时，扩大了潜在的配置。由弗朗西斯科 · 阿拉德（Francisco Allard）完成。

a)

b)

图 23. 5a 数字化透视图——鸟瞰视图。太阳能“钉”置于另外两个组织中，营造出夜晚绚丽的灯光景象。太阳能区域和蔓藤花纹醒目的装饰与拉斯维加斯的城市氛围很协调；为了更加精致，内部环境容纳了多样化的栖息地，图中是按照农场机制运作的。场地的空中视图清楚地展现了它的环境，传递出景观设计希望表达的氛围。由乔 · 屈比克（Joe Kubik）完成。

图 23. 5b 数字化组合模型。这个项目利用沙漠植物的结构原理制作场地的表面。有两种尺度：整体地形和循环采用蔓藤花纹形式构成内部。内部地形由高地和洼地构成，以梯度并列分布在极干/湿，静止/活跃，高/低，凹/凸区域。这个项目利用 Rhino 软件建模，并且模型使用了计算机数控装置焊接组合。由乔 · 屈比克（Joe Kubik）完成。

c)

图 23.5c 数字化透视图——平视图。这幅图通过将观察者置于景观场景之中形成了对比视角。由乔·屈比克（Joe Kubik）完成。

24 景观视觉化

雷切尔·伯尼（Rachel Berney）

在南加州大学，我们鼓励学生们全力探索洛杉矶这个国际化实验室——一个处于非凡自然景观与生态关系中的多元文化区。洛杉矶展现了城市环境以及景观设计可能性的极致地带与中间地带。因此，在南加州大学的景观学习聚焦于以下三个相关原则的城市场所营造：

我们着眼于真正的高端研究，它基于解决复杂问题的知识与技能，执行野心勃勃的探索。

我们的重点是城市景观以及设计专业的责任，创造有质量、有意义的城市未来。

我们相信场所营造从根本上是一项集体的责任，需要横跨规划和设计整个领域的专业人士的领导。

这些来自南加州大学景观项目的图片代表了一系列对设计的探究、分析和合成。从期中回顾的专项课题设计研究工作室课程（Studio）硬卡纸模型到最后的渲染透视图，严格鼓励学生们通过视觉和空间分析进行场地探索，同时用动态的视觉形式描绘他们的分析和设计合成。

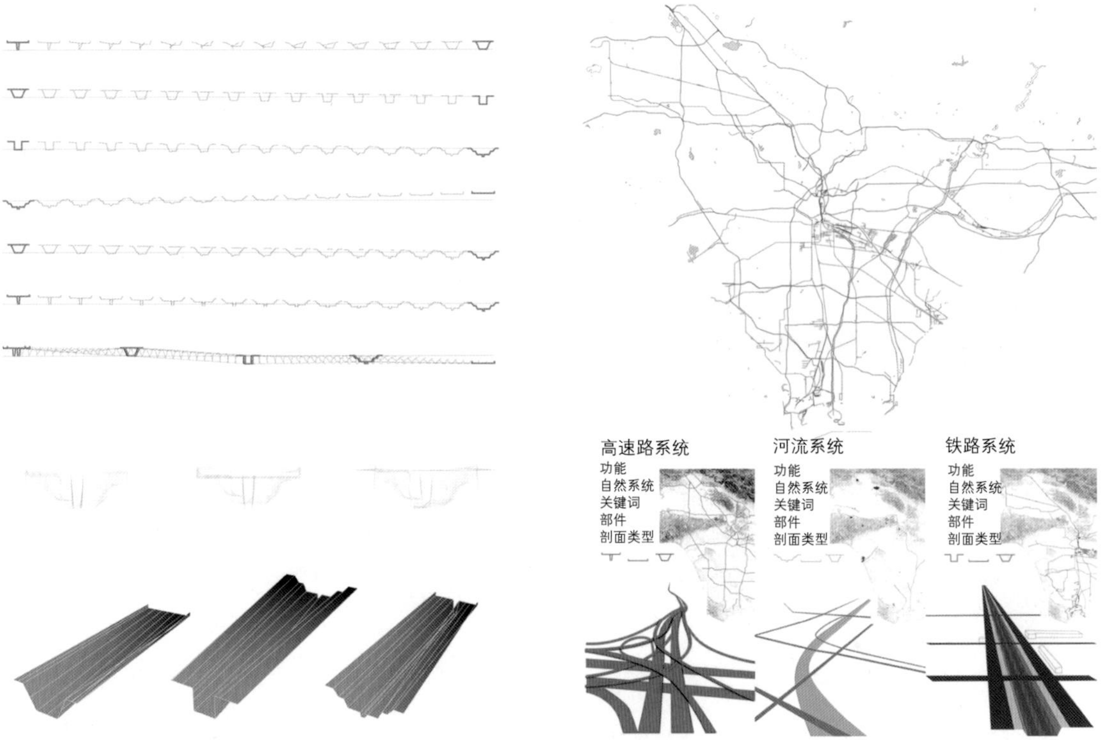

图 24.1 洛杉矶基础设施——图表、透视图和目录。使用了 AutoCAD、Illustrator、Photoshop、Rhino、VRay。就洛杉矶“不是玉米田”项目 32 英亩的场地，学生们把空间作为自然文化活动系统目录中的一部分进行分析，这些活动在城市景观中决定了场地配置、历史意义和场所感。这处场地将会成为洛杉矶市中心的一座新城市公园。学生分析和描绘了他所理解的这个空间是如何随着时间推移而形成以及在未来将如何服务于城市的。由盖里·加西亚（Gary Garcia）完成。

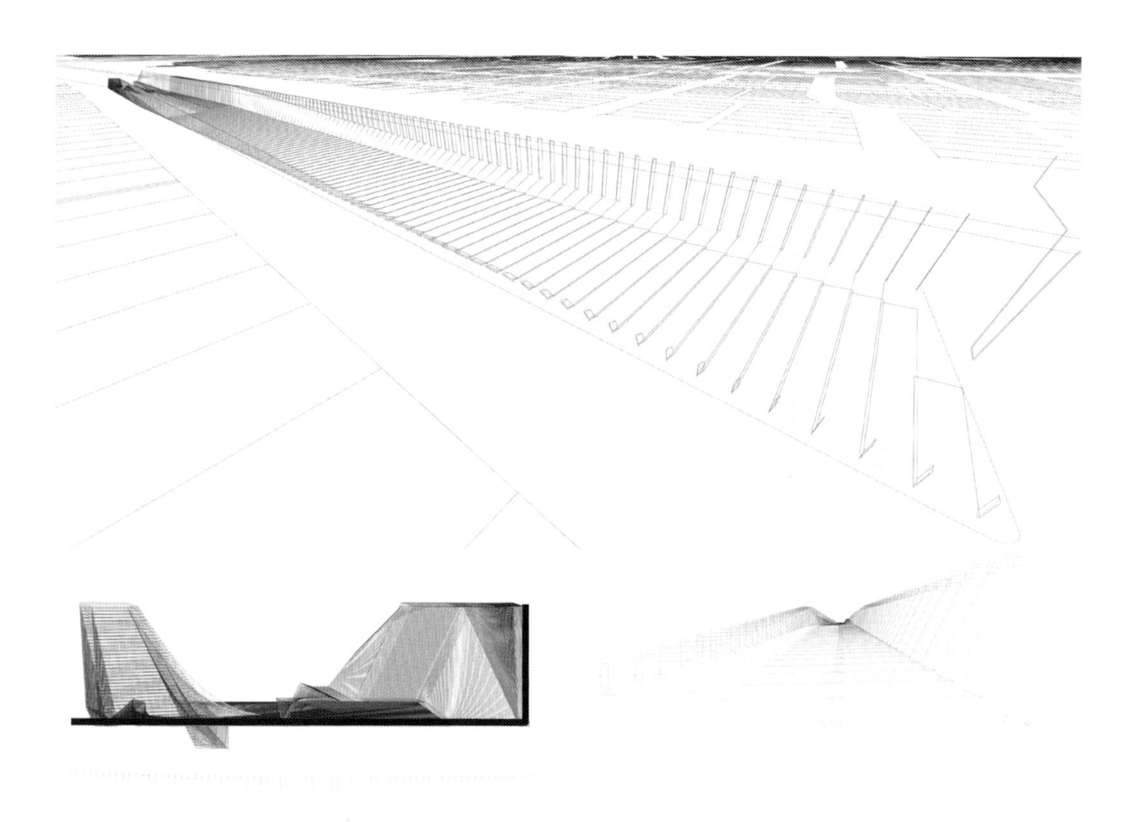

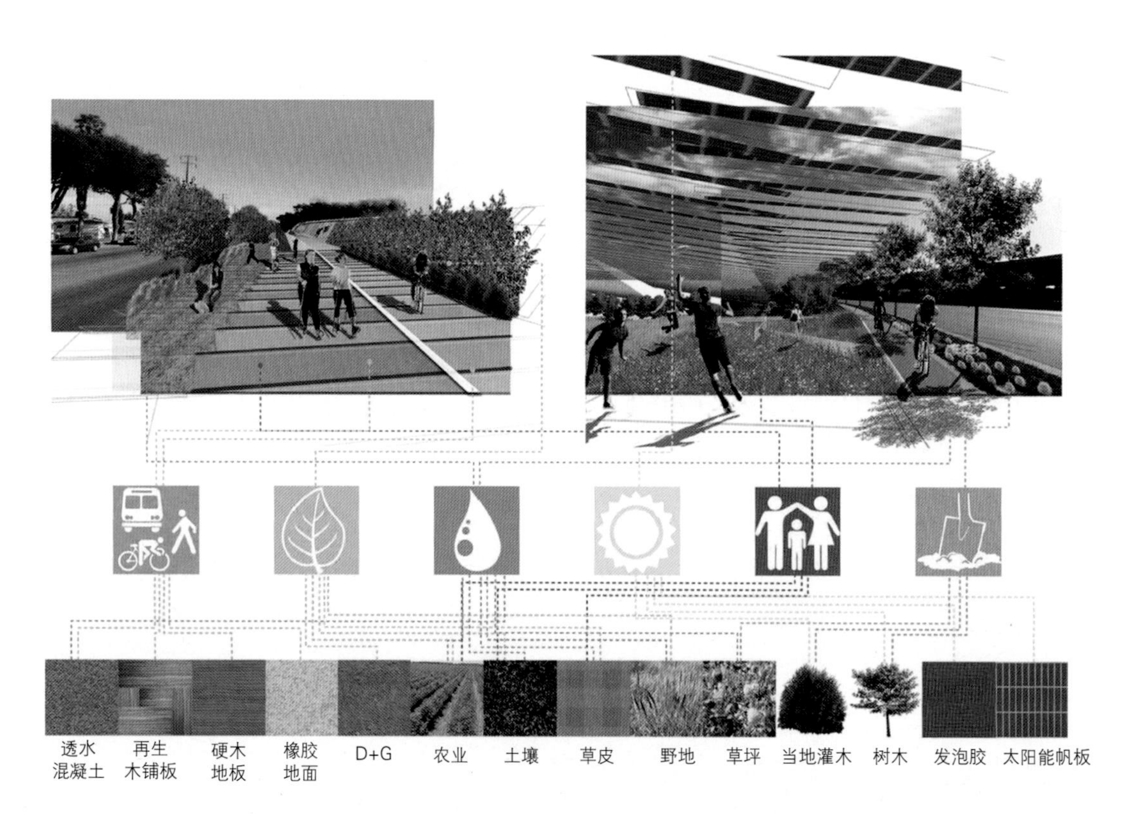
透水混凝土
再生木铺板
硬木地板
橡胶地面
D+G
农业
土壤
草皮
野地
草坪
当地灌木
树木
发泡胶
太阳能帆板

圆形露天剧场
野生动植物观察
湿地
公园
篮球场
棒球场
操场
生产性景观
室外
攀岩
农贸
市场
日光
自行车
车道
盛行风
滞洪池
极限运动场
足球场
音乐会空间

图 24.2 和图 24.3 地形基础设施：好莱坞高速路中心公园，数字模型；车内视角。使用了 Rhino、Photoshop 和 Illustrator。在这个比赛获奖项目中，学生探究了覆盖在高速路上表面的公园如何将被好莱坞高速路（101 号）分开的社区重新连接起来。经过规划的生动的绿色城市表面以及下面的高速路本身为驾驶者创造了有趣的驾驶体验。由杨萌（Meng Yang）完成。

图 24.4 旷野，硬纸板模型。另一个专项课题设计研究工作室课程（Studio）也进行了“不是玉米田”项目的开发探索，这是制图、地质编录和合成的一部分工作——城市研究——被用来对场地进行探索。“不是玉米田”项目是城市里众多未得到充分利用的空间之一，需要进行重新设计，融入城市肌理，并在接下来的30年里以此帮助和支撑每年将搬入洛杉矶大都会区的10000人。学生使用硬纸板、纸张和胶水制作的模型描绘了其对场地的理解。由加布·梅森（Gabe Mason）完成。

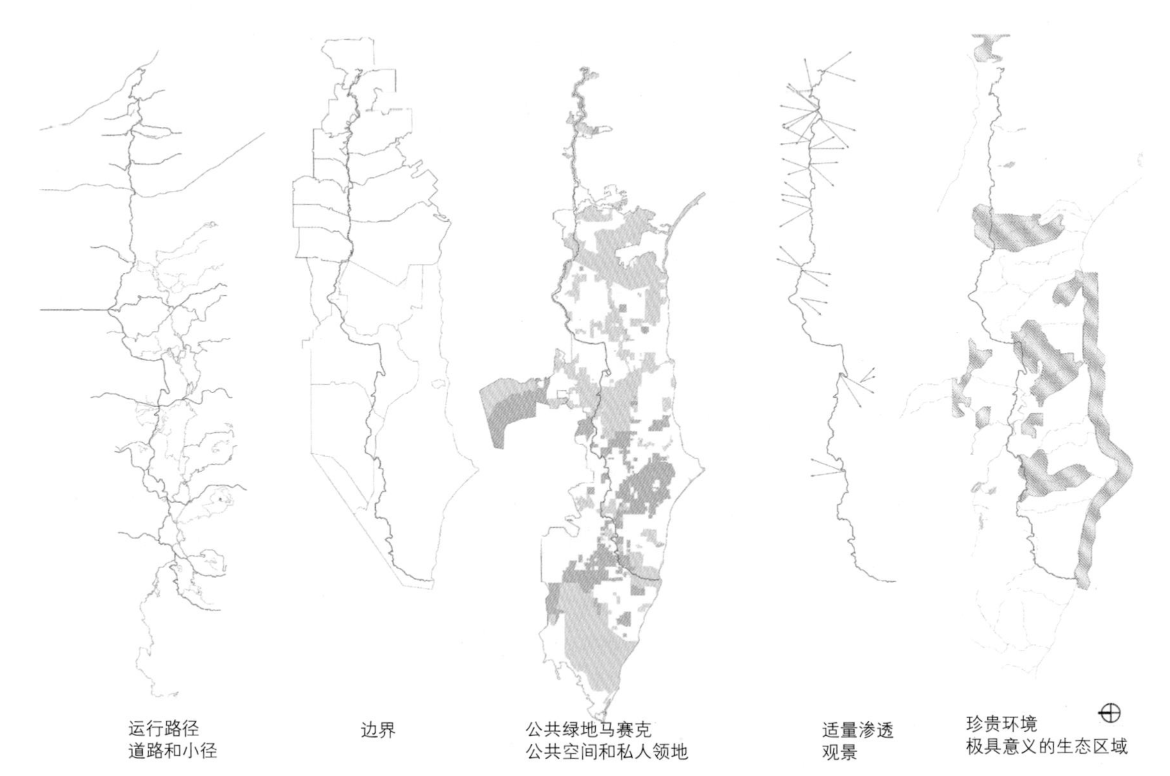

图 24.5 恢复穆赫兰。此处使用了 Illustrator 和 Photoshop。穆赫兰道走廊项目是为了扭转洛杉矶作为分散大都市的局面，要把洛杉矶盆地作为最终的城市林野边缘区域，包含于太平洋、圣塔莫妮卡山和圣盖博山范围内。穆赫兰道是一条东西向路线跨越整个盆地，途经一些生态敏感区、富商和名人的房产，以及著名的电影所在地。经过仔细的分析，穆赫兰走廊可以被看成是一个线型场地，将面临建设与自然之间的冲突挑战。这个设计项目声明将穆赫兰作为人的空间，带来日常公共公园网络体系和建设与自然交互的愉快体验。由拉金·欧文（Larkin Owens）完成。

25 系统·场地·项目·地点

杰森·索厄尔（Jason Sowell）

景观的表现方式影响着它们是如何被解读的。作为抽象化和理想化事物，设计过程使用的表现模式类型，如果不带有偏见的话，通常是优先于文化体系和自然体系中景观组成的描述方式的。扩展开来，各种不同的表现模式用独特的方式描述着“真实的”或者经过“设计的”景观，通过图表、细节或者现场和项目的透视投影并置比例作为展示现象和体验的手段。

现今的表现手法实例和相关教学法的建立基础基本上是围绕测量覆盖、调查取样、电子表格数据库、土壤指数、植被、水文，甚至是人口统计资料等景观的历史性运用。另外，源于地图制作学、人类学、艺术和建筑(比如拼贴图、叠加、缩放比例、折叠）等方法的进一步改编，它们在处理现象和信息时，不仅是作为设计学的科目，也是一种创造诗情画意和空间活力的基本参数。其实，过程将表现手法定位成一种辩证法来界定和设计景观。因此，绘画或模型从仅是图像超越到成为评价工具，作为一系列处理手法，参考或记录着现有系统和网格之间的间隙和重叠部分，如此，表现手法真正展现出来。这样做，这些处理手法在这些系统中用来描绘场地，因此规划作为一种叙事形式建立起正式的结构性关系。

因此，表现手法的教学在充分利用一系列工具和技巧的过程中，加强了评估和同化吸收的能力。概念框架对于理解画什么与如何画一样关键，这点由景观学科依赖于调查与数据收集作为生成过程，从中建立和编排信息与环境的特点进行了证明。随着项目在复杂程度上的逐渐增加，在一系列文化自然体系中，项目情景化在表现手法上的局限性就产生了对场地定义和项目创造性的需要。随后数据的收集需要规划这些场地和项目，同样地数据空间结果评估和绘制的方式也已建立起一个设计过程，在这个过程中，物资决策和经验决策在不断描绘景观的生态、经济和社会基础的努力中产生。

达利博尔·塞利（Dalibor Vesely）指出，绘画、模型、透视技巧和模仿技术为设计过程提供了有效手段，通过这些手段展现出“每一天中的具体情况”。经由这个过程设计出的作品可以看出设计者对空间关系基本的视觉化、论点建立的前后一致性和对场所建立以及体验感受的传递方式。当表现模式从描述性发展到可评估性，从规划过程发展到干预过程的时候，建模的框架如何获取、参与和关联预期的空间效果就变得非常重要。为了达成这些目标，功能性分析和程式化预测则会随着时间的推移来划分景观的转变过程。

以下的例子都来自于奥斯汀的德克萨斯大学景观设计学系。

图 25.1 剖面，在 Stonehenge 纸上使用了黑铅画，影印传输，自粘膜。部分地段剖面描绘了地形处理、土壤层次、植被变化。植物纹理在空间体积上的影响得到了强调。由诺亚 · 哈尔巴赫（Noah Halbach）完成。

图 25.2 平面和地图，在 Stonehenge 纸上使用了黑铅画，影印传输，自粘膜。季节性水位波动解析图及其对鸟类栖息地的影响。更大的地域河流转变、地表水位和洪水高度合成图与图表共同描述了在春季、夏季和秋季，哪块区域为具体的鸟类提供栖息地。由伊冯 · 艾莉丝（Yvonne Zllis）完成。

图 25.3 透视图，采用石墨和“Verithin”铅笔在白色透明绘图纸上进行描绘后与场地的数字化图片相叠加。以透视图效果为测试和改进项目的主要手段，石墨在一层层绘图纸上连续完成绘制、扫描、布局和再绘制。由布鲁克斯·罗森博格（Brooks Rosenberg）完成。

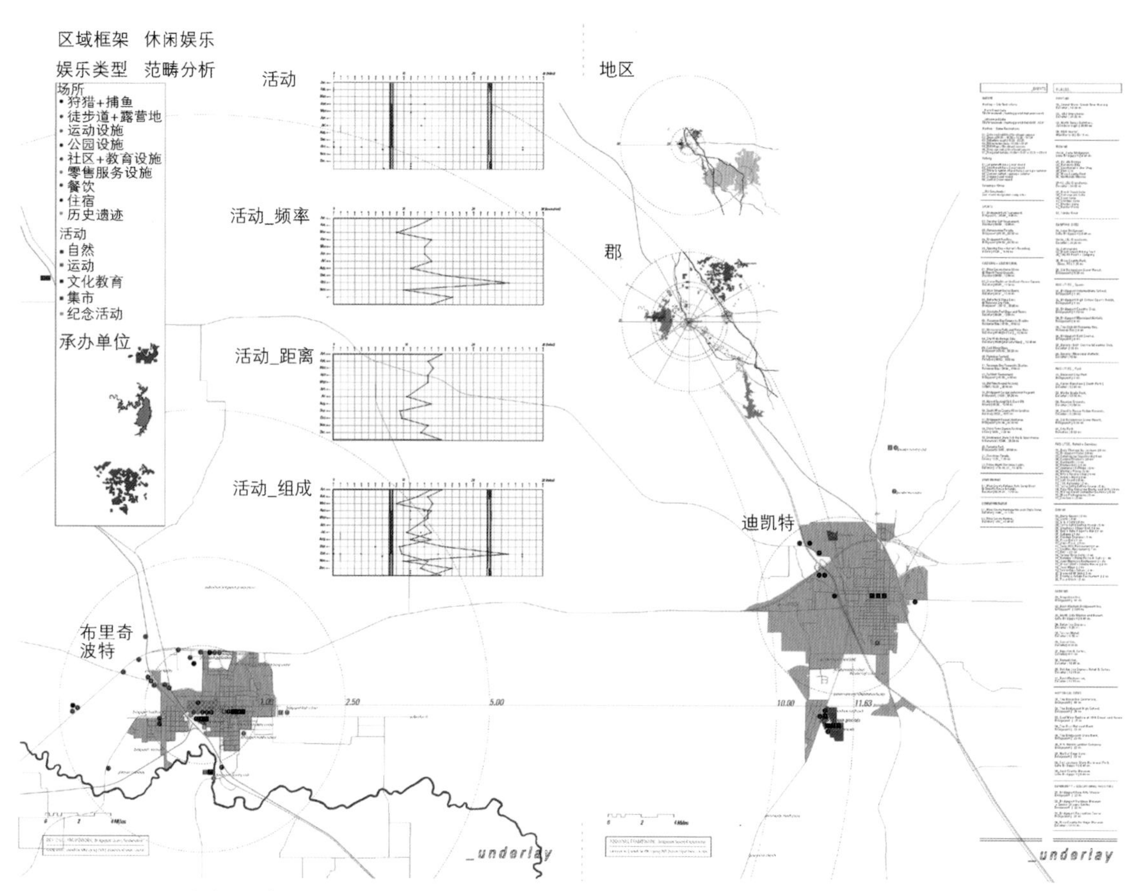

图 25.4 映射图表、网格图和矢量图，部分程序图表。记录了具体项目和基础设施提案，包括占地面积的计算、预计成本和预期经济以及生态影响。由桑迪·维拉斯（Sandi Veras）完成。

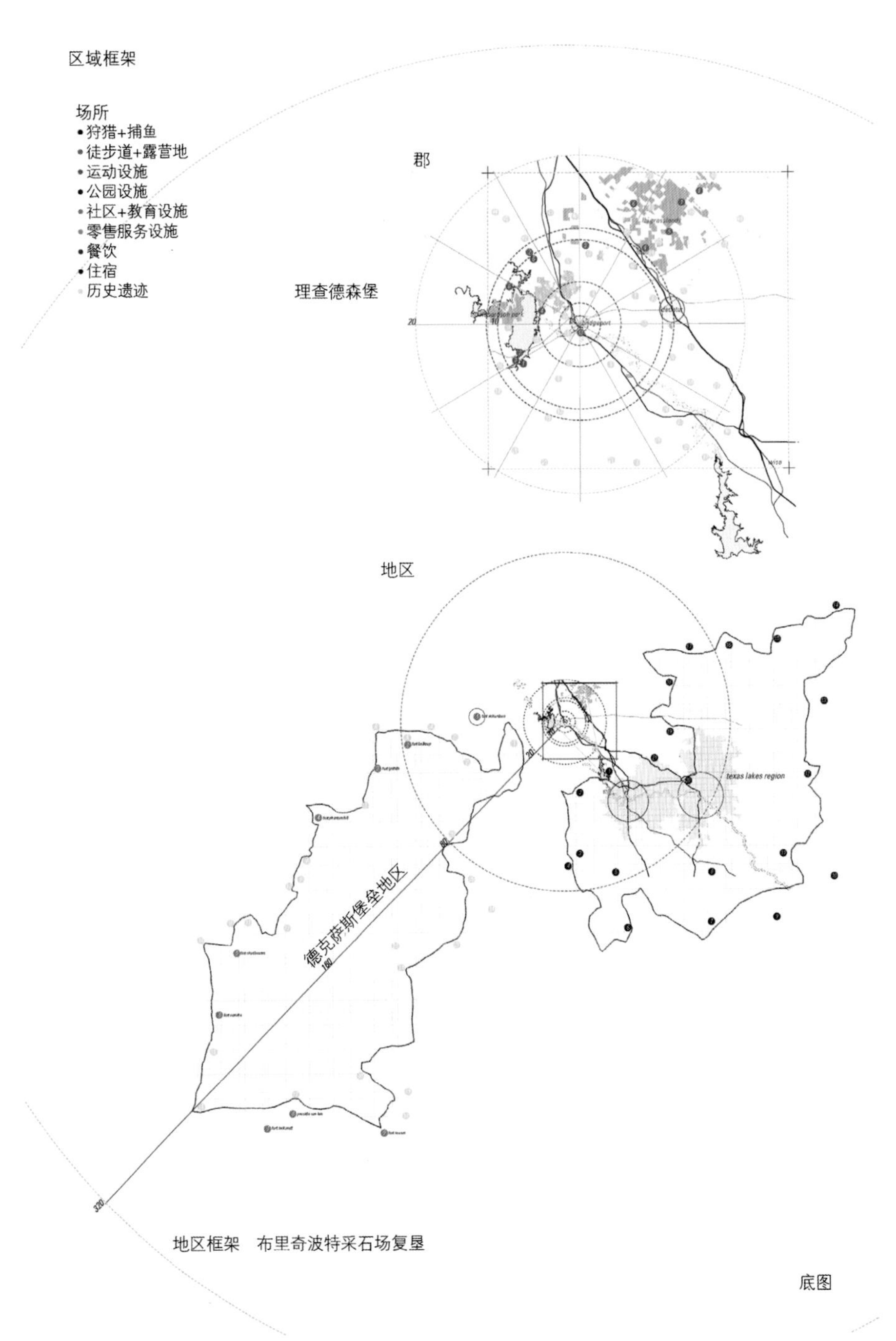

图 25.5　映射图表、网格图和矢量图，阶段图表和资源映射。来自于不同机构和工程报告的编辑，制图定位并展示了提案项目。由桑迪·维拉斯（Sandi Veras）完成。

26 景观绘图对象

米歇尔·阿拉伯（Michelle Arab）

我们中很多人为景观设计学所吸引是因为其流行一时的特质，而如何生动灵活地表现这些特质则可能是一个挑战。通过手绘、拼贴图以及与木炭笔混合的手法作为统一材料，我的学生们（华盛顿大学建筑学院景观设计学系）通过不同类型的任务探索了如何描绘诗意的景观，这些任务包括提炼描述语言、校园广场测绘和表达项目场地的特质。

绘画捕捉的是场地中可以随一天或随季节而变化的更无形的特质，比如声音、温度、湿度和灯光，而不是关注空间元素或者以数据为导向的信息。虽然仍承担着信息量丰富和创作严格的责任，这些绘画也将诸如不同物体表面发出的声音（如落雨声）、暮色的模糊光晕以及城市中的大海都进行了视觉化表现。

对场地特质的理解是设计过程中一个重要的部分。学生的观察和表述方法会展现出某个场地意想不到的方面，又反过来影响着他们对这个场地的理解和接下来的设计。他们的调查不仅仅是简单的场地分析，还关注于创造新的机遇。

通过单独使用黑铅笔或者木炭笔又或者两者结合使用，或者有时在场地就地取材，学生们不得不摈弃色彩所遵循的某些使用原则。例如，水体不可以用蓝色来表现。取而代之的是，学生们决定用其他替换方式来描绘水体及其特质。最初，使用带有局限性的调色盘效果很让人失望，学生们则必须去探索和运用非传统化的技巧来处理这些介质以传达他们的理念。

图 26.1 公园剖面。使用了木炭笔、墨水、叶渣和水。使用的技巧有将纸揉皱以增加地形的深度，创造出简易的印记代表植物，不同层次水墨的结合营造渗出的效果。由卡米尔·卡伯特森(Cami Culbertson)完成。

图 26.2 场地剖面。使用了木炭笔、墨水、叶渣和水。使用的技巧有将纸揉皱以增加地形的深度，创造出简易的印记代表植物，不同层次水墨的结合营造渗出的效果。由卡米尔·卡伯特森（Cami Culbertson）完成。

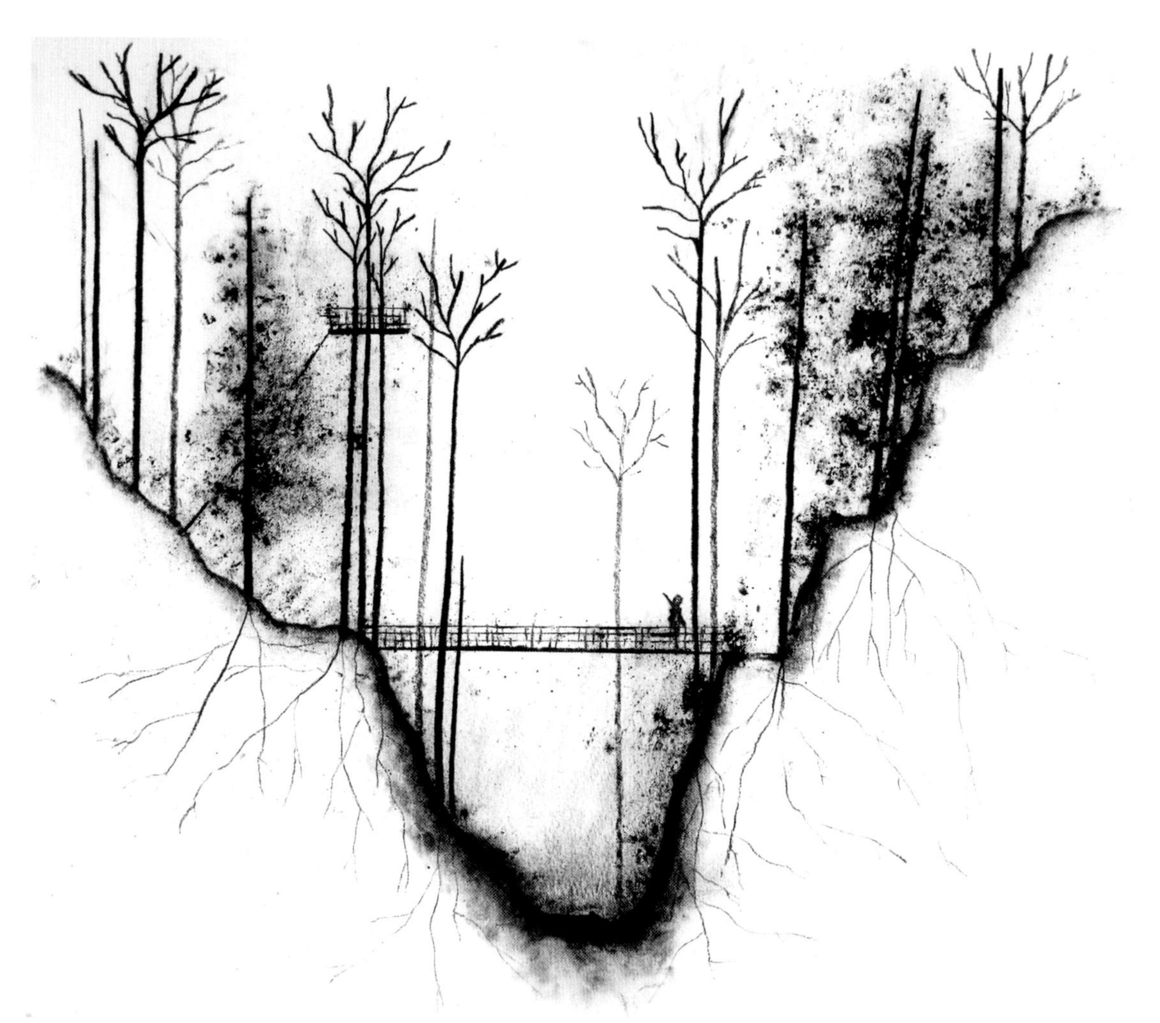

图 26.3 山涧剖面。使用木炭笔画了一条深色的线来展示切面图，这条线随着山涧湿度和深度的加深而加深。用锤子将木炭笔磨碎到纸上来表现常绿植物。高大夸张的树木和根系展示了场地的垂直度及其深度。由林西·迦罗瓦（Lindsey Gadbois）完成。

图 26.4 剖面。使用了木炭笔、黑铅笔、胶浆和印度墨水。用木炭笔绘出基本框架，接着用胶浆覆盖在上面。等其逐渐变干以后，用橡皮擦去胶浆和木炭笔。这个技巧为此处特别的景观创造出了纹理。灌入印度墨水来表现场地中的水流，并将墨水吹向画纸边缘营造出类似根的形式。由马特·诺尔（Matt Knorr）完成。

图 26.5 剖面。在水彩纸上使用了木炭笔、墨水和泥土。这个剖面描绘了溪水的声音，以及植物的密度、植物的区别、汇聚在溪流处两边立面的区别。通过回顾溪水两边的体验，描绘了每边的阴影和树木灌木的深度，以及不同立面的区别。由温 · 丽若萨沙娜（Win Leerasanthanah）完成。

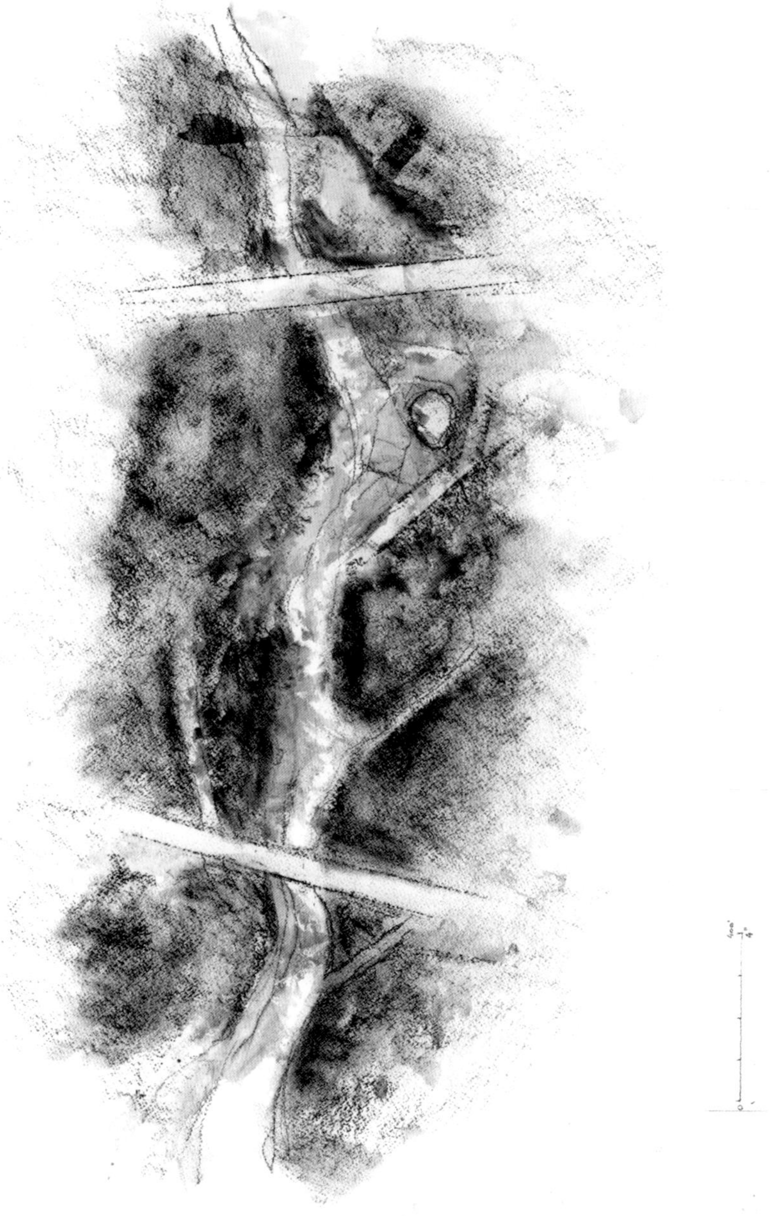

图 26.6 平面。在水彩纸上使用了木炭笔和笔刷。使用木炭笔、墨水和泥土捕捉到了此处景观的关键方面。木炭形式决定了森林的明暗度和稠密度，而干笔刷着重于表现场地的干湿，尤其是流经公园的溪水。由温·丽若萨沙娜（Win Leerasanthanah）完成。

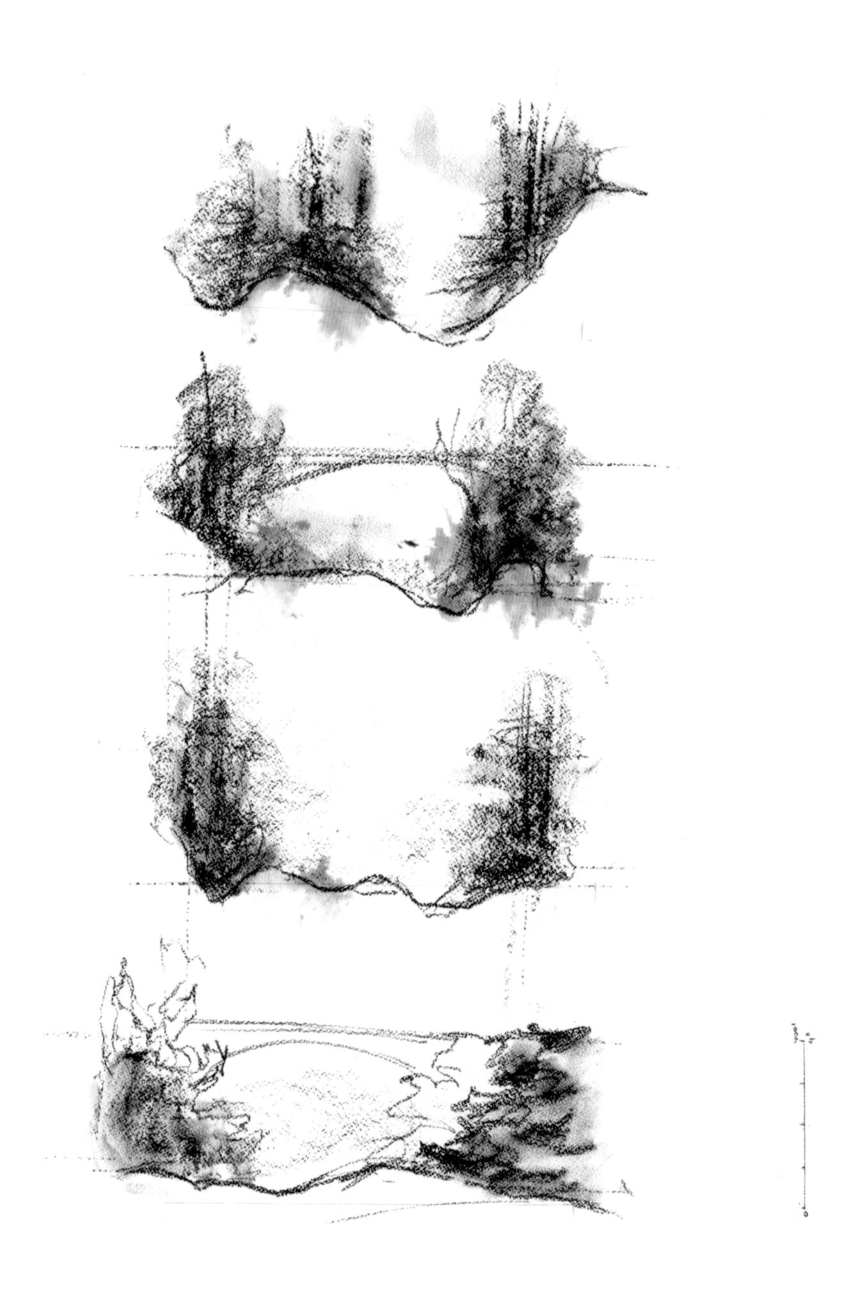

图 26.7 系列剖面。在水彩纸上使用了木炭笔和笔刷。这是在步行穿过公园所作的草图基础上完成的描绘。剖面图稍后进行了提炼和改善。由温 · 丽若萨沙娜（Win Leerasanthanah）完成。

27 景观建模

侯志仁（Jeffrey Hou）

纽约现代艺术博物馆近期一场名为“马蒂斯：激进的发明，1913～1917”的展出中，有人发现马蒂斯的雕塑作品表现出与其早期绘画作品的“并列性”。一系列名为“背影”的作品看上去就类似于马蒂斯签名画中的人物。听着语音讲解中的叙述，我了解到马蒂斯常常在作画之前通过雕塑来研究他的主题。他常常游走在这两种工作模式之间。这种综合手法锻造出对人像强有力的诠释。无止境的复杂形式的表现已经随着思想与时间逐步改变。

设计中学习模型的制作和马蒂斯的雕塑制作很像。长久以来，模型制作是设计中一种高效的方法和表现手法。然而，近期有关景观表现的讨论主要集中在二维度的诠释，很少将模型制作看成是同等重要的相关形式来讨论。模型制作在设计过程中的分量常常被低估和忽略。

这里精选的模型强调了在景观表现和设计中，模型制作作为教学工具的手法。特别之处在于，它们展现了三维物体的陈述力量，模型制作作为体现触感的介质，手与脑之间、观看者与物体之间无声的对话，它是一种让人不断想去体验观看的表现模式。粗糙的学习型模型往往是一种快速、简单的方式，以帮助传递空间感中的概念。

在一个题为“传记景观”的项目中，学生们用找到的物件创造了3D景观拼贴图，体现了三代人或（与）他们同住的人的生活经历。模型帮助学生连接起他们的个人经历，形成对景观过程的理解，以营造建成环境。通过这种建模训练，更广阔的社会、经济和政治转变的景观动态性探索就实现了，同时也通过3D拼贴画实现了对景观陈述表现的探索。草图模型为检测不同的表现手法、技巧和策略的有效性提供了机会。使用找到的这些物件，让学生们有意识地关注如何巧妙借用或重新解释它们。作为设计练习的开始，这项任务的成果为重新联系和审视社会环境过程以及设计时间提供了基础。

图 27.2 ~ 图 27.4 的模型来自于第一年专项课题设计研究工作室课程（Studio），此课程关注的是地形和生物过程，这是一个名为“尤尼参湾滨水区”的项目。这个专项课题设计研究工作室的核心理念是通过大量正规几何图形取代自然形式，用经过设计的景观起到生态作用。在期末的专项课题设计研究工作室项目中，学生们的任务是运用简单的有效模型（比例为 1 英寸: 50 英尺）设计滨水区，让其具有雨洪调节和过滤的功能。同时，他们也通过测绘和时间序列图表来表现栖息地内部关系和随时间而产生的诸如沉积和腐蚀的改变。通过使用调色板制作黏土模型塑造地形，木棒（不同尺寸和厚度）则作为植被，以及其他可选材料，要求学生们不断地重复改进他们的设计，并在设计中融入以下策略：（1）改进场地的水质；（2）提高场地适用性，保证特定物种的生存和繁殖；（3）为参观者展现场地在超过接下来 20 年的时间里的生态活力。学生们使用模型来表现处理过程如何与地形相互作用。

制作景观模型为学生提供了反复亲自动手的机会，创造和视觉表现形式与过程之间的活力互动。尤其是使用寻找到的物件，运用物件不同的特性联系来进行的模型制作，为检测景观意义的表现和陈述提供了有效的教学工具。作为设计之初学习阶段的一部分，模型制作在发展学生对空间、形式和过程的感知理解方面显得至关重要，是进行严密且微妙的景观表现与设计探索的重要基础。

图 27.1 这个模型将花园描绘成连接一个大家庭中几代人之间的实体空间与符号空间。它没有去诠释一个单独的花园，而是让我们看到一些代表性元素和唤起每一代记忆痕迹的元素，包含在一个可拆卸的框架中。这个模型驱使我们在这些物件中游走并再建记忆与联系。它强调几代人之间活动的复杂性、冲突和紧密关系。由丽莎·雷诺（Lisa Reynolds）完成。

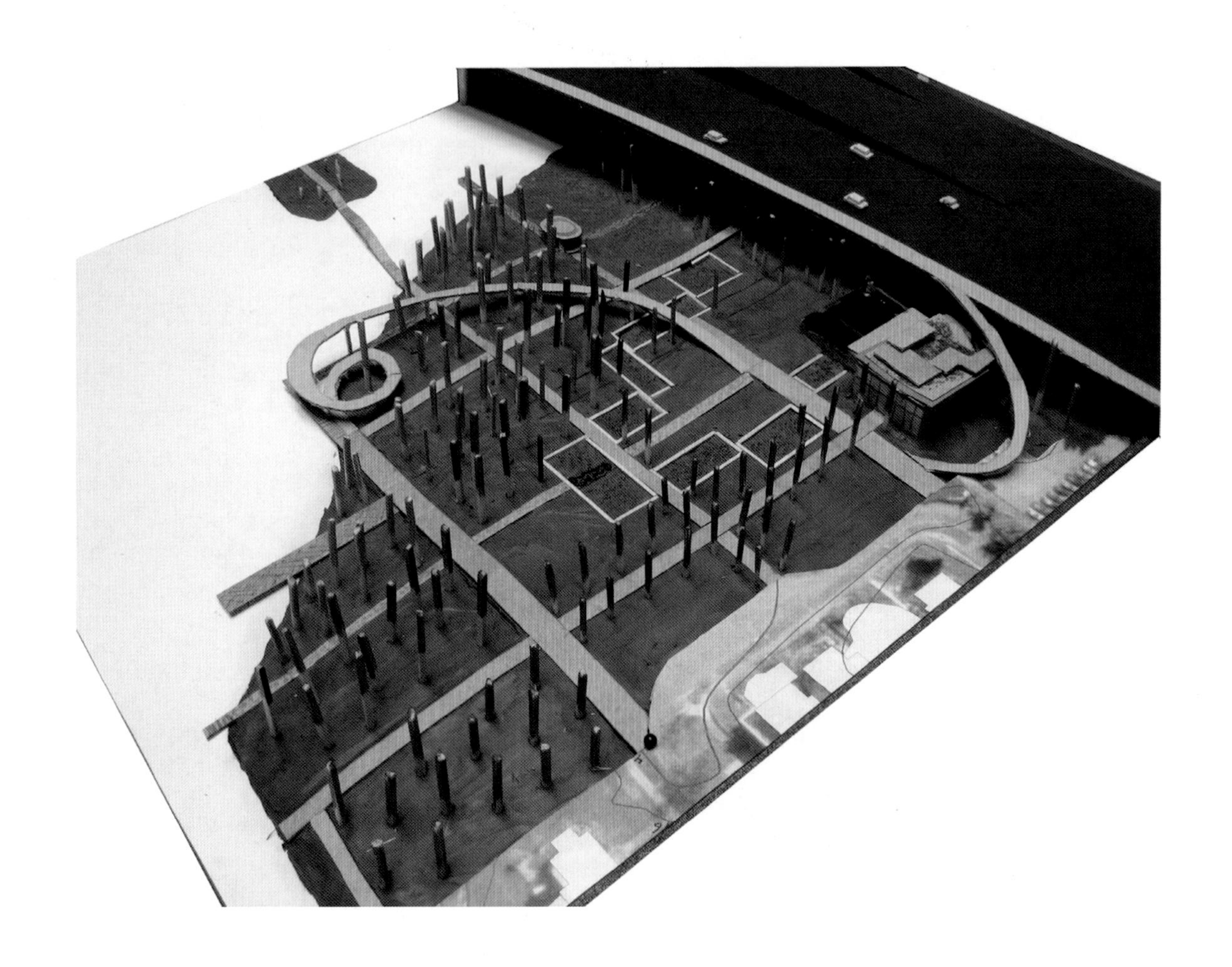

图 27.2 这个项目运用了街道方格网的几何形式来明确淡水滨线、居民社区和洲际高速公路之间场地的位置，并作为贯穿整个场地的循环路径。方格网的规则性图案被一系列串联的雨洪滞留池打断。这些滞留池可以收集来自高速公路的雨水，也是悬于水面边缘的高架人行道。涂有不同色彩的木棒代表不同种类的植被。由贾斯汀·马丁（Justin Martin）完成。

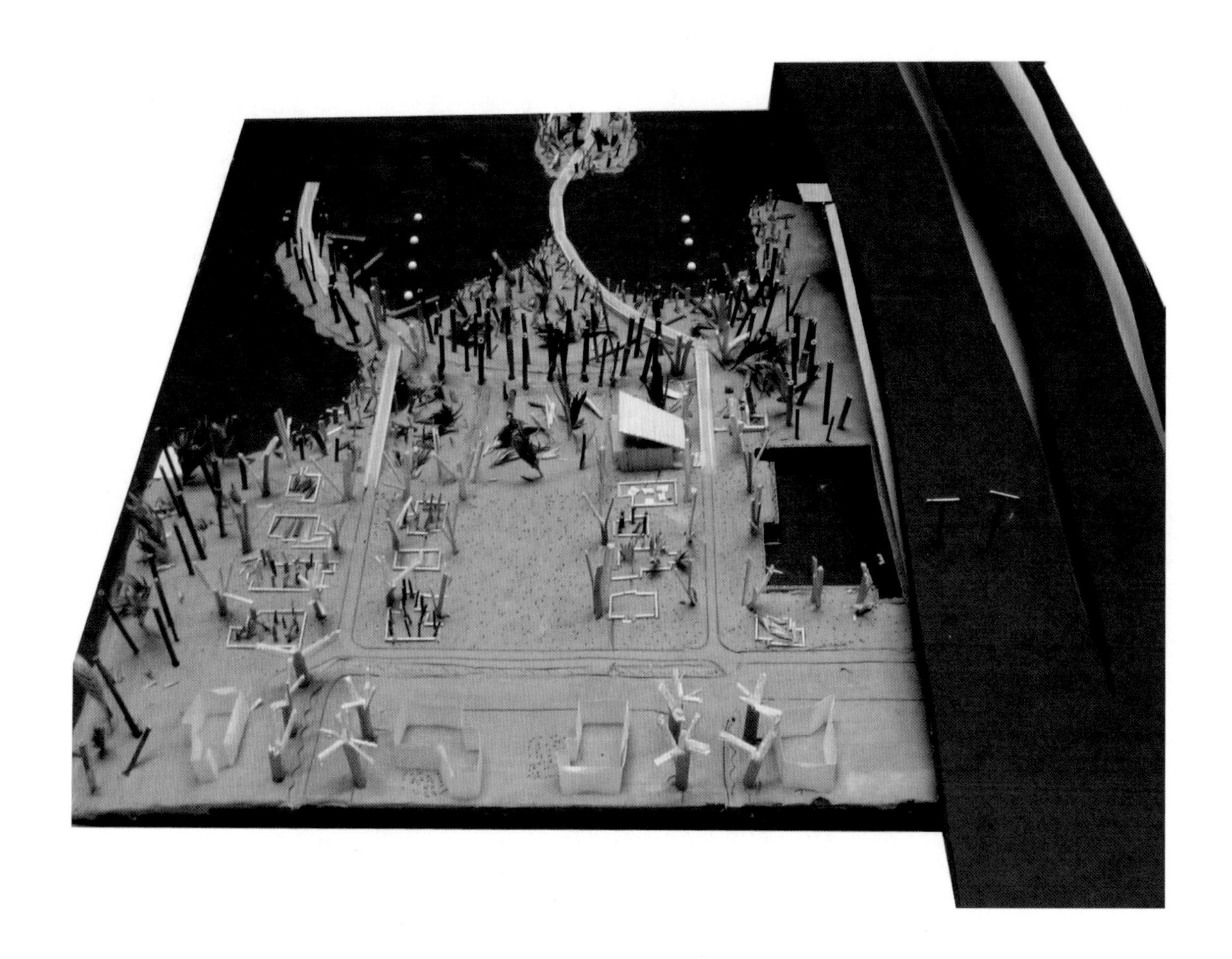

图 27.3 这个项目采用建筑的印记作为模块来组织场地上不同的设计特点——一个紧邻高速公路的大型滞留池和紧邻场地的一系列房屋沿线的花园。两条伸入海湾的狭长码头让人们得以亲近水面的同时又形成了保护浅水栖息地的屏障。它们还形成了面向海陆之间的视觉框架。由马修·马滕森（Matthew Martenson）完成。

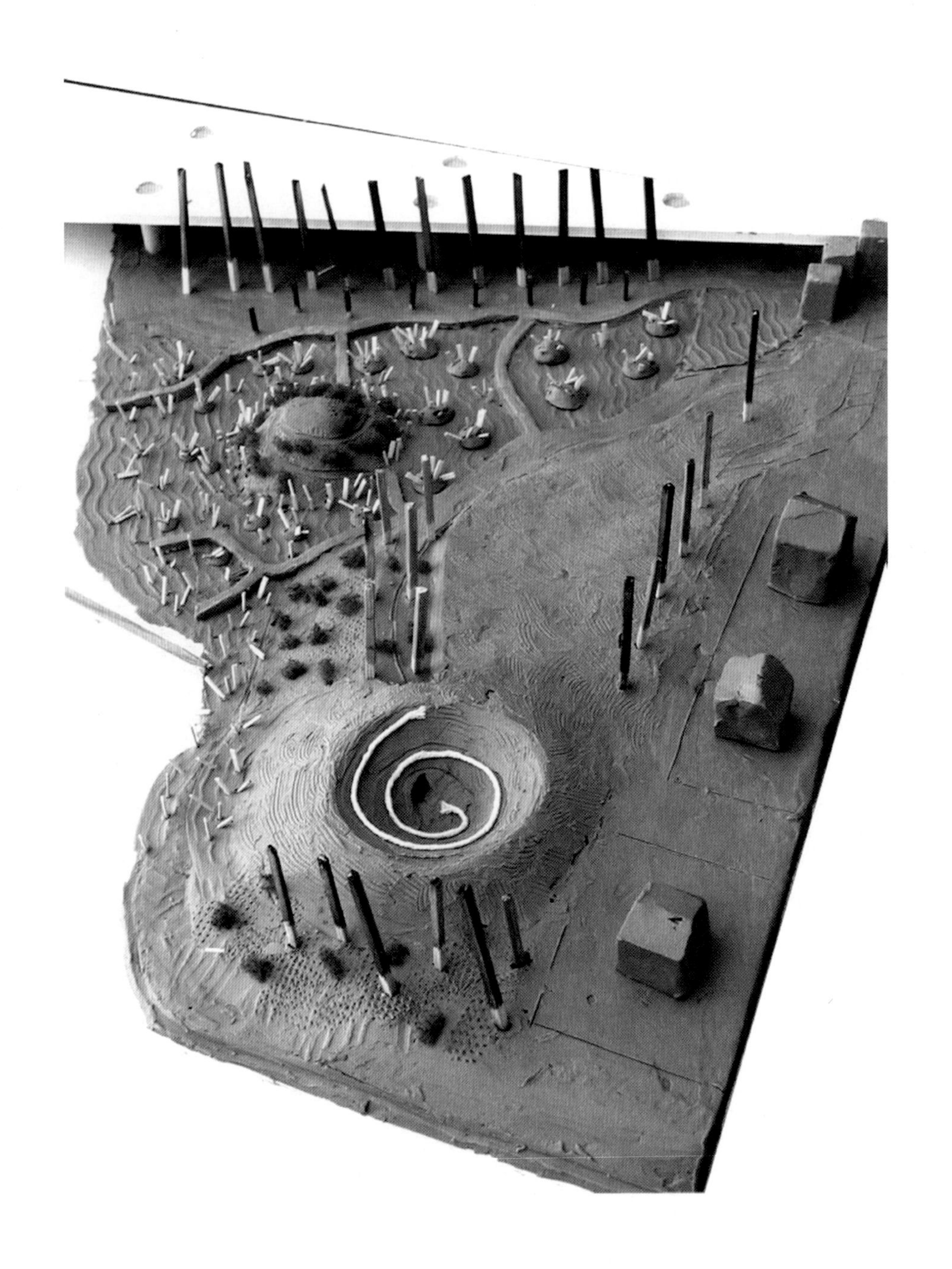

图 27.4 此处场地设计的两个主要特点是洼地和土丘，它们满足了场地的首要功能——雨洪设施和体验区。洼地主要是梯田型湿地或水塘，中间有一个小土丘作为鸟类栖息地；距高速公路远一些的较大土丘则为参观者提供了展望台。这种对比在参观者和环境之间建立了一分为二的对话形式。由大卫·密内里（David Minnery）完成。

28 视觉信息：最终思想

娜迪娅·阿莫罗索（Nadia Amoroso）

将景观表现出来不仅是一门艺术，也要求设计师们在选择传递视觉信息的方式方法上具备想象力和批判性思考能力。形式的选择在决定景观特性中起到很大的作用。景观特性能让观众参与其中，展示景观的概念和“情绪”。视觉传达入门、视觉表现以及景观设计图形学的课程为学生在建立设计传播的语汇时，使用各式各样的方法、风格和媒介提供了机会，开发和测试了不同的绘画模型。图形学课程使学生们有机会去观察，形成概念，建立图像、概念与视觉传播之间的重要关系。传统的绘画图组是庞大的，包括平面图、剖面图、立面图、图底绘制、拼贴图、透视图、图表和测绘图，以及一些手工和数字化的混合绘制图。学生们常常期望将学习过程中的可视化作品打上烙印，故不断地触及现代设计传播的边缘。深思熟虑的景观表现要求具有想象力、创造力和严密的手法。那如何清晰地表达设计理念并有效进行表现呢？我的做法是在视觉化呈现过程中，尝试出多样化的景观类型、情绪设置、氛围渲染形式、人物设定和空间质量，这样就可以让学生们挖掘出范围更广的艺术表现手法。鼓励学生尝试多种媒介手法、风格、表现模型是非常关键的，因为它能让学生们测试出多种潜在的表现手法。最终，学生绘画能力和数字化技巧、个人能力和设计表现中的多样性得以建立，以帮助他们创造出自己的“品牌”，有效地明确了其在工作中的方向和目的。

使用不同的媒介方式和风格合成的一系列多样化景观图都囊括在本书中。工业景观和居住景观视觉特征使用了木炭笔和柔性石墨在大幅高质纸张上完成，这些纸张的纹理很轻。以纵断面呈现的后工业景观和遗迹景观中则包括工业场地、废弃景观、草原、铁路廊道、水电站和石油站以及农场。多种风格和技巧相结合使得所要营造的景观具有了独特的诗意之美。画面主要的结构框架可以使用 H 和 HB 黑铅笔在纸上轻轻画出来。一旦主要框架被勾勒出来，场景就可以进行细节上的渲染。关键阴影在画面上的应用增加了空间的视觉深度，并且可以用橡皮来强调画面中的具体区域，提亮空间。其他元素和景观特色在稍后进行运用以做成合成画面。创造性的 Photoshop 包括高级过滤、氛围改变、色度增强和其他图像调节，将传统的绘画画面转换成更具表达力的混合画面，和谐地融合了传统与数字化表现手法。

拼贴蒙太奇是现在景观设计学领域的标准手法和视觉表现类型。学生们要快速、有效地制作吸引眼球的透视图、平面图和剖面图，通过使用 Photoshop，他们建立起粗糙且简单的透视画面，然后转换成迷人的空间来展示内部和外部环境。纹理和其他经过“数字化切割”的元素扫描来自于杂志和报纸。前景元素应该比背景元素具有更高的辨识度，这样做可以在不透明度较低时，为场景带来视觉深度。有伸展度和模糊性的背景纹理可以在必要时用来填充区域并加强透视感。在人物或车辆中应用具有运动方向的轻微模糊度，这样则可以在建立的透视图中为元素营造出运动感。让人物从事某项活动或处于和景观有关的某个位置中，比如沿着滨水区木板路慢跑或者坐在草地观看棒球赛，都会提升景观表现的品质感。在人物上应用一定水平的透明度可以激发出一种时间感，暗示着使用者在一瞬间正处于同样的景观之中。尝试采用一定的不透明度、模糊度和其他滤镜的做法。关键是要避免过度地使用 Photoshop 中不必要的滤镜和其他不必要的元素。保持表现的简洁性、创造性和醒目度，从视觉上抓住观众。

以下作品由多伦多大学的学生展示了景观特性和设计方案是如何成功地通过传统绘画、数字化图片修正，或是以上两者的综合来进行表达的。

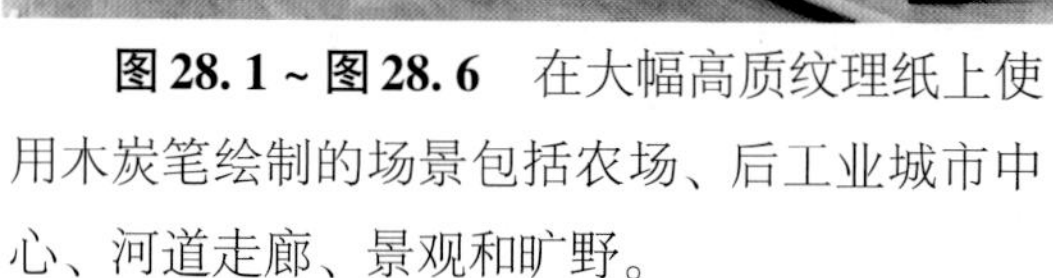

图 28.1～图 28.6 在大幅高质纹理纸上使用木炭笔绘制的场景包括农场、后工业城市中心、河道走廊、景观和旷野。

使用温和的深色调黑铅笔绘制高速路基础设施。由凯伦·梅（Karen May）（图 28.1）、佩吉·佩琪齐（Peggy Pei chi chi）（图 28.2）、刘翰（Han Liu）（图 28.3）、贾斯汀·米隆（Justin Miron）（图 28.4）、杰西·格莱斯利（Jessie Gresley-Jones）（图 28.5）和丝黛芬妮·陈（Stephanie Cheng）（图 28.6）完成。

图 28.7～图 28.12 这些拼贴透视图的描绘内容来自于他们各自的木炭或铅笔画。对比这两种风格和方式来表现同一种景观。基本的木炭或铅笔画可以进行扫描或拍摄，然后导入 Photoshop 中作为底图。将元素和纹理进行叠加，增添至底图，这样就改变了画面给人的感觉和最后整体的景观表现效果。滤镜和颜色调节以及滤光器被应用到了整体画面中。

图 28.13 ~ 图 28.14 数字化模型为基础的拼贴透视图，使用 3ds Max 合成，叠加于校园摄影照片背景之上。白色形态描绘出光影特点，抓住了读者注意力。

用弱透光性冲淡暗色层次进行合成，描绘了夜晚场景。

描绘了相同的冬季校园景观。透明轮廓的应用在绘画中增加了空间尺度，同时呈现出干净、简洁的空间渲染效果。画面上白色的斑点笔刷痕迹在最后的冬季场景中给人雪花飘落的感觉。

图 28.15 在 Photoshop 中运用光照明通过天幕形式形成轮廓，然后在黑暗场景中叠加白黄透明度。由刘欣（Xin Liu）完成。

图 28.16 描绘了经过设计的城市广场中引人注目的鸟瞰图，通过影音板和光效描绘夜景。由杰弗瑞·考克（Jeffrey Cock）完成。

图 28.17 和图 28.18 在 Rhino 软件中将诗意化的渲染拼贴透视图打造成基础的数字化体量形式，数字化模型以光栅图像 tiff 或 jpg 格式导入，其中的元素和纹理按照不同的不透明度来表现场景。背景中元素的透明度稍高，而前景中的元素则透明度稍低。由沙迪·艾达·赫池·吉拉尼（Shadi Edarehchi Gilani）和扎赫拉·阿旺（Zahra Awang）完成。

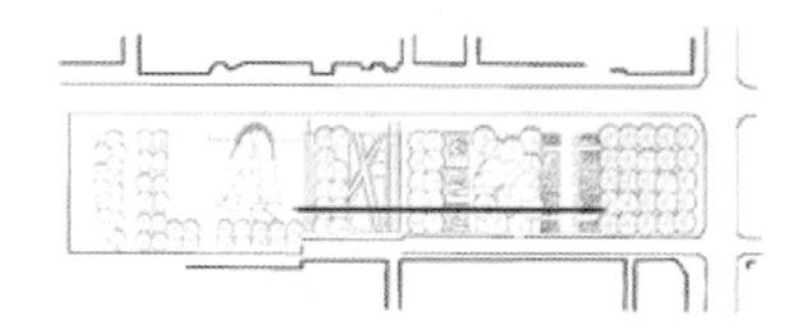

图 28.19 剖面拼贴图，包括平面要素和插图下方相应材质，在一张画面中呈现出平面、剖面和材质的关系。由贾斯汀·米隆（Justin Miron）完成。

译后记

潘亮，资深城市设计师，华为技术有限公司首席园建专家。美国科罗拉多大学城市设计硕士、景观建筑学硕士、丹麦国际学者研究院访问学者。入行廿二年，多国项目履历。在实践与学术之间追求平衡感的践学者与终身学习者。

本书是我在美国读研时 Studio 导师强烈推荐的案头书，初读距今也有不少年头了，还记得彼时第一反应是赶紧查查国内有没有引进。但随后这个发愿被学业和事业暂时搁置了。2016 年回国后，经核实确实尚无中文版，下决心要把它以及丛书中的另外几本引进国内。然而实在惭愧的是，这几年被俗务缠身始终未能安心完成首本的翻译，直到这场庚子大疫让社会进入了慢节奏，依赖这种以往看似不可能的整块时间最终才得以完成统稿付梓。

回过头再来看书中内容，虽因为原版年份的原因没有当下流行新项目，但无论图片还是文章的质量，并无落伍脱节之感，随着荏苒时光反而逐渐显露出它的经典属性。

之所以推荐本书给国内同行，或者说我个人喜欢的原因，最主要有以下三点：

首先是面向建筑景观领域的在校师生，虽然本书的主题是表现，却并非只是流于讲解表现技法，而是把作为客体的表现与作为主体的设计无缝衔接起来，以国际化的视野呈现给读者——不同的地域特征、学术背景、艺术见解赋予每位设计师的问题观察视角是怎样的，解决路径又是怎样的。

其次是对于以建筑设计师、景观设计师、规划设计师为代表的职业人群，乍看之下本书的象牙塔气质也许会带来些阅读时的疏离感，不过正是这种疏离，某种程度上会解构经验积累导致的路径依赖的思维模式。换句话说，就像一副眼镜，戴上它，会发现所见即所得式的超写实主义效果图，在设计表达乃至设计成果评判依据中的份量不再那么重了。合上本书，也许你会默默自问，当我们谈论景观表现时，我们在谈论什么？相信思考会给你带来不同以往的答案。

最后是致泛设计圈的读者，从文化角度给出我的解读。设计表现是表达设计的媒介，在作为表达媒介这个意义上，无论是图像、模型，还是其他视觉形式，本质上都属于沟通语言的一种，所谓“书画同源”正合此道。不同文化之间的语言思维总存在这样那样的区别，主导西方设计圈的印欧语系思维和主导中华设计圈的汉藏语系思维，其生发逻辑的差异不可以道里计。而若仔细辨认，会发现本书作者邀稿的几乎所有案例均来自盎格鲁核心文化圈“五眼联盟”国家的高校；两个例外中一个是北大俞孔坚老师团队，业内尽知俞老师的哈佛 GSD 学术背景，另一个是代尔夫特大学，其母国荷兰的低地文化也深受盎格鲁文化影响。从宾大到哈佛，从 AA 到多大，撷英一线专业机构表现心法，有心人一定有收获。

上述三点如果用最简洁的动词来提炼，译者私以为应该依次是“填满”“掏空”和“拔高”自己。再加一句建议，本书适合慢读、细读，不太适合速读，尤其不适合时下流行以刷书族标榜自己的刷读法。希望本书可以早日与国内读者见面。

如购买本书读者需要电子版图片及原书章节注释可与编辑联系，微信 hit_2013。

潘　亮